高等院校基础课系列教

课书房
新/形/态/教/材

机械设计基础

Jixie Sheji Jichu

主　编　李坤宏
副主编　蒋小娟　胡蒙均
参　编　孙　涛
主　审　赵　平

重庆大学出版社

内容提要

本书根据高等职业教育的培养目标和教学特点，结合当前高职高专教学和教材改革的精神精心编写而成，并对“工程力学”“工程材料及热处理”“机械原理与零件”3门机械工程基础课程进行了整合。全书共10章，内容包括构件的静力分析与动力分析，机械工程中常用金属材料的性能、热处理方式和材料的选用原则，常用机构的性能、特点及其应用，以及常用的传动零件、通用的支承类与联接类零部件的工作原理、特点、失效形式、设计准则与结构设计等。

本书可作为高等职业技术教育、高等专科教育机械类及近机类专业“机械工程设计基础”课程的教材，也可作为相关专业和成人高等专科教育的选用教材，还可供工程技术人员参考。

图书在版编目(CIP)数据

机械设计基础 / 李坤宏主编. --重庆：重庆大学出版社，2022.5

ISBN 978-7-5689-3257-8

Ⅰ. ①机… Ⅱ. ①李… Ⅲ. ①机械设计 Ⅳ. ①TF122

中国版本图书馆CIP数据核字(2022)第068674号

机械设计基础

主　编　李坤宏

副主编　蒋小娟　胡蒙均

参　编　孙　涛

主　审　赵　平

策划编辑：鲁　黎

责任编辑：李定群　　版式设计：鲁　黎

责任校对：邹　忌　　责任印制：张　策

*

重庆大学出版社出版发行

出版人：饶帮华

社址：重庆市沙坪坝区大学城西路21号

邮编：401331

电话：(023)88617190　88617185(中小学)

传真：(023)88617186　88617166

网址：http://www.cqup.com.cn

邮箱：fxk@cqup.com.cn (营销中心)

全国新华书店经销

重庆市联谊印务有限公司印刷

*

开本：787mm×1092mm　1/16　印张：13.75　字数：346千

2022年5月第1版　2022年5月第1次印刷

ISBN 978-7-5689-3257-8　定价：38.00元

前言

本书是根据教育部2020年组织制订的“高职高专教育基础课程教学基本要求”和“高职高专教育专业人才培养目标及规划”的精神，遵循对专业基础课程进行合理整合和优化的原则，对机械工程设计所涉及的“工程力学”“工程材料及热处理”“机械原理与零件”3门机械工程基础课程进行了整合。本书具有以下特点：

1. 本书遵循“应用为目的”“必需、够用为度”“少而精，浅而广”的原则，以机械传动装置和机械零件设计为主体，将工程力学、工程材料及热处理等相关内容有机地融入其中，使各部分内容相互渗透、相互交叉，打破了原课程的界限和体系，避免了各原课程内容的相互独立而由此造成的相关知识点的重复，突出了工程力学、工程材料与机械设计之间的紧密联系。

2. 本书的涉及面广，虽内容多，但深浅适度、结构紧凑，安排合理。在理论方面，既注重各部分基本知识点讲到、讲够，又尽量避开烦琐的推演，简洁而定性或定量地给出基本公式、结论及其使用条件；在应用方面，注重突出机构与机械传动的特点、应用及工作能力的分析，注重突出零部件的失效形式、设计准则、材料选择、结构设计及强度设计与验算。教材改革的力度较大，具有一定的工程背景和实用价值，并逐步体现高等职业教育重在实践应用这一基本特色。

3. 本书所涉及的标准均采用最新的国家标准，并尽量使用了国家标准规定的名词术语和符号。

4. 本书致力于在有限的时间内使学生最大限度地获取基本知识和基本技能，并能应用这些基本知识和基本技能完成简单的机械设计。

参加本书编写的有重庆工业职业技术学院的李坤宏（第1章、第2章、第10章）、蒋小娟（第3章、第4章、第8章）、胡蒙均（第5章、第6章、第7章）、孙涛（第9章）。由李坤宏任主编，蒋小娟、胡蒙均任副主编，孙涛参编。

本书承蒙重庆工业职业技术学院赵平教授任主审,参加审稿的还有重庆工业职业技术学院的赵国际等老师,他们对本书提出了许多宝贵的意见和建议,在此谨致以衷心的感谢。

由于编者水平有限,书中的疏漏和不足在所难免,敬请各位读者批评指正。

编　者

2022 年 1 月

目录

第 1 章 概论

1.1 本课程研究的对象、内容

人类社会的经济活动始终面临着 3 个基本问题：一是生产什么与生产多少；二是如何生产；三是为谁生产。问题一、问题三属于经济管理科学范畴，问题二则与技术科学密切相关。在工业生产中，机械工程科学是最基本的技术科学之一。其中，机械设计学科又是机械工程科学的主要基础。由此可见工程技术人员掌握必要的机械设计知识的重要性。

"机械设计基础"是一门培养学生具有一定机械设计能力的技术基础课程。

本课程研究的对象是机械。

什么是机械？机械是机器和机构的统称。

在生产实践和日常生活中，人们广泛地使用各种机器，常见的有自行车、汽车、洗衣机、电动机及电梯等。机器的作用是实现能量转换或完成有用的机械功，以减轻或代替人的劳动。随着生产和科技的发展，机器的种类、形式、功能将越来越多。

从研究分析机器的工作原理、运动特点和设计新机器的角度看，机器可视为若干机构的组合。如图 1.1 所示，单缸内燃机由机架（汽缸体）1、曲柄 2、连杆 3、活塞 4、进气阀 5、排气阀 6、推杆 7、凸轮 8，以及齿轮 9、齿轮 10 组成。当燃气推动活塞 4 作往复移动时，通过连杆 3 使曲柄 2 作连续转动，从而将燃气的压力能转换为曲柄的机械能。齿轮、凸轮和推杆的作用是按一定的运动规律按时开闭阀门，以吸入燃气和排出废气。这种内燃机可视为以下 3 种机构的组合：

①曲柄滑块机构。它由活塞 4、连杆 3、曲柄 2 和机架 1 构成，作用是将活塞的往复移动转换为曲柄的连续转动。

②齿轮机构。由齿轮 9、齿轮 10 和机架 1 构成，作用是改变转速的大小和转动的方向。

③凸轮机构。由凸轮 8、推杆 7 和机架 1 构成，作用是将凸轮的连续转动转变为推杆的往复移动。

由上述机构分析可知，机构在机器中的作用是传递运动和力，实现运动形式或速度的变化。机构必须满足两点要求：首先，它是若干构件的组合；其次，这些构件均具有确定的相对运动。

所谓构件，是指机构的基本运动单元。它可以是单一的零件，也可以是几个零件联接而成

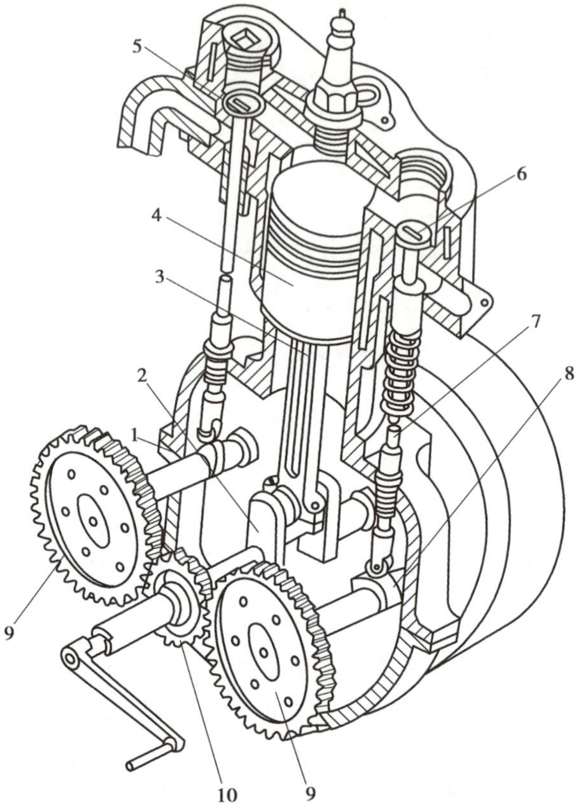

图 1.1　单杠内燃机

1—机架(汽缸体);2—曲柄;3—连杆;4—活塞;

5—进气阀;6—排气阀;7—推杆;8—凸轮;9,10—齿轮

的运动单元。如图 1.1 所示的内燃机连杆,就是由如图 1.2 所示的连杆体 1、连杆盖 5、螺栓 2、螺母 3、开口销 4、轴瓦 6 及轴套 7 这些零件构成的;如图 1.3 所示的齿轮-凸轮轴,则是由凸轮轴 1、齿轮 2、键 3、轴端挡圈 4 及螺钉 5 这些零件构成的。显然,零件是制造的基本单元。

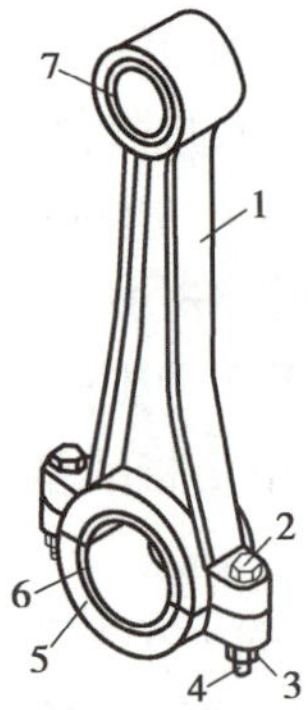

图 1.2　内燃机连杆

1—连杆体;2—螺栓;3—螺母;4—开口销;

5—连杆盖;6—轴瓦;7—轴套

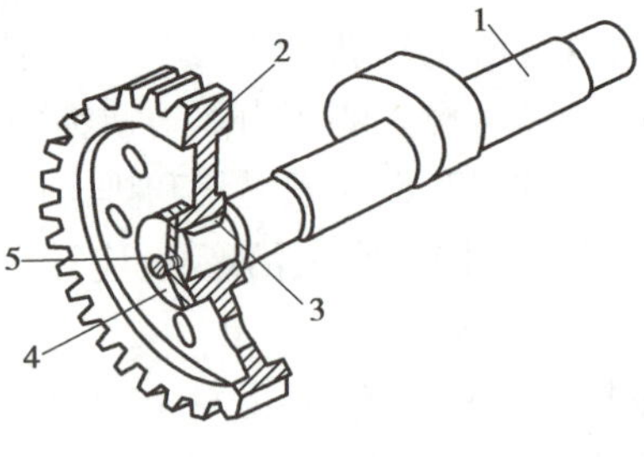

图 1.3　齿轮-凸轮轴

1—凸轮轴;2—齿轮;3—键;

4—轴端挡圈;5—螺钉

各种机械中经常使用的机构,称为常用机构,如平面连杆机构、凸轮机构、齿轮机构及间歇

运动机构等。

各种机械中普遍使用的零件,称为通用零件,如齿轮、轴、螺钉及弹簧等。只在某一类型机械中使用的零件,称为专用零件,如汽轮机的叶片、内燃机的活塞等。

本课程作为机械设计的基础,主要介绍机械中常用机构和通用零件的工作原理、运动特性、结构特点、使用维护以及国家标准和规范。这些内容是机械设计的基本内容,在各种机械设计中是普遍适用的。从庞然大物般的万吨水压机到袖珍机械式手表,从航天器中的高精度仪表到精度要求较低的简单机器,它们所用的同类机构和零件,虽然尺寸大小、结构形状、工作条件等有很大差异,但其工作原理、运动特点以及设计计算的基本理论与方法是类同的。

1.2 机械零件设计的基本准则及一般设计步骤

1.2.1 机械零件设计的基本准则

机械零件由某种原因而丧失正常工作能力,称为失效。

机械零件常见失效形式基本有两类:一类是永久丧失工作能力的破坏性失效,如断裂、塑性变形、过度磨损、胶合等,常见于齿轮类的刚性件啮合传动中;另一类是当影响因素消失后还可恢复工作能力的暂时性失效,如超过规定的弹性变形、打滑(带传动)以及由接近系统共振频率等原因引起的强烈振动等。归纳起来,这些失效主要是强度、刚度、耐磨性、振动稳定性等不满足工作要求引起的。因此,根据失效原因制订的设计准则,是防止失效和进行设计计算的依据。

1)强度

机械零件的强度可分为体积强度和表面强度两种。

(1)体积强度

零件的体积强度不足,会产生断裂或过大的塑性变形。体积强度是指抵抗这两种失效的能力。设计计算时,应使零件危险截面上的最大应力 σ,τ 也不超过材料的许用应力 $[\sigma]$,$[\tau]$,或使危险截面上的安全系数 S_σ,S_τ 不小于许用安全系数 $[S_\sigma]$,$[S_\tau]$,即

$$\begin{aligned}&\sigma \leqslant [\sigma], \quad [\sigma] = \frac{\sigma_{\lim}}{[S_\sigma]}\\ &\tau \leqslant [\tau], \quad [\tau] = \frac{\tau_{\lim}}{[S_\tau]}\end{aligned} \tag{1.1}$$

或

$$\begin{aligned}&[S_\sigma] = \frac{\sigma_{\lim}}{[S_\sigma]} \geqslant [S_\sigma]\\ &[S_\tau] = \frac{\tau_{\lim}}{[S_\tau]} \geqslant [S_\tau]\end{aligned} \tag{1.2}$$

式中 $[S_\sigma]$,$[S_\tau]$——正应力和切应力的许用安全系数;

$\sigma_{\lim}$,$\tau_{\lim}$——极限正应力和极限切应力,MPa。

极限应力 $\sigma_{\lim}$,$\tau_{\lim}$ 应根据零件材料性质及所受应力类型作以下选择:

①在静应力下工作并用塑性材料制成的零件，其失效为塑性变形，应按不发生塑性变形的强度条件计算，故常以材料的屈服点 σ_s，τ_s作为极限应力 σ_{lim}，τ_{lim}。

②在静应力下工作并用脆性材料制成的零件，其失效形式将是断裂，应按不发生断裂的强度条件计算，故常以材料的强度极限 σ_b，τ_b作为极限应力 σ_{lim}，τ_{lim}。

③在变应力下工作的零件，无论是用塑性材料还是用脆性材料制成的零件，其失效均为疲劳断裂，应按不发生疲劳断裂的强度条件计算，故常以材料的疲劳极限作为极限应力 σ_{lim}，τ_{lim}。同时，应考虑零件尺寸、表面几何形状引起的应力集中对疲劳强度的影响。

(2)表面强度

零件表面强度不足，会发生表面损伤。

表面强度可分为表面挤压强度和表面接触强度两种。

面接触的两零件受载后接触面之间产生挤压应力，应力分布在接触面不太深的表层，挤压应力过大的零件表面被压溃。设计计算时，应使零件的最大挤压应力不超过材料的许用挤压应力。

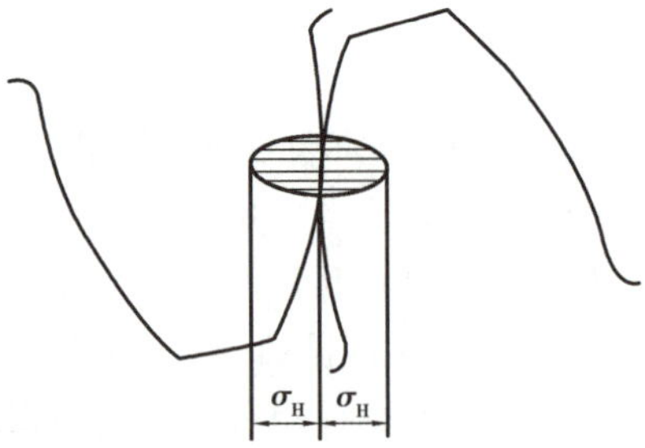

图 1.4　齿面的接触应力

以点或线接触的两零件，受载后由于零件表面的弹性变形而使点或线变形为微小的接触面。微小接触面上的局部应力，称为接触应力，其最大值用 σ_H表示。如图 1.4 所示为一对轮齿表面的接触成力。实际上，大多数运转零件的接触应力都是一种变应力。接触应力的反复作用会使零件表面的金属呈小片状脱落下来而形成一些小凹坑，这种现象称为疲劳点蚀。

零件表面发生疲劳点蚀后，减小了接触面积，损伤了零件的光滑表面，因而降低了承载能力，并引起振动和噪声。

设计时，应按不发生疲劳点蚀为强度计算条件。使零件表面上的最大接触应力 σ_H不超过材料的许用接触应力[σ_H]，即

$$\sigma_H \leqslant [\sigma_H], \quad [\sigma_H] = \frac{\sigma_{H\,lim}}{[S_H]} \tag{1.3}$$

式中　[σ_H]——零件表面的最大接触应力，MPa；

[σ_H]——许用接触应力，MPa；

$\sigma_{H\,lim}$——材料的接触疲劳极限，MPa；

[S_H]——接触应力的许用安全系数。

2)刚度

刚度是指零件在载荷作用下抵抗弹性变形的能力。如果零件的刚度不足，产生过大的弹性变形，会影响机器的正常工作(如机床主轴刚度不足，会影响零件的加工精度)，对这类零件应进行刚度计算。计算时，须使零件在载荷下产生的最大弹性变形量不超过许用变形量，即

$$\begin{aligned} y &\leqslant [y] \\ \theta &\leqslant [\theta] \\ \phi &\leqslant [\phi] \end{aligned} \tag{1.4}$$

式中　y，[y]——零件的变形量和许用变形量；

$\theta,[\theta]$——零件的转角和许用转角；

$\phi,[\phi]$——零件的扭角和许用扭角。

3）耐磨性

耐磨性是指在载荷作用下相对运动的两零件表面抵抗磨损的能力。零件过度磨损会使形状和尺寸改变，配合间隙增大，精度降低，产生冲击振动，从而失效。设计时，应使零件在预期使用寿命内的磨损量不超过允许范围。

耐磨性计算目前尚无公认的计算方法。一般通过限制工作面的单位压力和相对滑动速度，选择合适的材料及热处理方法，对工作面进行良好的润滑以及提高零件表面硬度和表面质量等，均能有效提高耐磨性。

对效率低、发热量大的传动（如蜗杆传动），如果散热不良，零件温度将上升过高，致使零件局部表面熔融而引起咬合。因此，还应进行散热计算，使其正常工作时的温度不超过允许限度。

4）振动稳定性

当机器中某零件的固有频率f和周期性强迫振动频率f_p相等或成整数倍时，零件振幅就会急剧增大而产生共振，从而使零件工作性能失常，甚至引起破坏。所谓振动稳定性，就是为防止共振，设计时避免使零件的固有频率和强迫频率相等或成整数倍。

前述各项虽均影响着机械零件的工作能力，但设计计算时并不一定要逐项计算，而应根据零件的主要失效形式，按其相应的计算准则确定主要参数，再对关注的项目进行校核。

1.2.2　机械零件的疲劳强度

1）应力的类型和特点

机械零件受载时，应力状态可用最大应力σ_{max}、最小应力σ_{min}、平均应力σ_m、应力幅σ_a及应力循环特性r这5个参数中任意两个来表示，如图1.5所示。其关系式为

$$\sigma_{max}=\sigma_m+\sigma_a \qquad \sigma_{min}=\sigma_m-\sigma_a \tag{1.5}$$

$$\sigma_m=\frac{\sigma_{max}+\sigma_{min}}{2} \qquad \sigma_a=\frac{\sigma_{max}-\sigma_{min}}{2} \tag{1.6}$$

$$r=\frac{\sigma_{min}}{\sigma_{max}} \tag{1.7}$$

作用在机械零件上的应力，一般可分为静应力和变应力两种。静应力是不随时间变化的应力；变应力是随时间变化的应力。

大多数机械零件是在变应力状态下工作的，最常见的是随时间作周期性变化的循环应力。其中，参数不随时间变化的循环应力，称为稳定循环应力，如图1.5(a)所示；参数随时间变化的循环应力，称为不稳定循环应力，如图1.5(b)所示。

稳定循环应力中，当$r=-1$时，表明$\sigma_{max}=-\sigma_{min}$，这种应力称为对称循环应力，如图1.5(c)所示；当$r\neq1$时，表明$|\sigma_{max}|\neq|\sigma_{min}|$，这种应力称为非对称循环应力，如图1.5(d)所示；当$r=0$时，表明$\sigma_{min}=0$，这种应力称为脉动应力，如图1.5(e)所示；当$r=1$时，表明$\sigma_{max}=$

σ_{min}，即静应力，如图 1.5(f)所示。

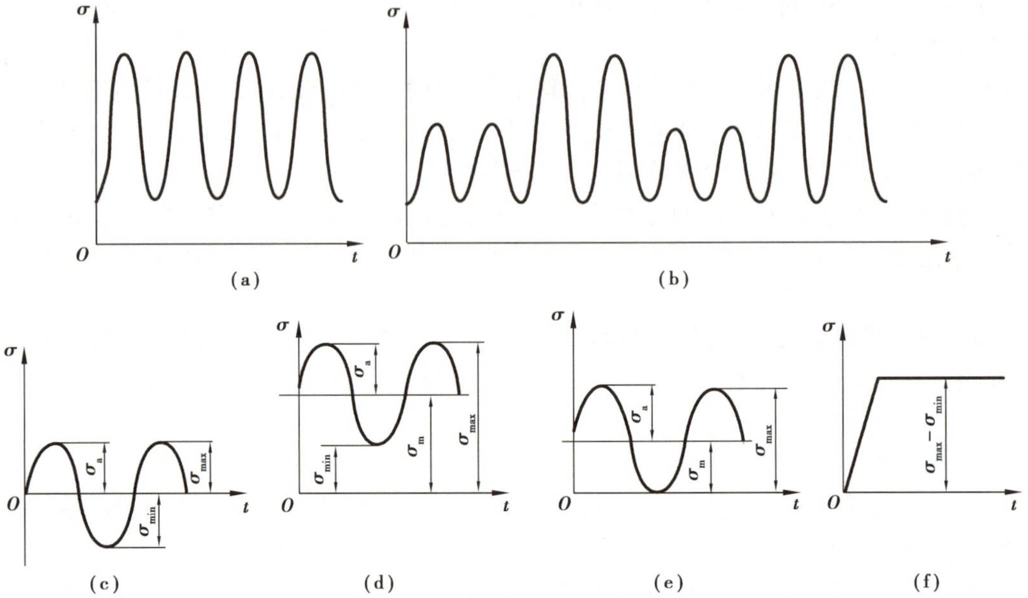

图 1.5　应力的类型

2）疲劳断裂的特征和疲劳曲线

疲劳断裂是材料在变应力作用下，在一处或多处产生局部永久性累积损伤，经一定循环次数后，产生裂纹或突然发生断裂的过程。疲劳断裂与静应力下的过载断裂比较，具有以下特征：

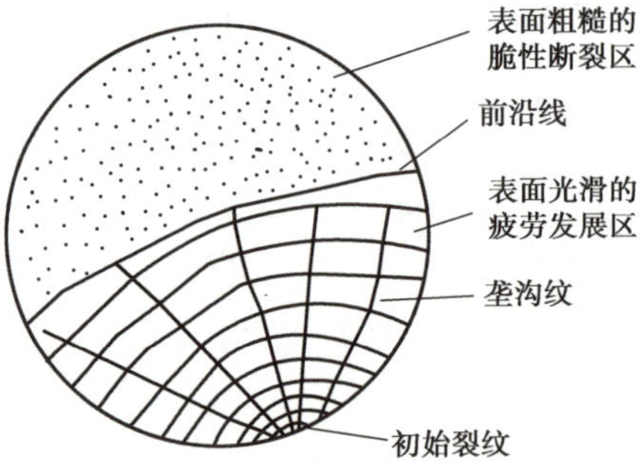

图 1.6　金属材料的疲劳断口

①疲劳断裂过程可分为两个阶段：首先在零件表面应力较大处产生初始裂纹，然后裂纹尖端在切应力反复作用下发生塑性变形，使裂纹扩展，造成零件实际的抗弯截面积减小。当裂纹扩展至一定程度时，发生突然断裂。

②疲劳断裂的断面明显分成两个区域，即表面光滑的疲劳发展区和表面粗糙的脆性断裂区，如图 1.6 所示。

③不论塑性材料还是脆性材料制成的零件，疲劳断裂均为脆性突然断裂。

④疲劳强度比同样材料的屈服点低，疲劳强度的大小与应力循环特性有关。

常规疲劳强度设计是指应用无初始裂纹的标准试件进行疲劳试验，得到材料的疲劳强度及疲劳曲线，再考虑零件尺寸、表面状态及几何形状引起的应力集中等因素对疲劳强度的影响，进行疲劳强度设计。

疲劳强度是指试件经过一定的应力循环次数不发生疲劳破坏的最大应力，常用 σ_{rN} 表示。表示循环次数 N 与疲劳强度 σ_{rN} 关系的曲线，称为疲劳曲线，如图 1.7 所示。疲劳曲线可分为以下两个区域：

①无限寿命区。当 $N \geqslant N_0$ 时，试件的疲劳强度不再随应力循环次数 N 的增加而降低，如

图1.7所示的曲线1(塑性材料)的水平部分,大部分中低碳钢属此类曲线。N_0 称为循环基数,对应于循环基数 N_0 的疲劳极限用 σ_r 表示。对称循环的疲劳极限用 σ_{-1},τ_{-1} 表示;脉动循环的疲劳极限用 σ_0,τ_0 表示。按疲劳曲线水平部分进行的设计计算,称为无限寿命设计。当要求零件在无限长的使用期间工作而不发生疲劳破坏时,可将其工作应力限制在疲劳极限 σ_r 以下,就可得到理论上的无限寿命。

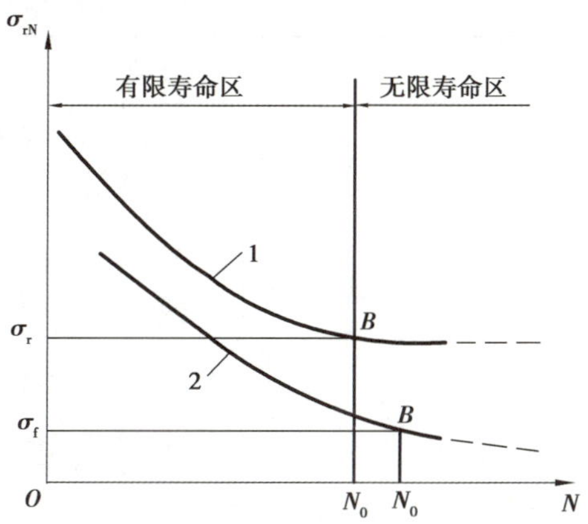

图1.7　疲劳曲线

有色金属和高强度合金钢的疲劳曲线没有无限寿命区,如图1.7所示的曲线2(脆性材料)。

②有限寿命区。当 $N < N_0$ 时,试件的疲劳极限随应力循环次数 N 的增加而降低,如图1.7所示的曲线1(塑性材料)的斜线部分。按疲劳曲线斜线部分进行的设计计算,称为有限寿命设计。为充分利用材料,减小质量,在确保使用寿命的条件下,常采用超过材料疲劳极限 σ_r 的工作应力来进行疲劳强度设计。这种方法在航空、汽车行业中得到广泛应用。

1.2.3　机械零件设计的一般步骤

机械零件设计的一般步骤以下:

①根据零件的使用要求(功率、转速等),选择零件的类型及结构形式。

②根据机器的工作条件,分析零件的工作情况,确定作用在零件上的载荷。

③根据零件的工作条件(包括对零件的特殊要求,如耐高温、耐腐蚀等),综合考虑材料的性能、供应情况和经济性等因素,合理选择零件的材料。

④分析零件的主要失效形式,按照相应的设计准则,确定零件的基本尺寸。

⑤根据工艺性及标准化的要求,设计零件的结构及其尺寸。

⑥绘制零件工作图,拟订技术要求。

在实际工作中,也可采用与上述相逆的方法进行设计,即首先参照已有实物或图样,用经验数据或类比法初步设计出零件的结构尺寸,然后按有关准则进行校核。

1.3　机械零件常用金属材料和钢热处理常识

1.3.1　机械零件常用材料

机械零件常用材料有碳素钢、合金钢、铸铁、有色金属、非金属材料及各种复合材料。其中,碳素钢和铸铁应用最为广泛。

常用材料的分类和应用举例见表1.1。

表 1.1　机械零件常用材料的分类和应用举例

材料分类			应用举例或说明
钢	碳素钢	低碳钢 （碳的质量分数≤0.25%）	铆钉、螺钉、连杆、渗碳零件等
		中碳钢 （碳的质量分数 0.25%～0.60%）	齿轮、轴、蜗杆、丝杠、联接件等
		高碳钢 （碳的质量分数≥0.60%）	弹簧、工具、模具等
	合金钢	低合金钢 （合金元素总质量分数≤5%）	较重要的钢结构和构件、渗碳零件、压力容器等
		中合金钢 （合金元素总质量分数 5%～10%）	飞机构件、热镦锻模具、冲头等
		高合金钢 （合金元素总质量分数≥10%）	航空工业蜂窝结构、液体火箭壳体、核动力装置、弹簧等
铸钢	一般铸钢	普通碳素铸钢	机座、箱壳、阀体、曲轴、大齿轮、棘轮等
		低合金铸钢	容器、水轮机叶片、水压机工作缸、齿轮、曲轴等
	特殊用途铸钢		耐蚀、耐热、无磁、电工零件，水轮机叶片，模具等
铸铁	灰铸铁（HT）	低牌号 （HT100，HTI50）	对力学性能无一定要求的零件，如盖、底座、手轮、机床床身等
		高牌号 （HT200—HT400）	承受中等静载的零件，如机身、底座、泵壳、齿轮、联轴器、飞轮、带轮等
	可锻铸铁（KT）	铁素体型	承受低、中、高动载荷和静载荷的零件，如差速器壳、犁刀、扳手、支座、弯头等
		珠光体型	要求强度和耐磨性较高的零件，如曲轴、凸轮轴、齿轮、活塞环、轴套、犁刀等
	球墨铸铁（QT）	铁素体型	与可锻铸铁基本相同
		珠光体型	

续表

材料分类			应用举例或说明
铜合金	特殊性能铸铁		耐热、耐蚀、耐磨等场合
	铸造铜合金	铸造黄铜	轴瓦、衬套、阀体、船舶零件、耐蚀零件、管接头等
		铸造青铜	轴瓦、蜗轮、丝杠螺母、叶轮、管配件等
	变形铜合金	黄铜	管、销、铆钉、螺母、垫圈、小弹簧、电气零件、耐蚀零件,减摩零件等
		青铜	弹簧、轴瓦、蜗轮、螺母、耐磨零件等
轴承合金（巴氏合金）	锡基轴承合金		轴承衬,其摩擦因数低,减摩性、抗烧伤性、磨合性、耐蚀性、韧度、导热性均良好
	铅基轴承合金		强度、韧度和耐蚀性稍差,但价格较低
塑料	热塑性塑料（如聚乙烯、有机玻璃、尼龙等） 热固性塑料（如酚醛塑料、氨基塑料等）		一般结构零件,减摩、耐磨零件,传动件,耐腐蚀件,绝缘件,密封件,透明件等
橡胶	通用橡胶 特种橡胶		密封件,减振、防振件,传动带,运输带和软管,绝缘材料,轮胎,胶辊,化工衬里等

1.3.2　材料的选择原则

合理选择材料是机械设计中的重要环节。选择材料首先必须保证零件在使用过程中具有良好的工作能力,然后还要考虑其加工工艺性和经济性。

1）满足使用性能要求

使用性能是保证零件完成规定功能的必要条件。使用性能是指零件在使用条件下,材料应具有的力学性能、物理性能以及化学性能。对机械零件而言,最重要的是力学性能。

零件的使用条件包括以下3个方面:受力状况（如载荷类型、大小、形式及特点等）、环境状况（如温度特性、环境介质等）和特殊要求（如导电性、导热性、热膨胀等）。

（1）零件的受力状况

当零件（如螺栓、杆件等）受拉伸或剪切这类分布均匀的静应力时,应选用组织均匀的材料,按塑性和强度性能选材;载荷较大时,可选屈服强度 σ_s 或抗拉强度 σ_b 较高的材料。

当零件（如轴类零件等）受弯曲、扭转这类分布不均匀的静应力时,按综合力学性能选材,应保证最大应力部位有足够的强度。常选用易通过热处理等方法提高强度及表面硬度的材料（如调质钢等）。

当零件（如齿轮等）受有较大接触应力时,可选用易进行表面强化的材料（如渗碳钢、渗氮钢等）。

当零件受变应力时,应选用疲劳强度较高的材料,常用能通过热处理等手段提高疲劳强度的材料。

对刚度要求较高的零件，宜选用弹性模量大的材料，同时还应考虑结构、形状和尺寸对刚度的影响。

(2)零件的环境状况及特殊要求

根据零件的工作环境及特殊要求不同，除对材料的力学性能提出要求外，还应对材料的物理性能及化学性能提出要求。如当零件在滑动摩擦条件下工作时，应选用耐磨性、减摩性好的材料，故滑动轴承常选用轴承合金、锡青铜等材料。

在高温下工作的零件，常选用耐热好的材料，如内燃机排气阀门可选用耐热钢，汽缸盖则选用导热性好、比热容大的铸造铝合金。

在腐蚀介质中工作的零件，应选用耐蚀性好的材料。

2)具有良好的加工工艺性

将零件坯件材料加工成形有许多方法，主要有热加工和切削加工两大类。不同材料的加工工艺性不同。

(1)热加工工艺性能

热加工工艺性能主要是指铸造性能、锻造性能、焊接性能及热处理性能。表1.2为常用金属热加工工艺性能比较。

表1.2　常用金属热加工工艺性能比较

热加工工艺性能	常用金属材料热加工性能比较	备　注
铸造性能	可铸性较好的金属铸造性能排序：铸造铝合金、铜合金、铸铁、铸钢	铸铁中，灰铸铁铸造性能最好
锻造性能	碳素结构钢中锻造性能从高到低排序：低碳钢、中碳钢、高碳钢 合金钢：低合金钢的锻造性能近于中碳钢，高碳合金钢的锻造性较差 铝合金塑性较差，锻造性能不是很好 铜合金的锻造性能较好	含碳量及含合金元素越高的材料。其锻造性能相对越差
焊接性能	低碳钢和碳的质量分数低于0.18%的合金钢有较好的焊接性能 碳的质量分数大于0.45%的碳钢和碳的质量分数大于0.35%的合金钢焊接性能较差 铜合金和铝合金的焊接性能较差，灰铸铁焊接性能更差	含碳量及含合金元素越高的材料，焊接性能越差
热处理性能	金属材料中，钢的热处理性能较好，合金钢的热处理性能比碳素结构钢好；铝合金的热处理要求严格；铜合金只有很少几种可通过热处理方法强化	选材时，要综合考虑淬硬性、淬透性、变形开裂倾向性，回火脆性等性能要求

(2)切削加工性能

金属的切削加工性能一般用刀具寿命为60 min时的切削速度v_{60}来表示。v_{60}越高，则金属的切削性能越好。例如，以$\sigma_b=600$ MPa的45钢的v_{60}为标准，记作$(v_{60})_f$，其他材料的v_{60}与$(v_{60})_f$的比值称为相对加工性，用k_v表示。k_v值越大，金属切削加工性能越好。表1.3为常用金属切削加工性能的比较。

表1.3 常用金属切削加工性能的比较

等级	切削加工性能	k_v	代表性材料
1	很容易加工	8 ~ 20	铝、镁合金
2	易加工	2.5 ~ 3.0	易切削钢
3	易加工	1.6 ~ 2.5	30钢正火
4	一般	1.0 ~ 1.5	45钢
5	一般	0.7 ~ 0.9	45钢(轧材)、2Cr13调质
6	难加工	0.5 ~ 0.65	65Mn调质、易切削不锈钢
7	难加工	0.15 ~ 0.5	1Cr18Ni9Ti,W18Cr4V
8	难加工	0.04 ~ 0.14	耐热合金、钴合金

3)经济性要求

选择材料要综合考虑经济性。

①材料价格。材料价格在产品总成本中占较大比重,一般占产品价格的30% ~70%。如果能用价格较低的材料满足工艺及使用要求,就不用价格高的材料。

②提高材料的利用率。例如,用精铸、模锻和冷拉毛坯,可减少切削加工对材料的浪费。

③零件的加工和维修费用等要尽量低。

④采用组合结构。如蜗轮齿圈可采用减摩性好的贵重金属,而其他部分采用廉价的材料。

⑤材料的合理代用。对生产批量大的零件,要考虑我国资源状况,材料来源要丰富,尽量避免采用我国稀缺而需进口的材料;尽量用高强度铸铁代替钢,用热处理方法等强化的碳钢代替合金钢。

1.3.3 钢热处理常识

在现代机械制造中,许多重要零件(如机床的主轴、齿轮、发动机的连杆、曲轴等)大都使用钢材制造,而且一般都要进行热处理。通过热处理可改变钢材内部的组织结构,从而改善其力学性能。因此,钢的热处理对充分发挥材料的潜力、提高产品质量、延长机械的使用寿命等均具有非常重要的作用。

所谓钢的热处理,就是将钢在固态范围内加热到一定温度后,保温一段时间,再以一定的速度冷却的工艺过程(见图1.8)。钢的常用热处理方法包括退火、正火、淬火、回火、表面淬火及渗碳等。

1)退火

退火是将零件加热到一定温度,保温一段时间后,随炉冷却到室温的处理过程。退火能使金属晶粒细化,组织均匀,可消除零件的内应力,降低硬度,提高塑性,使零件便于加工。

2)正火

正火又称正常化处理,其工艺过程与退火相似,不同之处是将零件置于空气中冷却。正火

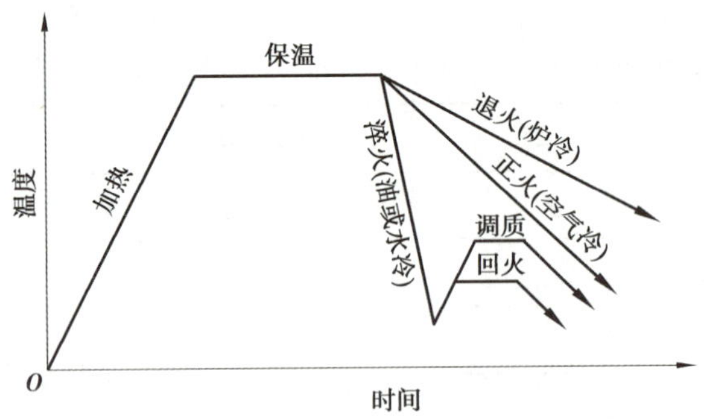

图 1.8　钢的热处理示意图

的作用与退火相同,但因零件在空气中冷却速度较快,故可提高钢的硬度与强度。

3)淬火

淬火是把零件加热到一定温度,保温一段时间后,将零件放入水(油或水基盐碱溶液)中急剧冷却的处理过程。淬火可大大提高钢的硬度,但会使材料的韧性降低,同时产生很大的内应力,使零件有严重变形和开裂的危险。因此,淬火后必须及时进行回火处理。

4)回火

回火是将经过淬火的零件重新加热到一定温度(低于淬火温度),保温一段时间后,置于空气或油中冷却至室温的处理过程。回火不但可消除零件淬火时产生的内应力,而且可提高材料的综合力学性能,以满足零件的设计要求。回火后,材料的具体性能与回火的温度密切相关。回火根据温度的不同,通常可分为低温回火、中温回火和高温回火 3 种。

(1)低温回火(150 ~250 ℃)

可得到很高的硬度和耐磨性,主要用于各种切削工具、滚动轴承等零件。

(2)中温回火(350 ~500 ℃)

可得到很高的弹性,主要用于各种弹簧等。

(3)高温回火(500 ~650 ℃)

通常把淬火后经高温回火的双重处理称为调质。调质可使零件获得较高的强度与较好的塑性和韧性,即获得良好的综合力学性能。调质处理广泛用于齿轮、轴、蜗杆等零件。适用于这种处理的钢,称为调质钢。调质钢大都是碳的质量分数为 0.35% ~0.5% 的中碳钢和中碳合金钢。

5)表面淬火

表面淬火是以很快的速度将零件表面迅速加热到淬火温度(零件内部温度还很低),然后迅速冷却的热处理过程。表面淬火可使零件的表面具有很高的硬度和耐磨性,而心部由于尚未被加热淬火,故仍保持材料原有的塑性和韧性。这种零件具有较高的抗冲击能力。因此,表面淬火广泛用于齿轮、轴等零件。

6)渗碳

渗碳是化学热处理的一种。化学热处理是实现钢表面强化的重要手段,把零件置于含有某种化学元素的介质中进行加热、保温,使化学元素的活性原子向零件表层扩散,从而改变钢材表面的化学成分和组织,获得与心部不同的表面性能。

根据扩散元素的不同,化学热处理分渗碳、渗氮和液体碳氮共渗等。其中,应用较多的是渗碳。渗碳零件常用材料为低碳钢和低碳合金钢。零件经过渗碳,表层碳的含量增加,再经淬火和回火,零件表面达到很高的硬度和耐磨性,而心部又具有很好的塑性和韧性。渗碳常用于齿轮、凸轮、摩擦片等零件。

思考题与习题

1.1　何谓机器？它具有哪些特征？它与机构有什么区别？请举例说明。

1.2　构件与零件有什么区别？通用零件与专用零件有什么区别？

1.3　列举生活中所见到的事例来说明机构的应用。

1.4　机器设计中应满足哪些基本要求？

1.5　机械的传统设计方法有哪些？

第 2 章

平面机构的运动简图及自由度

2.1 运动副及其分类

2.1.1 构件的自由度

当构件未与其他任何物体接触时,其运动是自由的,则这类构件称为自由体。自由体在平面内有 3 种运动的可能性,即沿 x 轴、y 轴的移动和绕 Oxy 平面内任意点 A 的转动,如图 2.1 所示。自由体在空间有 6 种运动的可能性,即沿 x,y,z 3 个方向的移动,以及绕 x,y,z 3 轴的转动。1 个构件作独立运动的可能性,称为该构件的自由度。由此可知,一个在平面上自由运动的构件有 3 个自由度,在空间自由运动的构件有 6 个自由度。

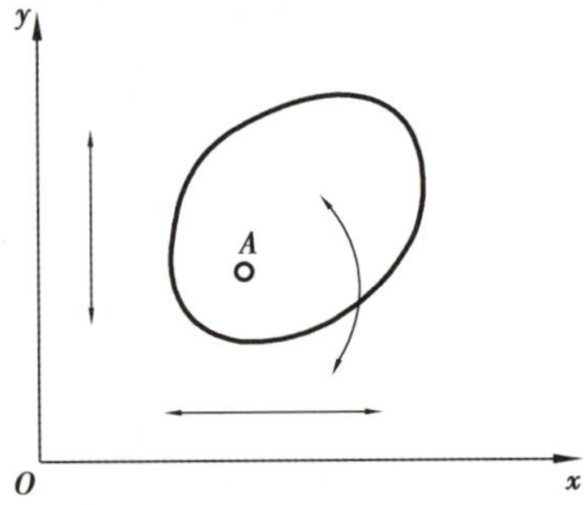

图 2.1 构件的自由度

2.1.2 运动副与约束

1)运动副与约束

当构件组合成机构时,构件之间必须以一定的方式联接起来,以保证构件之间具有确定的相对运动。构件之间这种相互接触又有一定的相对运动的联接,称为运动副。例如,门窗与铰链(见图 2.2(a))、齿轮轮齿的啮合(见图 2.2(b))、车轮与钢轨(见图 2.2(c))、轴与轴承、活塞与汽缸连杆与曲柄(曲轴)(见图 2.2(d))等形成的联接,都构成了运动副。

工程中的结构和机械中的构件,为了承受确定的载荷以及传递运动实现所需要的动作,彼此之间将形成各种各样的约束。例如,门、窗由铰链的限制只能绕固定轴转动,铰链便是门、窗的约束;轴由于轴承的限制只能绕自身轴线转动,轴承便是轴的约束;火车在钢轨上行驶,钢轨便是火车的约束;活塞只能沿汽缸直线移动,汽缸便是活塞的约束等。

2)运动副类型及其特性分析

平面机构中的运动副按构件的接触特性,可分为低副和高副。

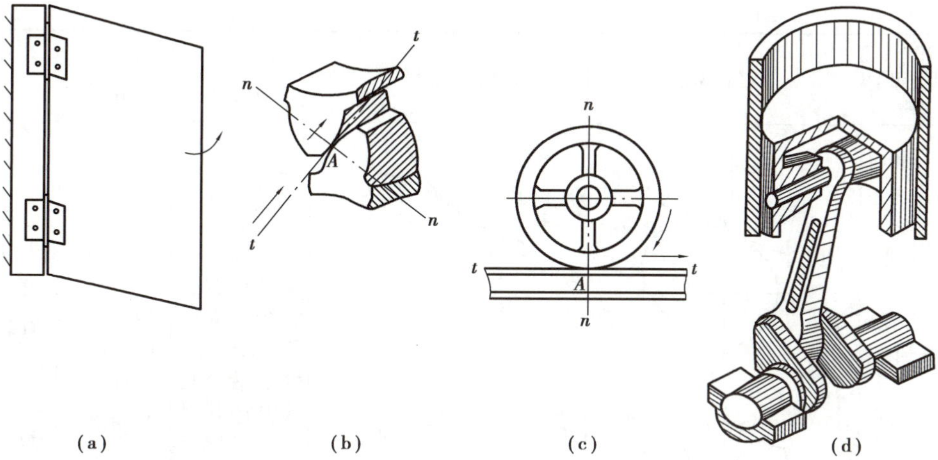

(a)　(b)　(c)　(d)

图 2.2　运动副的形成

低副是指构件之间通过面接触的运动副，它又分为移动副和转动副；高副是指构件之间通过点、线接触的运动副。

各类平面运动副的实例、类型、特点及表示符号见表 2.1。

3）约束力与约束类型

由约束对物体运动的限制，使之受到被约束物体的作用力；反过来，根据作用与反作用定律，约束也必给物体一反作用力，这个反作用力则称约束力。

表 2.1　运动副的实例类型、特点及表示符号

运动副类型		实　例	表示符号	相对运动关系	构件的自由度	运动副特点
平面低副	转动副	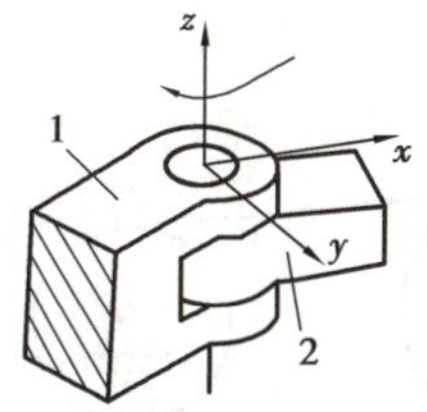	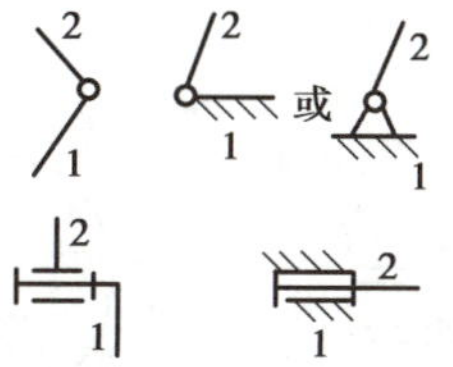	运动副限制构件沿 x 和 y 方向的移动，使构件只能绕销的轴线相对运动	构件的自由度为 1（转动）	表面应力小，能承受较大的压力，易于润滑，经久耐用
	移动副	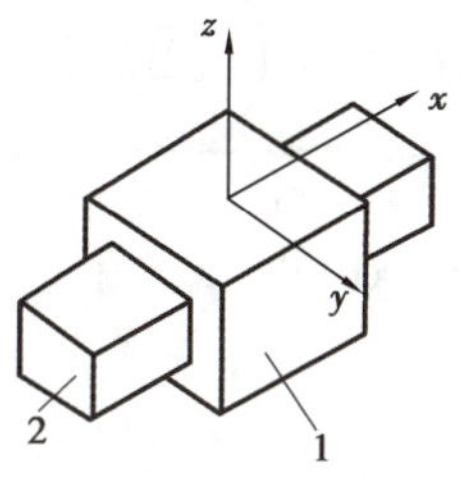	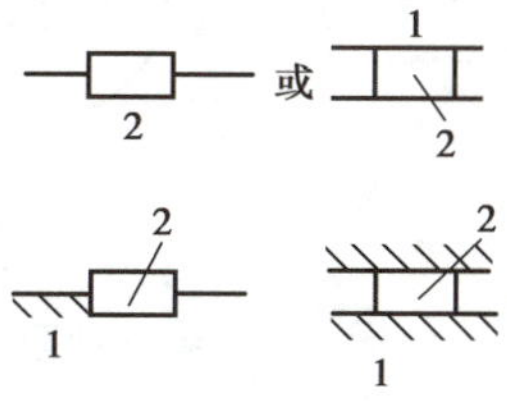	运动副限制构件沿 y 方向的移动和绕运动平面内任意点的转动，使构件只能沿滑道（即 x 轴）移动	构件的自由度为 1（移动）	

续表

运动副类型	实　例	表示符号	相对运动关系	构件的自由度	运动副特点
平面高副	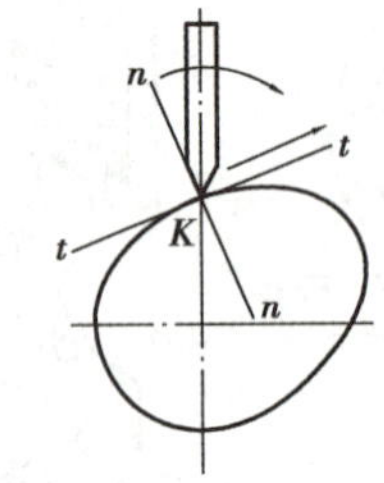 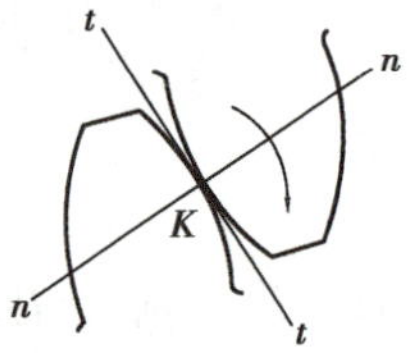	 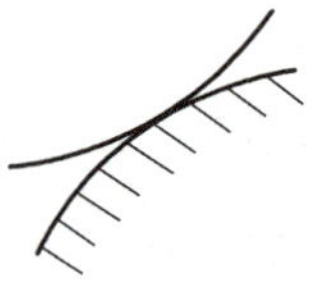	运动副只限制构件沿接触点的公法线方向的移动，使构件能沿公切线方向移动和绕接触点 K 的转动	构件的自由度为 2（移动和转动）	表面应力大，易磨损，寿命低，但有较多的自由度，在实现复杂运动规律时比低副强

约束力为一种被动力，其大小和方向与约束的类型和作用于物体上的主动力（引起物体运动或运动趋势的力，通常是已知力）有关。下面介绍常见的约束及其约束力。

（1）柔性约束

由绳索、带、链条等对物体所构成的约束，称为柔性约束。该约束将限制物体沿柔体的中心线离开柔体的运动，其约束力必沿着柔体的中心线，其箭头背向物体。该力为拉力，用符号 F_T 表示。

如图 2.3(a) 所示链绳对重物的约束力 F_{TB}，F_{TC}，以及如图 2.3(b) 所示带对带轮的约束力 F_{T1}，F_{TB2} 等都属于柔性约束力。

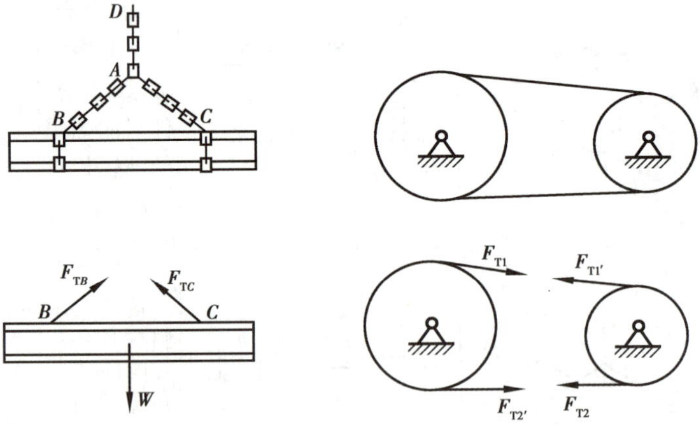

(a)　　(b)

图 2.3　柔性约束

（2）光滑面约束

光滑平面或曲面对物体所构成的约束，称为光滑面约束。这种约束只能限制物体沿接触面公法线方向而趋向支承面内的运动，其约束力必通过接触点沿着接触表面的公法线，其箭头指向物体。该力为压力，用符号F_N 表示。

如图 2.4(a)所示物块所受到的约束力F_N，如图 2.4(b)所示小球所受到的约束力F_N，如图 2.4(c)所示杆所受到的约束力F_{NA}，F_{NB}，F_{NC}，以及如图 2.4(d)所示齿轮轮齿所受到的力F_N 均属于光滑面约束力。

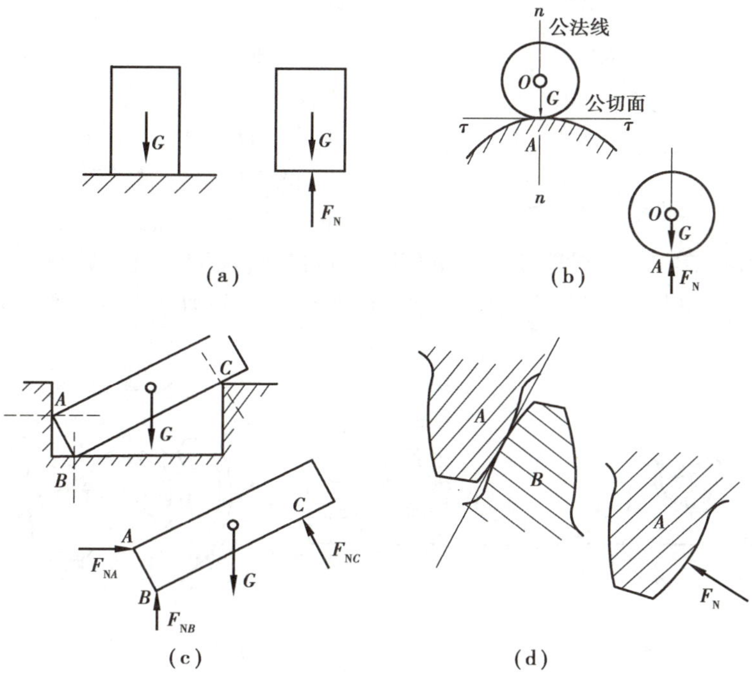

图 2.4　光滑面约束

(3)光滑圆柱铰链约束

两个物体用光滑圆柱销相联接而形成的约束，称为圆柱铰链约束。这种约束限制被约束物体间的相对移动，但不限制物体绕销轴线的相对转动。其常见的类型有固定铰支座和中间铰。当铰链联接的构件之中有一构件为固定构件(支座)所形成的铰链约束，称为固定铰支座(见图 2.5(a))，如图 2.5(b)所示为固定铰支座的力学模型；当铰链联接的两构件均为活动构件所形成的约束，称为中间铰(见图 2.6(a))，如图 2.6(b)所示为中间铰的力学模型。

铰链联接所产生的约束力从约束特性来看与光滑面约束相同，但由于接触点的位置与构件所承受的载荷有关，往往不易确定，故约束力的方向也不易确定。因此，通常用通过铰链中心的两个正交分力F_x，F_y来表示，其分力的方向可以假设，如图 2.5(c)和图 2.6(c)所示。

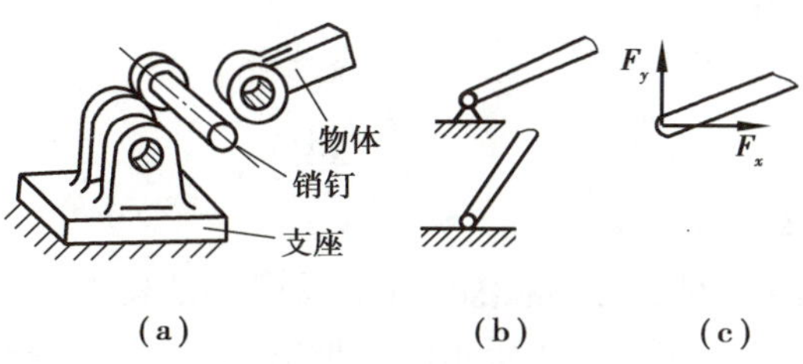

图 2.5　固定铰支座约束

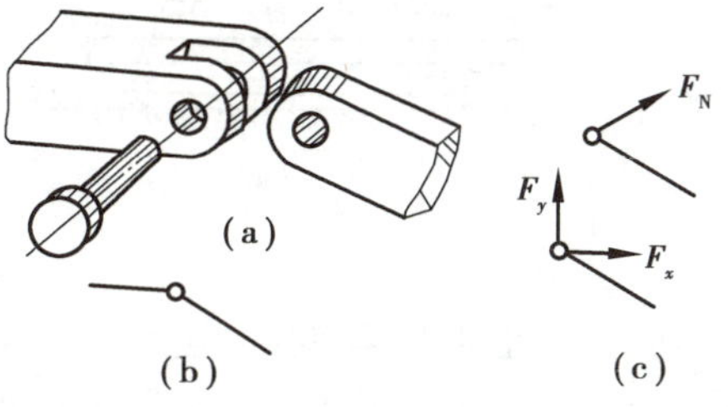

图 2.6　中间铰约束

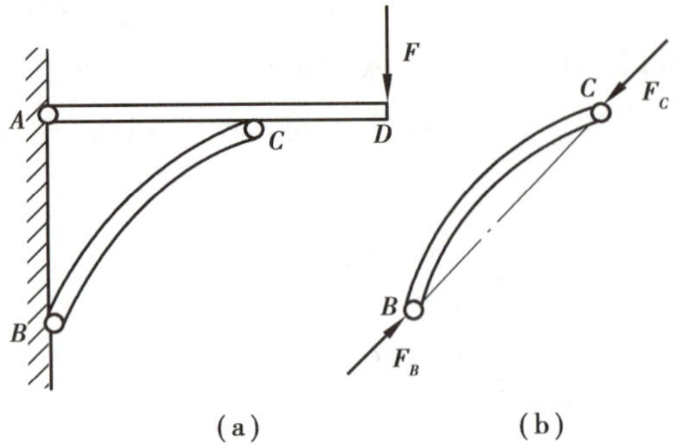

图 2.7 二力杆受力分析

必须强调的是当铰链联接的构件为二力构件或二力杆时，其约束力不能用正交分力表示只能用一个力来表示。该力的作用线必沿二力构件或二力杆两受力点的连线，方向可以假设。如图 2.7(a)所示的支架，若不计 BC 杆的重力，则 BC 杆为二力杆，其固定铰支座 B 和中间铰 C 对杆的约束力只能分别用一个力表示，即F_B与F_C(见图 2.7(b))。

另外，机械中对转轴起支承作用的向心滑动轴承(见图 2.8(a))和向心滚动轴承(见图 2.8(b))，它们的约束特性与圆柱铰链约束相同，即限制转轴沿垂直于轴线方向的移动而不限制其转动，故约束力也与圆柱铰链相同，通常也用两个正交分力来表示轴承对轴的约束力。

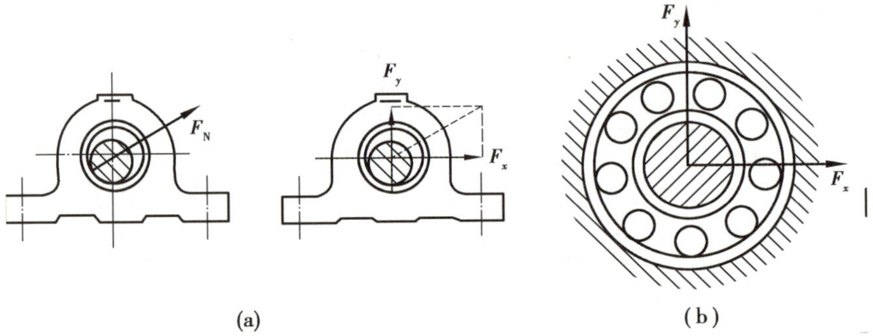

图 2.8 定心轴承约束

(4)辊轴约束

由光滑面和光滑圆柱铰链所形成的一种复合约束，称为辊轴约束，也称辊轴支座或活动铰支座。它是在铰链支座的底部安放若干辊子，辊子又与光滑面接触，并可沿光滑面移动(见图 2.9(a)，如图 2.9(b)所示为辊轴支座的力学模型。这种约束只能限制物体朝垂直于支承面内的运动，故约束力垂直于支承面通过铰链中心指向物体，用符号F_N 表示，如图 2.9(c)所示。

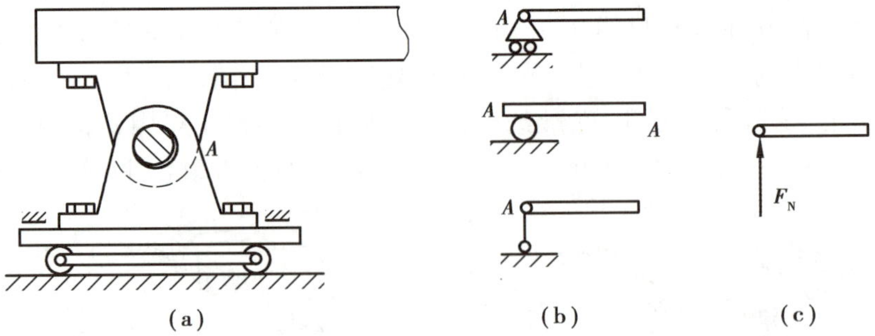

图 2.9 辊轴支座约束

工程中，辊轴支座常与固定铰支座配对使用。例如，建筑中的桥梁或房梁结构，在梁的一端采用固定铰支座，而在另一端则采用辊轴支座。如图 2.10 所示的桁架梁就是一个工程中的应用实例。利用辊轴支座可协调梁由载荷作用或温度变化所引起的变形，以减小内应力。

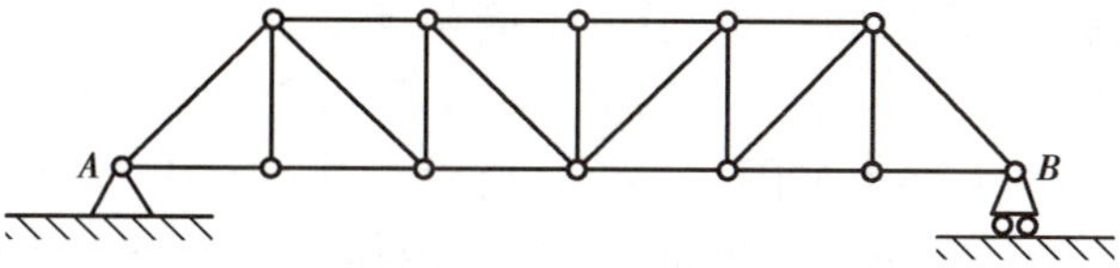

图 2.10　桁架梁

(5)固定端约束

物体的一部分固嵌于另一物体所构成的约束,称为固定端约束。例如,建筑物中的阳台横梁(见图 2.11(a)),夹持在刀架上的刀具(见图 2.11(b)),以及切削加工时的镗刀(见图 2.11(c))等。

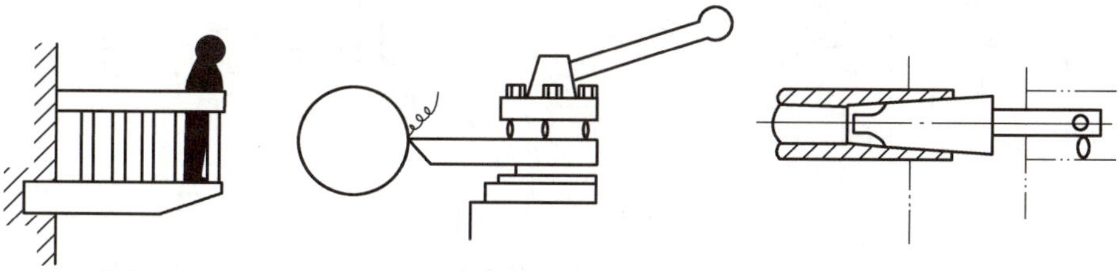

图 2.11　固定端约束的工程实例

固定端约束的力学模型如图 2.12(a)所示。这种约束不仅限制物体在约束处沿任何方向的移动,也限制物体在约束处的转动。在平面问题中,固定端对物体可能存在的约束作用为一个约束力F_N(限制移动)与一个约束力偶M_A(限制转动),如图 2.12(b)所示。但是,F_N 的方向往往不去确定,而常用两个正交分力F_{Ax},F_{Ay}来表示(见图 2.12(c))。

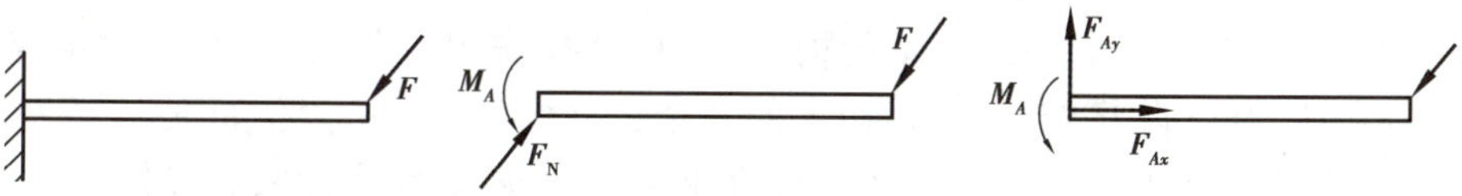

图 2.12　固定端约束

(6)光滑球形铰链约束

一端为球体的物体能在另一物体的球窝中转动所构成的约束,称为球形铰链约束(见图 2.13(a)),简称球铰约束。其力学模型如图 2.13(b)所示。球铰约束是一种空间约束,它可使物体在球窝内任意转动,但限制了物体沿任何方向的移动。球铰的约束力作用于球窝与球

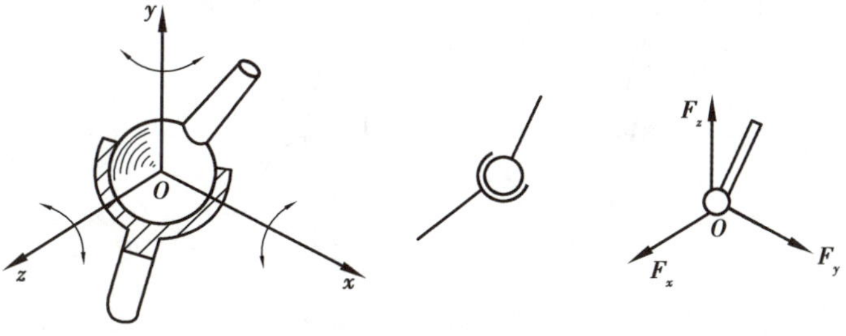

图 2.13　球形铰链约束

体的接触点上沿着该点的法线指向物体,但由于接触点不易确定,故通常用 3 个正交分力F_x,F_y,F_z来表示(见图 2.13(c))。

机械中,常用的向心推力轴承如图 2.14(a)所示。其力学模型如图 2.14(b)所示。这类轴承不仅限制轴的径向移动,也限制其轴向移动,它的结构虽与球铰不同,但其约束力特点却与球铰相似,通常也用 3 个正交分力F_x,F_y,F_z来表示(见图 2.14(c))。

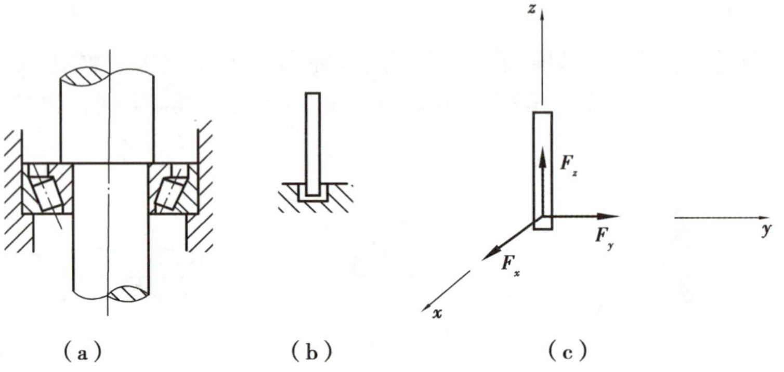

图 2.14　向心推力轴承

2.2　平面机构的组成及其运动简图

2.2.1　机构的组成

机构由机架(相对于地球固定不动的构件)、原动件(作用有驱动力、驱动力矩或运动规律已知的构件)和从动件(除机架、原动件以外的其余运动构件)组成。在如图 2.15 所示的曲柄冲压机构中,滑道与固定铰支座组成机架,原动件为带轮,从动件为冲头和连杆。

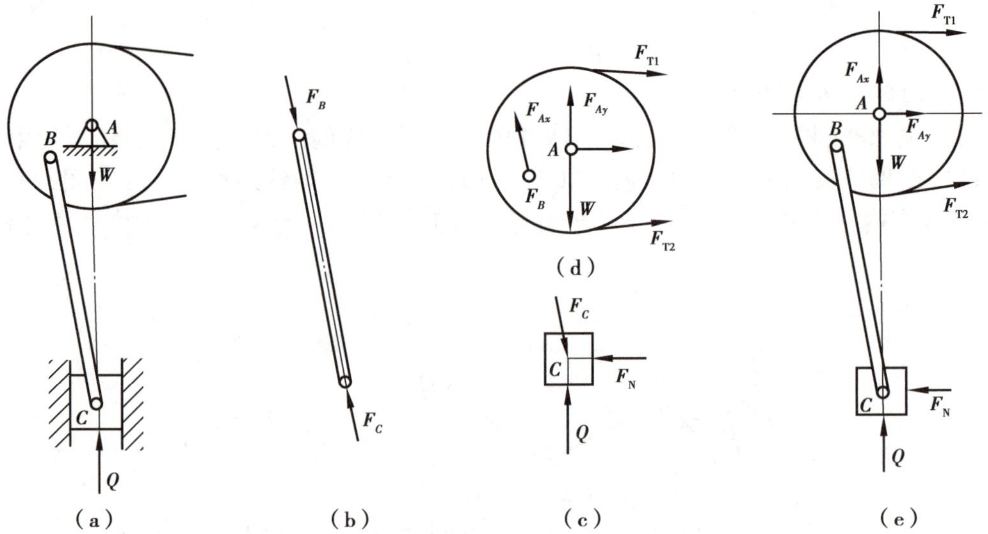

图 2.15　曲柄冲压机构的受力分析

若组成机构的各构件在同一平面或相互平行的平面内运动的机构，称为平面机构；反之，则为空间机构。

必须强调的是，一个机构只能有一个机架，它可以是一个整体，也可以是多个零件的刚性组合。机构中的原动件一般与机架相连，可有一个或多个。

2.2.2　平面机构运动简图

在实际机械中，构件之间的相对运动与构件和运动副的结构形状无关，而仅与运动副的类型、数目、相对位置有关。因此，在工程中，常忽略构件和运动副的结构形状，而用简单线条和特定符号来表示构件和运动副，并按一定比例确定运动副的相对位置及与运动有关的尺寸。这种能反映机构的组成及其运动规律的简单图形，称为机构运动简图。如图 2.15 所示为曲柄冲压机构。

绘制机构运动简图的一般步骤如下：

①分析机构的运动，确定组成机构的机架、原动件和从动件，并示出原动件的运动方向。

②根据机构运动的传递线路，分析各构件之间相对运动的性质，确定运动副的类型和数目。

③合理选择视图平面。对平面机构，应选机构运动的一般位置（注意各构件应避免重叠和交叉）和运动所在平面作为视图平面，以便清楚地表达构件之间的运动关系。

④选择适当的比例尺，定出各运动副的相对位置，用构件和运动副的符号绘制机构运动简图。常用的比例尺（单位：m/mm 或 mm/mm）为

$$\mu_1 = \frac{\text{构件的实际尺寸}}{\text{构件的图样尺寸}}$$

例 2.1　如图 2.16（a）所示为一液压泵。该泵的原动件为偏心轴 1，其几何轴线 B 绕固定轴线 A 作圆周运动。圆套 2 空套在偏心轴 1 上，可相对转动。隔板 3 的下端呈圆弧状与构件 2 相铰接，通过隔板 3 将泵内空间隔为 Ⅰ，Ⅱ 两腔。运转中，Ⅰ，Ⅱ 两腔的压力发生变化，从而形成吸液和排液过程。试绘制出该液压泵的机构运动简图。

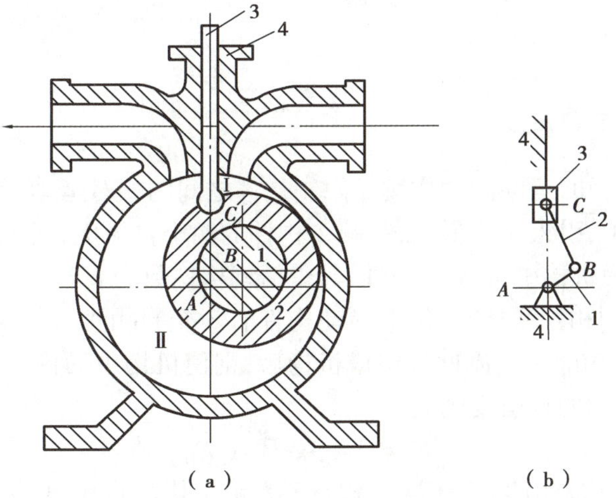

图 2.16　液压泵及其运动简图

1—偏心轴；2—圆套；3—隔板；4—泵体

解　该机构由偏心轴 1、圆套 2、隔板 3 和泵体 4 这 4 个构件组成。其中，泵体 4 为机架，

偏心轴1为原动件,其余构件为从动件。根据运动关系可知,偏心轴1与泵体4以A点为中心构成转动副,圆套2与偏心轴1以B点为中心构成转动副,又与隔板3以C点为中心构成转动副,隔板3与泵体4构成移动副,移动的导路可由其转动副中心C的轨迹线表示。偏心轴上两转动副间的距离l_{AB}为其运动尺寸,而l_{BC}为圆套的运动尺寸。现选择液压泵的图示位置为视图平面,根据各构件的运动尺寸,确定适当的比例,按规定的符号依次定出各构件上运动副的相对位置,即得该液压泵的机构运动简图,如图2.16(b)所示。

在工程中,若只对机构进行定性的运动分析,而不需求出实际的运动参数时,可不必严格地按比例绘制简图,这种简图称为机构的示意图。

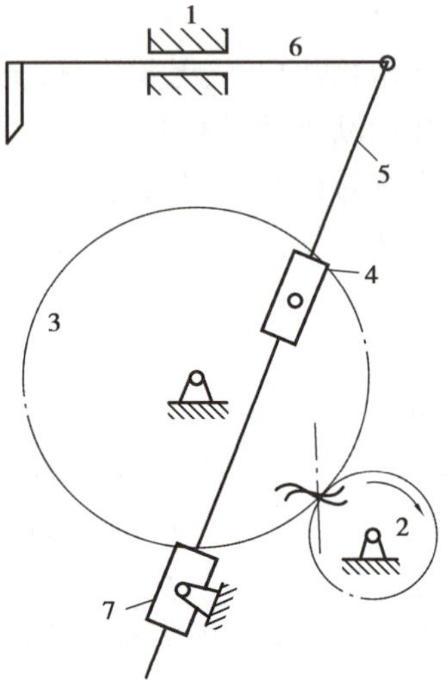

图2.17　牛头刨床主体机构的运动示意图

1—机座;2,3—齿轮;4,7—滑块;5—导杆;6—刨头

例2.2　试画出如图2.17所示牛头刨床主体运动机构的运动示意图。

解　牛头刨床机构由齿轮2与3,滑块4与7,刨头6以及机座1组成。其中,机座1为机架,齿轮2为原动件,其余构件为从动件。根据运动关系可知,齿轮2与3之间组成平面高副;构件4与5,构件5与7,构件6与1之间组成移动副;构件2与1,构件3与1,构件4与3,构件7与1,构件5与6之间组成转动副。选择机构的运动平面和图示运动位置,运用构件及运动副的代表符号,来表示各运动副的相对位置,即可画出牛头刨床主体运动机构的运动示意图,如图2.17所示。

2.3　平面机构的自由度

2.3.1　平面机构的自由度

由运动副的特点可知,运动副的作用是限制构件之间的相对运动,使相对运动自由度的数目减少。如平面机构中,引入一个低副,就减少构件的两个自由度,引入一个高副,就减少构件的一个自由度。若平面机构中有N个构件,其中活动构件数为$n=N-1$(除去机架,因机架固定不动),在未用运动副相互联接时,每个活动构件有3个自由度,n个活动构件就有$3n$个自由度。当用P_L个低副和P_H个高副联接组成机构后,则使机构中的构件共失去了$2P_L+P_H$个自由度。因此,整个机构的自由度则为

$$F=3n-2P_L-P_H \tag{2.1}$$

式(2.1)是平面机构自由度的计算公式。F表示机构的自由度,其含义是指机构相对于机架具有确定的独立运动参数的个数。

例2.3　试计算如图2.16所示的液压泵机构的自由度。

解　由机构的运动简图可知,该机构共有3个活动构件,即

$$n = 3$$

机构中有3个转动副,1个移动副,没有高副,即

$$P_L = 4, \quad P_H = 0$$

由式(2.1)得该机构的自由度为

$$F = 3n - 2P_L - P_H = 3 \times 3 - 2 \times 4 - 0 = 1$$

例2.4　试计算如图2.17所示的牛头刨床主体运动机构的自由度。

解　由机构运动示意图可知,该机构共有6个活动构件,即

$$n = 6$$

机构中有5个转动副,3个移动副,1个高副,即

$$P_L = 8, \quad P_H = 1$$

由式(2.1)得该机构的自由度为

$$F = 3n - 2P_L - P_H = 3 \times 6 - 2 \times 8 - 1 = 1$$

如图2.18所示的三铰接杆,设三铰接杆中的杆1,2为活动构件,杆3为机架,三杆由运动副联接后,形成3个转动副,没有高副。由自由度计算公式,可得

$$F = 3 \times 2 - 2 \times 3 = 0$$

又由几何学可知,三杆构成三角形后将具有稳定性,各杆件之间无相对运动。这时,三铰杆架即成为结构。可以证明,当$F=0$时,机构将变为结构,各构件之间无相对运动,故要使机构中各构件之间具有确定的相对运动,必须使$F \geqslant 1$。

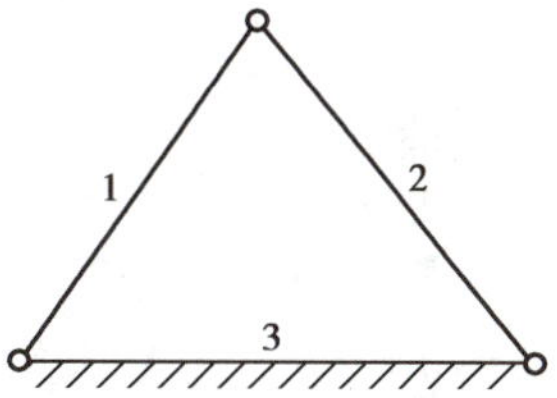

图2.18　三铰接杆

1,2—活动构件;3—机架

2.3.2　平面机构具有确定运动的条件

机构中按给定运动规律运动的构件是机构的原动件,若要机构实现独立运动使各构件之间具有确定的相对运动,则原动件的个数必须等于机构的自由度,即

$$W = F = 3n - 2P_L - P_H \tag{2.2}$$

由此可知,平面机构具有确定运动的条件为:机构中原动件的个数应等于机构的自由度,且$F \geqslant 1$。

2.3.3　计算机构自由度应注意的问题

计算机构自由度时,应注意下面的问题,否则得不到正确的结果。

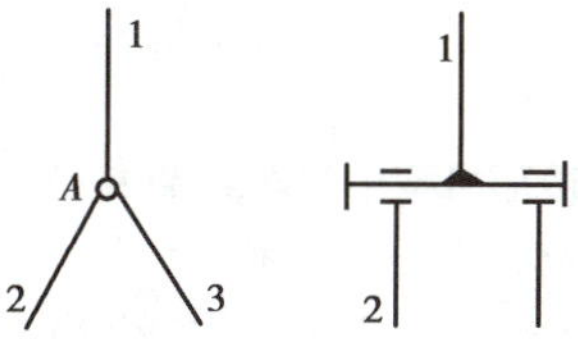

图2.19　复合铰链

1,2,3—活动构件

1)复合铰链

两个以上的构件在同一处以转动副联接,即构成复合链,如图2.19所示。由联接关系可知,若有K个构件形成的复合铰链,则联接处将有$K-1$个转动副。

2)局部自由度

机构中出现的与其机构整体运动无关的、局部独立的自由度,称为局部自由度。在计算机构的自由度时,应排除局部自由度后进行计算。

如图2.20(a)所示的凸轮机构,该机构的计算自由度数为$F=2$,但实际上该机构当以凸

轮一个构件为原动件时,便具有确定的运动。产生这种与平面机构具有确定相对运动条件不相吻合的原因是:滚子绕其自身轴线转动所形成的运动副不影响凸轮机构的运动规律,是一个多出来的局部自由度,它是否存在并不影响机构的运动规律。

局部自由度多见于变滑动摩擦为滚动摩擦以减少磨损的场合。排除局部自由度的方法是假想地将滚子与从动件固结为一体,如图 2.20(b)所示。这样,在计算机构自由度时就不会出现错误。按(如图 2.20(b)所示计算出的凸轮机构的自由度数为 1,与实际情况吻合。

3)虚约束

因某种需要而在机构中重复引入的对机构的运动不起新作用的约束,称为虚约束。虚约束常出现在以下场合:

①两构件之间形成多个导路平行的移动副(见图 2.21(a))或多个轴线重合的转动副(见图 2.21(b))。

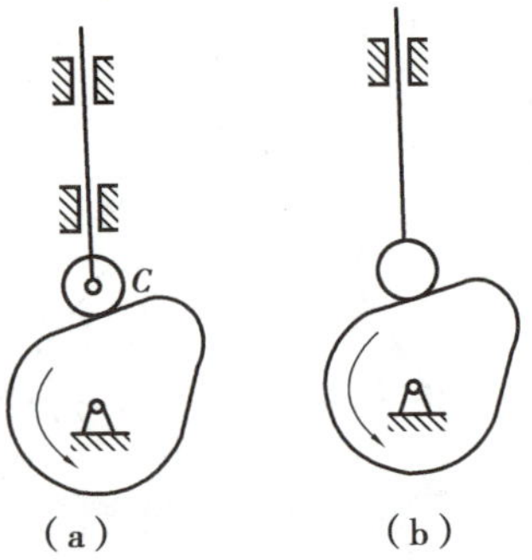

图 2.20 局部自由度

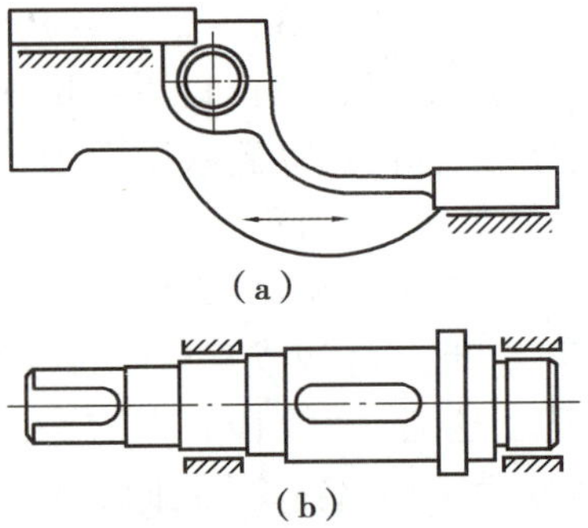

图 2.21 导路平行的多个移动副和轴线重合的多个转动副

②两构件组成多处接触点公法线重合的高副(见图 2.22)。

③两构件上两点之间的距离始终保持不变(见图 2.23)。

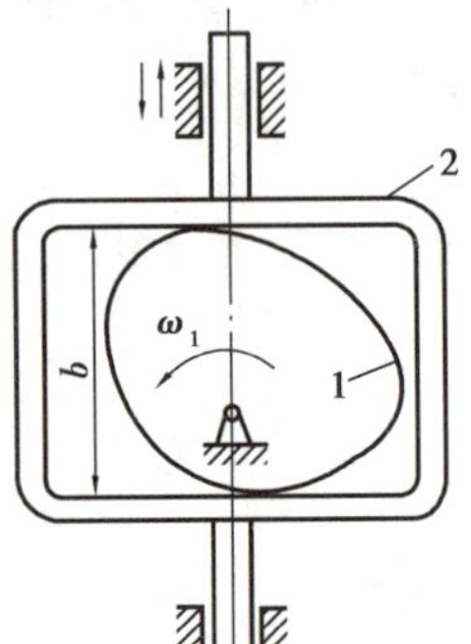

图 2.22 接触点公法线重合的多个高副

1—凸轮;2—从动件

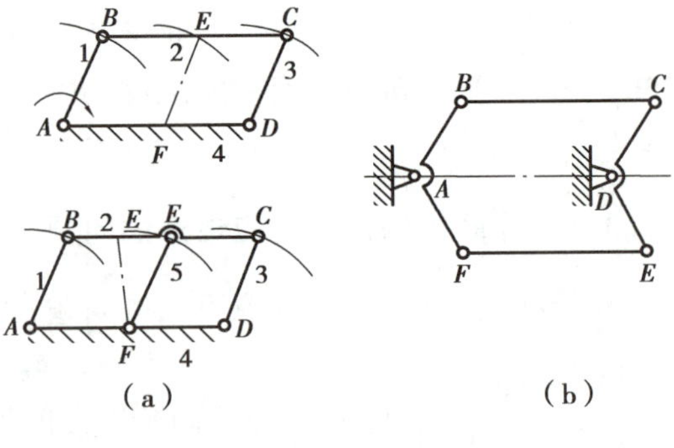

图 2.23 平行四边形机构中的虚约束

1,2,3,5—活动构件;4—机架

④功能和尺寸完全相同的多组构件,只有一组起独立传递运动,则其余为虚约束(见图2.24)。

有虚约束的机构,在计算其自由度时,应排除虚约束或多引入的构件连同与该构件形成的运动副后进行计算。例如,图 2.20(a)中应去掉一个移动副。图 2.20(b)中应去掉一个转动副,图 2.22 中应去掉一个高副,图 2.23 中应去掉 EF 构件以及 E,F 两个转动副,图 2.24 中应去掉两个行星轮及其两轮引入的两个高副。在机构中引入虚约束的目的主要是改善机构的受力状况、增加构件的刚度和使机构具有稳定的运动,以保证机械的工作性能和承载能力。因此,虚约束不在结构设计中有着广泛的应用。但是,由于虚约束的引入,对构件制造和安装的精度要求较高;当构件或运动副不满足所必需的几何条件时,如图 2.23(a)中的 EF 杆若改为 $E'F$ 杆,则约束就成为实际约束,使机构不能运动。因此,在应用虚约束时也应慎重。

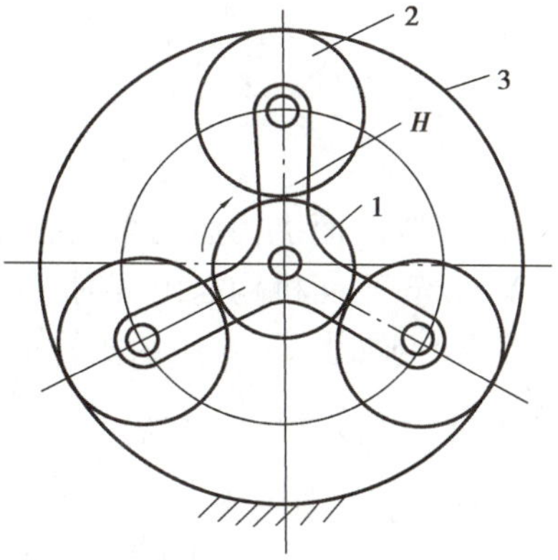

图 2.24　多组构件相同形成的虚约束

1—主动轮;2—行星轮;3—机架

另外,在机构中经常利用弹簧来达到一些构件与其他构件始终保持接触的目的。如图 2.25(a)所示,机构中 D 处的弹簧就是让活塞始终保持与凸轮接触,使之能准确地将凸轮输入的运动传递给机构中的各个构件而完成工作任务。由于弹簧的引入并没有改变机构整体的运动规律。因此,在计算机构自由度时,应排除弹簧这一构件来进行计算。

例 2.5　计算如图 2.25(a)所示大筛机构的自由度,并判断机构是否具有确定的运动。

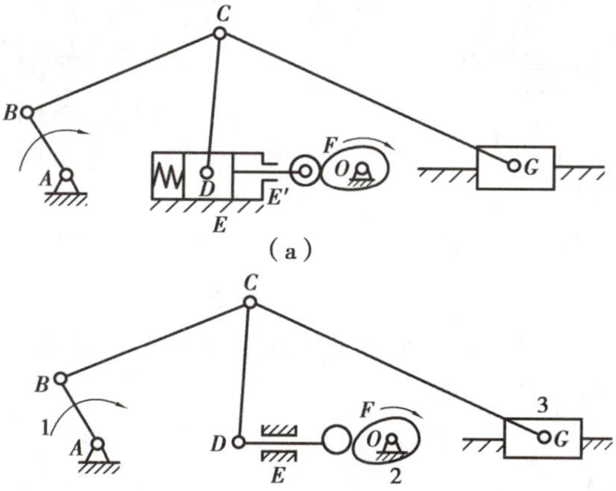

图 2.25　大筛机构

解　分析机构简图可知,铰链 C 联接了 3 个构件为复合铰链;从动件 D 与机架在 E,E' 组成两个导路平行的移动副,其中之一为虚约束;与从动件铰接的滚子有一个局部自由度。在计算自由度时,将滚子与从动件固结成一体,并去掉移动副 E',如图 2.25(b)所示。机构中,除去弹簧,其活动构件数 $n=7$,低副数 $P_L=9$,高副数 $P_H=1$,则机构的自由度为

$$F=3n-2P_L-P_H$$
$$=3\times7-2\times9-1=2$$

机构中有两个原动件,曲柄 AB 和凸轮 O,即 $W=2=F$,故此机构具有确定的运动。

思考题与习题

2.1　绘制平面机构运动简图有何作用？应怎样绘制？

2.2　计算平面机构自由度时，应注意哪些问题？

2.3　绘制如图2.26所示机构的运动简图，要求机构的运动简图与结构示意图选择相同的比例。

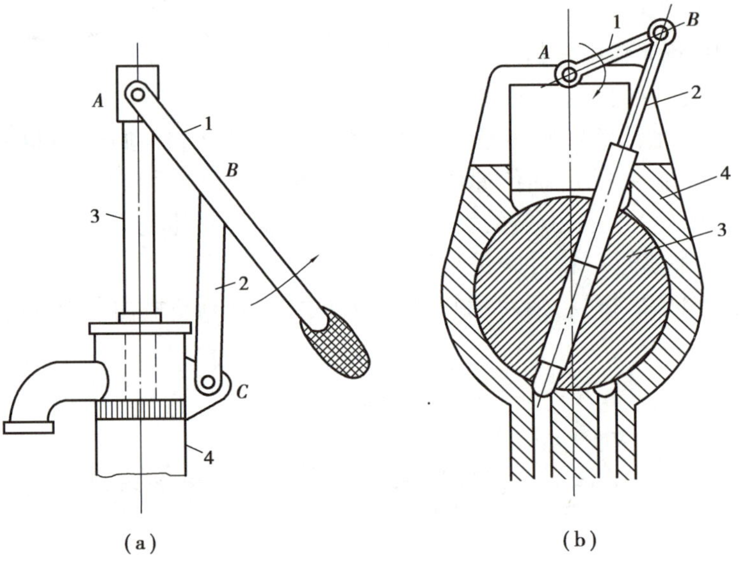

图2.26　题2.3图

2.4　机构中各构件具有确定相对运动的条件是什么？试判别在如图2.27所示构件的组合中，各构件之间能否有相对运动。

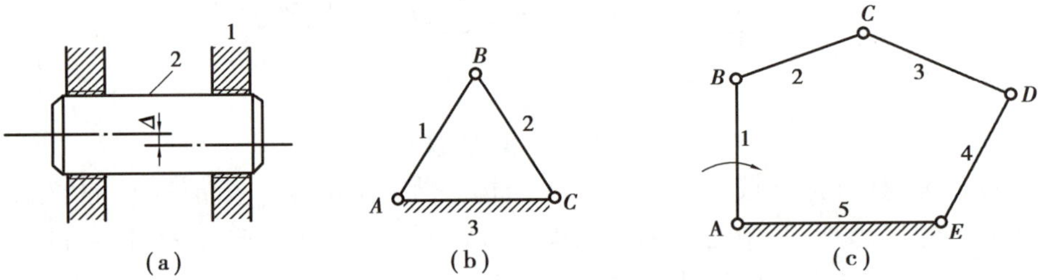

图2.27　题2.4图

2.5　组合机构如图2.28所示，试计算各机构的自由度。

2.6　计算如图2.29所示各机构的自由度，并判断各构件之间是否具有确定的相对运动。

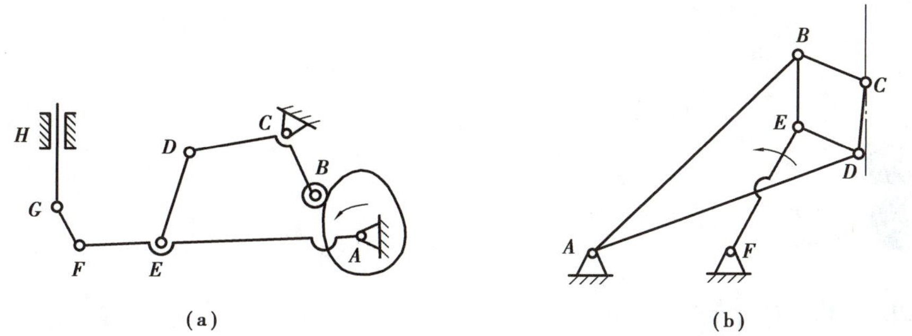

图 2.28　题 2.5 图

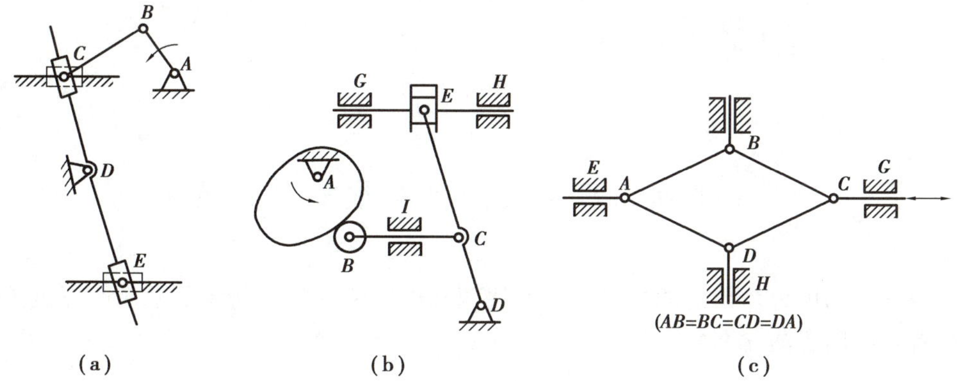

图 2.29　题 2.6 图

第 3 章 平面连杆机构

3.1 平面四杆机构的基本形式及其演化

平面四杆机构可分为铰链四杆机构和滑块四杆机构两大类。前者是平面四杆机构的基本形式。后者是由前者演化而来。

3.1.1 平面四杆机构的基本形式

构件之间联接都是转动副的平面四杆机构。称为铰链四杆机构。它是平面四杆机构的基本形式。如图 3.1 所示,固定不动的构件 4 称为机架;与机架相连的两个构件 1 和 3 称为连架杆,分别绕 A,D 作定轴转动,其中能绕机架作 360°整周转动的连架杆称为曲柄,只能在一定角度内摆动的连架杆称为摇杆;与机架相对的构件 2 称为连杆,连杆作复杂的平面运动。

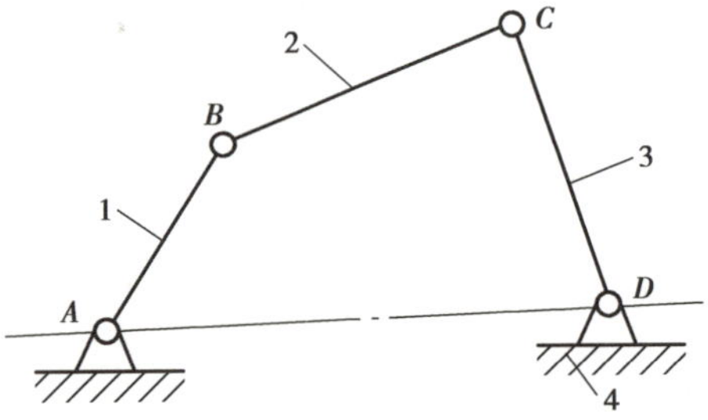

图 3.1 铰链四杆机构

1,3—连架杆;2—连杆;4—机架

根据两连架杆运动形式的不同,铰链四杆机构可分为曲柄摇杆机构、双曲柄机构和双摇杆机构 3 种基本形式。

1)曲柄摇杆机构

两连架杆中一杆为曲柄另一杆为摇杆的铰链四杆机构,称为曲柄摇杆机构。曲柄摇杆机构中,当以曲柄为原动件时,可将匀速转动变成从动件的摆动。如图 3.2(a)所示的雷达天线俯仰角调整机构;或利用连杆的复杂运动实现所需的运动轨迹,如图 3.2(b)所示的搅拌器机构。当以摇杆为原动件时,可将往复摆动变成曲柄的整周转动,如图 3.2(c)所示的脚踏砂轮机构。

2)双曲柄机构

两连架杆均为曲柄的铰链四杆机构,称为双曲柄机构。双曲柄机构中、通常主动曲柄作匀速转动,从动曲柄作同向变速转动。如图 3.3 所示的惯性筛机构,当曲柄 1 作匀速转动时,曲

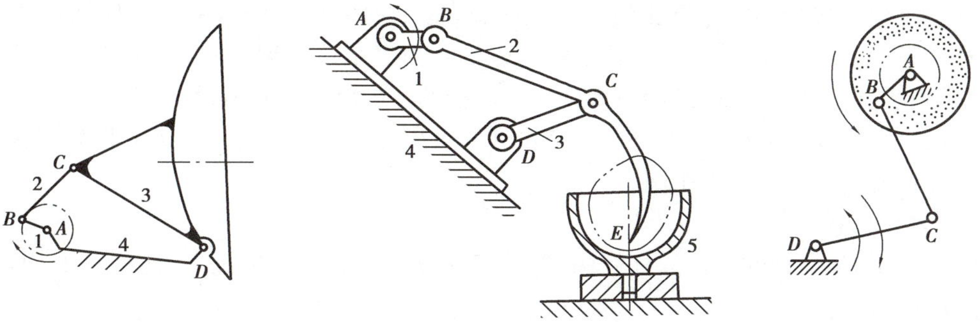

(a)　(b)　(c)

图 3.2　曲柄摇杆机构的应用

1—曲柄;2—连杆;3—摇杆;4,5—机架

柄 3 作变速转动,通过构件 5 使筛子 6 产生变速直线运动、筛子内的物料因惯性而来回抖动,从而达到筛选的目的。

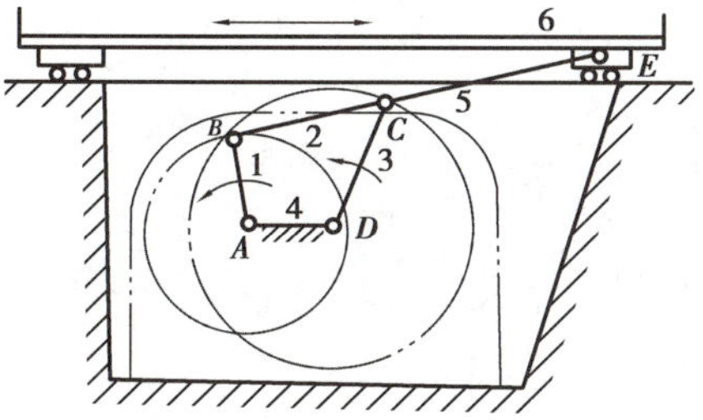

图 3.3　惯性筛机构

1,3—曲柄;2,5—连杆;4—机架;6—筛子

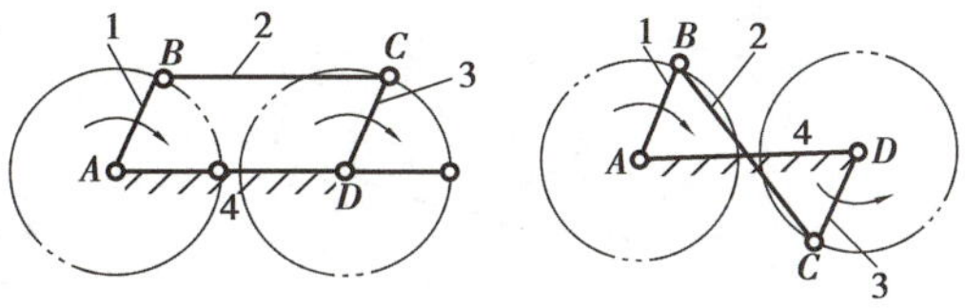

(a)　(b)

图 3.4　平行双曲柄机构

1,3—曲柄;2—连杆;4—机架

在双曲柄机构中,若相对的两杆长度分别相等,则称平行双曲柄机构或平行四边形机构。它有如图 3.4(a)所示的正平行双曲柄机构和如图 3.4(b)所示的反平行双曲柄机构两种形式。前者的运动特点是两曲柄的转向相同且角速度相等,连杆作平动,故应用较为广泛;后者的运动特点是两曲柄的转向相反且角速度不相等。如图 3.5(a)所示的机车驱动轮联动机构和如图 3.5(b)所示的摄影车座斗机构是正平行双曲柄机构的应用实例。如图 3.5(c)所示为车门启闭机构,是反平行双曲柄机构的一个应用。它使两扇车门朝相反的方向转动,从而保证两扇门能同时开启或关闭。

(a)　(b)　(c)

图 3.5　平行双曲柄机构的应用

在正平行双曲柄机构中，当各构件共线时，可能出现从动曲柄与主动曲柄转向相反的现象，即运动不确定现象，而成为反平行双曲柄机构。为克服这种现象，可采用辅助曲柄或错列机构等措施解决，如机车联动机构中采用3个曲柄的目的就是防止其反转。

另外，对平行双曲柄机构，无论以哪个构件为机架都是双曲柄机构。但若取较短构件为机架，则两曲柄的转动方向始终相同。

3）双摇杆机构

两连架杆均为摇杆的铰链四杆机构，称为双摇杆机构。一般情况下，两摇杆的摆角不等，常用于操纵机构、仪表机构等。

如图3.6(a)所示为飞机起落架机构。*ABCD* 为双摇杆机构，当摇杆 *AB* 运动时，可使另一摇杆 *CD* 带动飞机轮子收进机舱，以减少空气阻力。

如图3.6(b)所示为汽车、拖拉机中的前轮转向机构。它是具有等长摇杆的双摇杆机构，又称等腰梯形机构。它能使与摇杆固联的两前轮轴转过的角度 β,δ 不同，使车辆转弯时每一瞬时都绕一个转动中心 *P* 点转动，保证4个轮子与地面之间作纯滚动，从而避免了轮胎拖滑而引起的磨损，增加了车辆转向的稳定性。

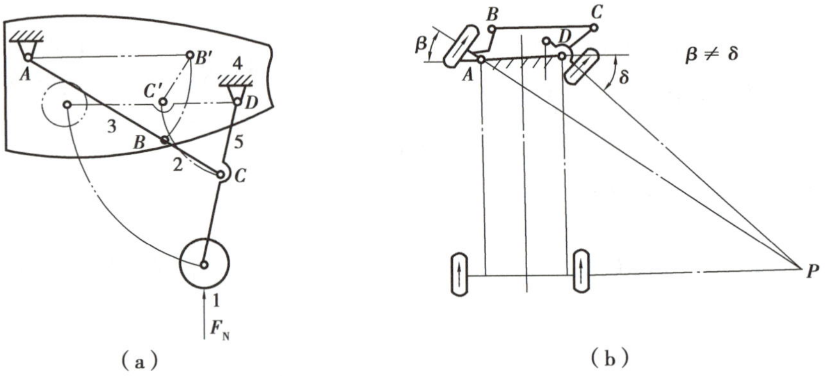

图3.6　双摇杆机构的应用

1—从动构件；2—连杆；3,5—摇杆；4—机架

3.1.2　四杆机构的演化形式

在实际应用中，还广泛地采用滑块四杆机构。它是铰链四杆机构的演化机构，是含有移动副的四杆机构。其常用形式有曲柄滑块机构、导杆机构、摇块机构及定块机构等。

1）曲柄滑块机构

由图3.7可知，当曲柄摇杆机构的摇杆长度趋于无穷大时，*C* 点的轨迹将从圆弧演变为直线，摇杆 *CD* 转化为沿直线导路 *m—m* 移动的滑块，成为如图3.7所示的曲柄滑块机构。曲柄转动中心距导路的距离 e，称为偏距。若 $e=0$（见图3.7(a)），称为对心曲柄滑块机构；若 $e\neq0$（见图3.7(b)），称为偏置曲柄滑块机构。保证 *AB* 杆成为曲柄的条件是：$l_1+e\leqslant l_2$。

曲柄滑块机构用于转动与往复移动之间的转换，广泛应用于内燃机、空压机和自动送料机等机械设备中。如图3.8(a)、(b)所示为内燃机和自动送料机中曲柄滑块机构的应用。

对如图3.9(a)所示的对心曲柄滑块机构，由于曲柄较短，曲柄结构形式较难实现，因此常采用如图3.9(b)所示的偏心轮结构形式，称为偏心轮机构。其偏心圆盘的偏心距 e 即等于原曲柄

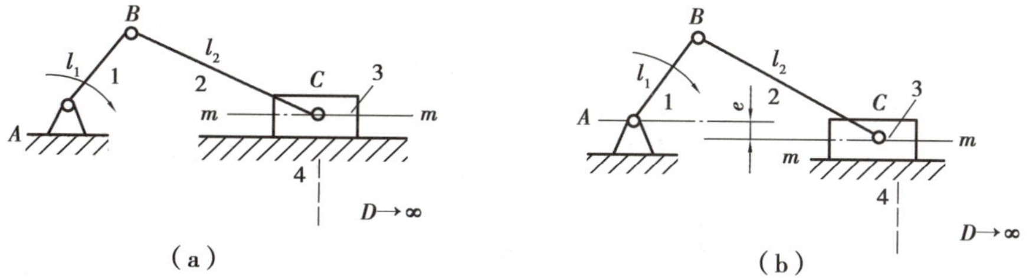

（a）　　　　（b）

图 3.7　曲柄滑块机构

1—曲柄;2—连杆;3—滑块;4—机架

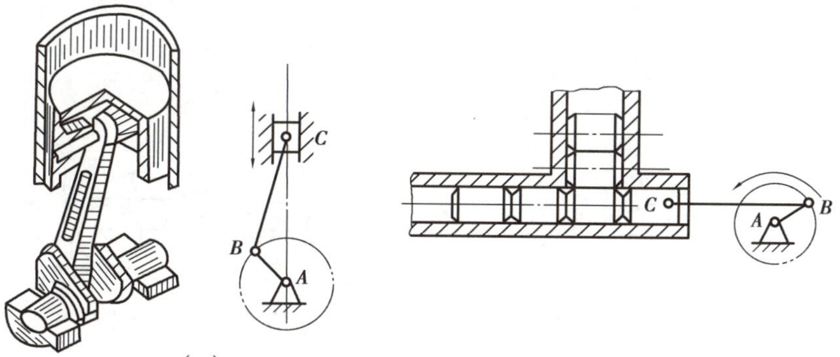

（a）　　　　（b）

图 3.8　曲柄滑块机构的应用

长度。这种结构增大了转动副的尺寸,提高了偏心轴的强度和刚度,并使结构简化和便于安装,多用于承受较大冲击载荷的机械中,如破碎机、剪床和冲床等。

2）导杆机构

若将如图 3.7（a）所示的曲柄滑块机构的构件 1 作为机架,则曲柄滑块机构就演化为导杆机构。它包括转动导杆机构（见图 3.10（a））和摆动导杆机构（见图 3.10（b））两种形式。一般用连架杆 2 作为原动件,连架杆 4 对滑块 3 的运动起导向作用,称为导杆。当杆长 $l_1 < l_2$ 时,杆 2 和导杆 4 均能绕机架作整周转动,形成转动导杆机构;当杆长 $l_1 > l_2$ 时,杆 2 能作整周转动,导杆 4 只能在某一角度内摆动,形成摆动导杆机构。

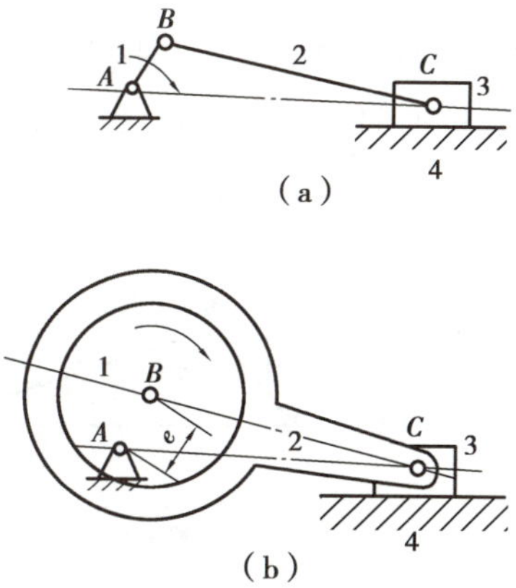

（a）　（b）

图 3.9　偏心轮机构

1—偏心轮;2—连杆;3—滑块;4—机架

导杆机构具有很好的传力性能,常用于插床、牛头刨床和送料装置等机器中。如图 3.11（a）、（b）所示为插床主运动机构和刨床主运动机构。其中,*ABC* 部分分别为转动导杆机构和摆动导杆机构。

3）摇块机构

若将如图 3.7（a）所示曲柄滑块机构的构件 2 作为机架,则曲柄滑块机构就演化为如图 3.12（a）所示的摇块机构。构件 1 作整周转动,滑块 3 只能绕机架往复摆动。这种机构常用于摆缸式原动机和气液压驱动装置中,如图 3.12（b）所示的自动货车翻斗机构。

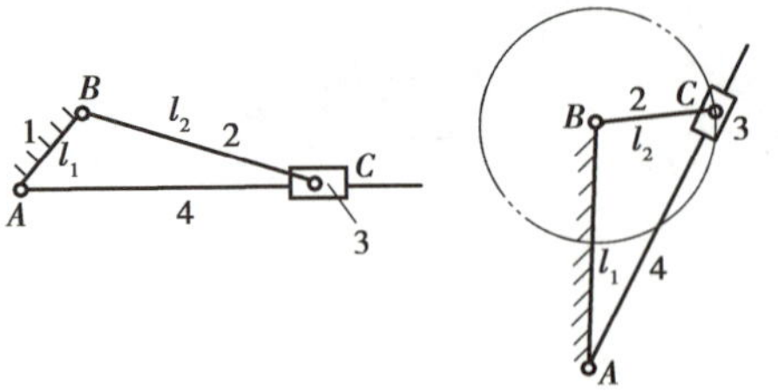

（a）转动导杆机构　（b）摆动导杆机构

图 3.10　导杆机构

1—机架;2—连杆;3—导杆;4—滑块

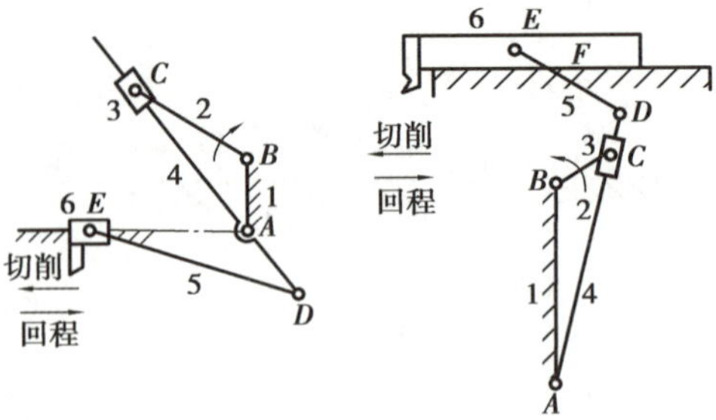

（a）插床主运动机构　（b）刨床主运动机构

图 3.11　导杆机构的应用

1—机架;2,5—连杆;3,6—滑块;4—导杆

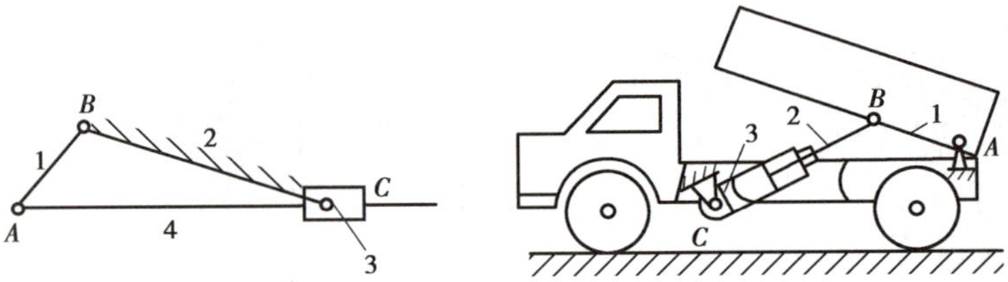

（a）摇块机构运动简图　（b）自动货车翻斗机构

图 3.12　摇杆机构及应用

1—连杆;2—机架;3—滑块;4—导杆

4)定块机构

若将如图 3.7(a)所示曲柄滑块机构的滑块 3 作为机架,则曲柄滑块机构就演化为如图 3.13(a)所示的定块机构。这种机构常用于抽油泵和手摇抽水泵(见图 3.13(b))。

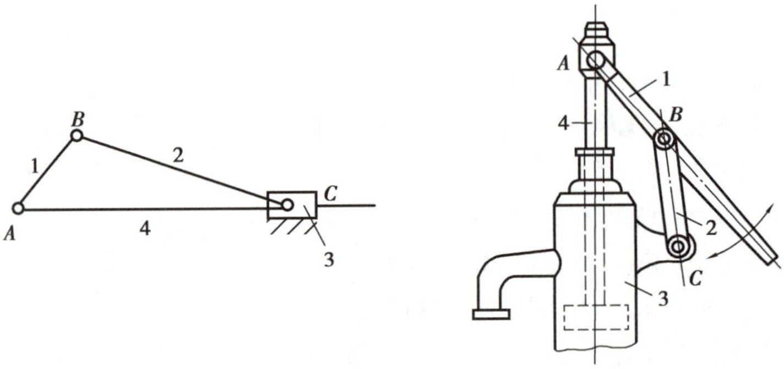

（a）定块机构运动简图　（b）手摇抽水泵

图 3.13　定块机构及应用

1,2—连杆;3—滑块;4—导杆

3.2　平面四杆机构存在曲柄的条件和几个基本概念

3.2.1　铰链四杆机构存在曲柄的条件

在机构中,能使被联接的两个构件相对转动 360°的转动副,称为整转副。整转副的存在是曲柄存在的必要条件,而铰链四杆机构 3 种基本形式的区别在于机构中是否存在曲柄和有

几个曲柄。因此,需要明确整转副和曲柄存在的条件。

1)整转副存在的条件——长度条件

铰链四杆机构中有 4 个转动副,能否作整转,取决于四构件的相对长度。

设四构件中最长杆的长度为 L_{max},最短杆的长度为 L_{min},其余两杆长度分别为 L'和 L'',则整转副存在的条件可表示为:$L_{max}+L_{min}\leqslant L'+L''$;反之,若 $L_{max}+L_{min}>L'+L''$,则机构中无整转副。

2)曲柄存在的条件

曲柄是能绕机架做整周转动的连架杆。由整转副存在的条件不难得出铰链四杆机构曲柄存在的条件为:

①最短杆与最长杆长度之和小于或等于其余两杆长度之和。

②连架杆和机架中必有一杆为最短杆。

3)铰链四杆机构基本类型的判别方法

由上述条件可得出铰链四杆机构基本类型的判别方法如下:

①当最短杆与最长杆长度之和小于或等于其余两杆长度之和($L_{max}+L_{min}\leqslant L'+L''$)时:

a. 若最短杆的相邻杆为机架,则机构为曲柄摇杆机构。

b. 若最短杆为机架,则机构为双曲柄机构。

c. 若最短杆的对边杆为机架,则机构为双摇杆机构。

②当最短杆与最长杆长度之和大于其余两杆长度之和($L_{max}+L_{min}>L'+L''$)时,则不论取何杆为机架,机构均为双摇杆机构。

例 3.1　铰链四杆机构 $ABCD$ 的各杆长度如图 3.14 所示(设单位:mm)。

①试判别 4 个转动副中,哪些能整转?哪些不能整转?

②说明机构分别以 AB,BC,CD,AD 各杆为机架时,属于何种机构?

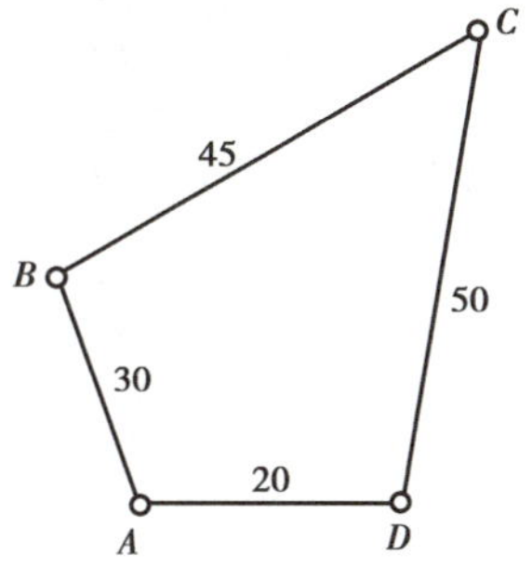

图 3.14　例 3.1 图

解　①由于

$$L_{max}+L_{min}=50\text{ mm}+20\text{ mm}=70\text{ mm}<L'+L''$$
$$=30\text{ mm}+45\text{ mm}=75\text{ mm}$$

因此,最短杆两端的两个转动副 A,D 能整转,而 B,C 则不能。

②以 AB 杆或 CD 杆(最短杆 AD 的邻杆)为机架,机构为曲柄摇杆机构;以 BC 杆(最短杆 AD 的对边杆)为机架,机构为双摇杆机构;以 AD 杆(最短杆)为机架,机构为双曲柄机构。

例 3.2　设铰链四杆机构各杆长 $a=120$ mm,$b=10$ mm,$c=50$ mm,$d=60$ mm,问以哪个构件为机架时才会有曲柄?

解　由于

$$L_{max}+L_{min}=120\text{ mm}+10\text{ mm}=130\text{ mm}>L'+L''$$
$$=50\text{ mm}+60\text{ mm}=100\text{ mm}$$

因此,4 个转动副均不能整转,无论以哪个构件为机架,均无曲柄,或均为双摇杆机构。

3.2.2 平面四杆机构的运动特性

1)平面四杆机构的极位

在曲柄摇杆机构、摆动导杆机构和曲柄滑块机构中,当曲柄为原动件时,从动件作往复摆动或往复移动,存在左右两个极限位置。此两个极限位置,称为极位。

极位可用几何作图法作出。如图3.15(a)所示的曲柄摇杆机构,摇杆处于C_1D和C_2D两个极位的几何特点是曲柄与连杆共线。其中,$l_{AC_1}=l_{BC}-l_{AB}$,$l_{AC_2}=l_{BC}+l_{AB}$。如图3.15(b)所示为摆动导杆机构。导杆的两个极位是B点轨迹圆的两条切线C_m和C_n。从动件处于两个极位时,曲柄对应两位置所夹的锐角θ,称为极位夹角;导杆对应两个极位间的夹角ψ,称为最大摆角。对摆动导杆机构,$\theta=\psi$。

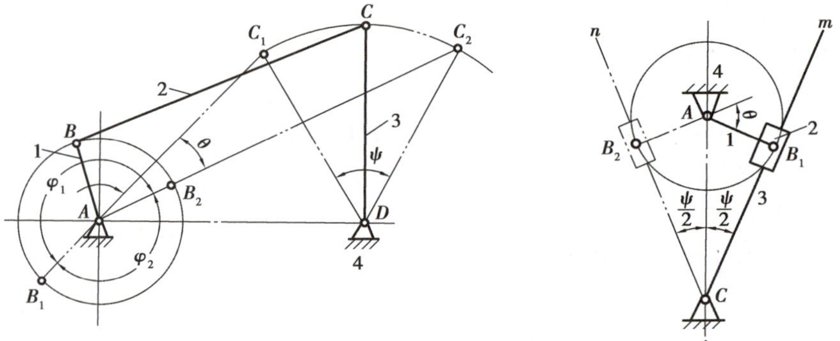

(a)曲柄摇杆机构　　(b)摆动摇杆机构

图3.15　平面四杆机构的极位

(a)

1—机架;2—滑块;3—导杆

(b)

1—曲柄;2—连杆;3—摇杆;4—机架

2)急回特性

如图3.15(a)所示,主动曲柄AB顺时针匀速转动,从动摇杆CD在两个极位间作往复摆动,设从C_1D到C_2D的行程为工作行程,该行程克服阻力对外做功;从C_2D到C_1D的行程为空回行程,该行程只克服运动副中的摩擦力,C点在工作行程和空回行程的平均速度分别为v_1和v_2。由于曲柄AB在两行程中的转角分别为$\varphi_1=180°+\theta$和$\varphi_2=180°-\theta$,所对应时间$t_1>t_2$。因此,$v_2>v_1$。机构空回行程速度大于工作行程速度的特性,称为急回特性。它能满足某些机械的工作要求。例如,牛头刨床和插床,工作行程要求速度小而均匀,以提高加工质量;空回行程要求速度大,以缩短非工作时间,提高工作效率。

急回运动特性的程度可用行程速比系数K表示,即

$$K=\frac{v_2}{v_1}=\frac{\dfrac{\overset{\frown}{C_1C_2}}{t_2}}{\dfrac{\overset{\frown}{C_1C_2}}{t_1}}=\frac{t_1}{t_2}=\frac{180°+\theta}{180°-\theta} \tag{3.1}$$

由式(3.1)可得极位夹角的计算式为

$$\theta = 180° \frac{K-1}{K+1} \tag{3.2}$$

式(3.1)表明,机构的急回程度取决于极位夹角 θ 的大小。只要 $\theta \neq 0°$,总有 $K>1$,机构具有急回特性;θ 越大,K 值越大,机构的急回作用越显著。

对对心式曲柄滑块机构,因 $\theta=0°$,故无急回特性;对偏置式曲柄滑块机构和推动导杆机构,因不可能出现 $\theta=0°$的情况,故恒具有急回特性。

设计新机构时,可根据该机构的急回要求先确定 K 值,然后由式(3.2)求出 θ,再设计各构件的尺寸。

3.2.3　平面四杆机构的传力特性

在生产实际中,不仅要求连杆机构能满足机器的运动要求,而且希望运转轻便,效率较高,即具有良好的传力性能。

1)压力角和传动角

衡量机构传力性能的特性参数是压力角。在不计摩擦力、惯性力和重力时,从动件上受力点的速度方向与所受作用力方向之间所夹的锐角,称为机构的压力角,用 α 表示。

如图 3.16 所示为以曲柄 AB 为原动件的曲柄摇杆机构,摇杆 CD 为从动件。由于不计摩擦,连杆 BC 为二力杆。任一瞬时曲柄通过连杆作用于从动件上的驱动力 F 均沿 BC 方向。受力点 C 点的速度 v_C 的方向垂直于 CD 杆,力 F 与速度 v_C 之间所夹的锐角 α 即该位置的压力角。力 F 可分解为沿 v_C 方向的有效分力 $F_t = F\cos\alpha$ 和沿 v_C 垂直方向的无效分力 $F_n = F\sin\alpha$。显然,压力角 α 越小,有效分力 F_t 越大,对机构传动越有利。因此,压力角 α 是衡量机构传力性能的重要指标。

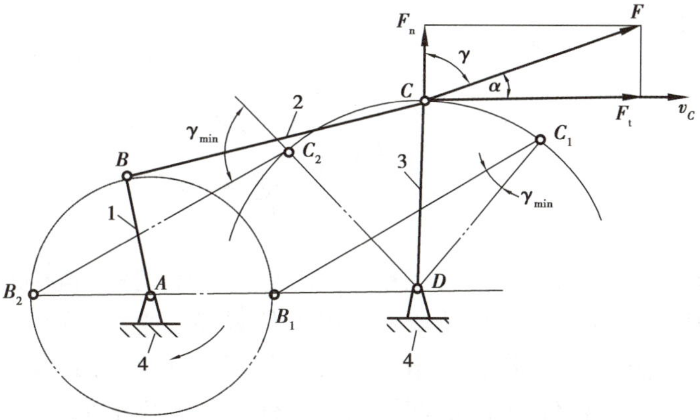

图 3.16　曲柄摇杆机构的压力角与传动角

1,3—摇杆;2—连杆;4—机架

在具体应用中,为度量方便和更为直观,通常以连杆和从动件所夹的锐角 γ 来判断机构的传力性能,γ 称为传动角。它是压力角 α 的余角。显然,传动角 γ 越大,机构的传力性能越好。

在机构运动过程中,压力角和传动角的大小是随机构位置变化而变化的。为保证机构传力良好,设计时须限定最小传动角 γ_{min}。通常取 $\gamma_{min} \geq 40° \sim 50°$。

可以证明,如图 3.16 所示曲柄摇杆机构的 γ_{min} 必出现在曲柄 AB 与机架 AD 两次共线位置之一。

如图 3. 17 所示为以曲柄为原动件的曲柄滑块机构。其传动角 γ 为连杆与导路垂线的夹角，最小传动角γ_{min}出现在曲柄垂直于导路时的位置。对偏置曲柄滑块机构(见图 3. 17)，γ_{min}出现在曲柄位于与偏距方向相反一侧的位置。

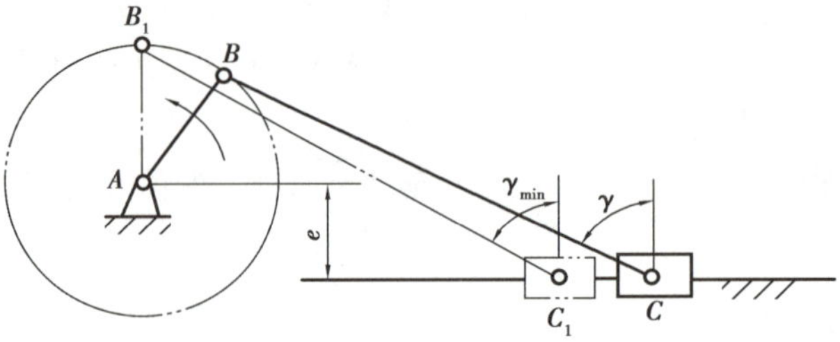

图 3. 17　曲柄摇杆机构的传动角

如图 3. 18 所示为以曲柄为原动件的摆动导杆机构。因滑块对导杆的作用力始终垂直于导杆，故其传动角恒等于 90°，说明摆动导杆机构具有最好的传力性能。

应当注意，如图 3. 19 所示，当曲柄摇杆机构中以摇杆为原动件、曲柄为从动件时，从动件上的受力点为 B 点，压力角 α 的位置应表示在 B 点。

2）止点位置

在如图 3. 19 所示的曲柄摇杆机构中，摇杆 CD 为原动件，曲柄 AB 为从动件。当摇杆摆到极限位置C_1D 和C_2D 时，连杆与从动曲柄共线，机构两位置的压力角$\alpha_1=\alpha_2=90°$。此时，有效驱动力矩为零，不能使从动曲柄转动，机构处于停顿状态。

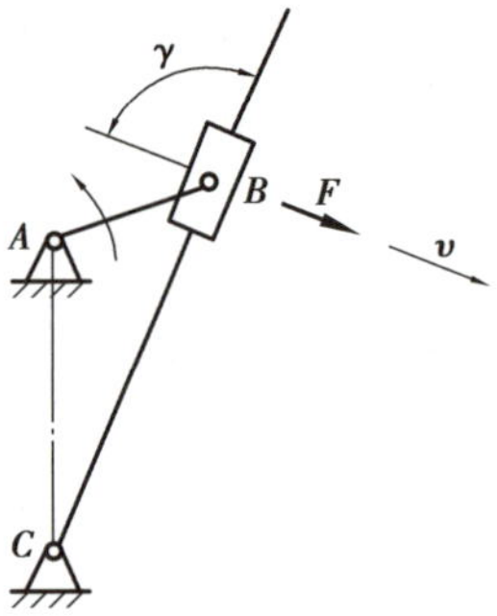

图 3. 18　摆动导杆机构的传动角

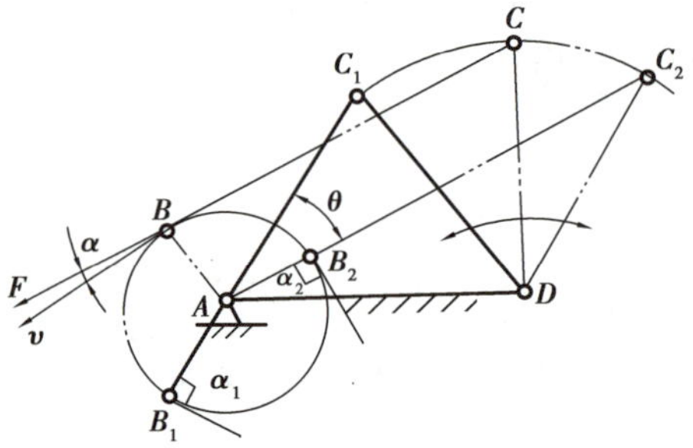

图 3. 19　曲柄摇杆机构的止点位置

平面连杆机构压力角 $\alpha=90°$、传动角 $\gamma=0°$的位置，称为止点位置。当机构处于止点位置时，会出现“卡死”或运动不确定(即工作件在该位置可能向反方向转动)的情况。具有极位的四杆机构，当以往复运动构件为主动件时，机构均有两个止点位置。

对于传动而言，止点的存在是不利的，它使机构处于停顿或运动不确定状态。例如，脚踏式缝纫机，有时出现踩不动或倒转现象，就是踏板机构处于止点位置的缘故。为了克服这种现象，使机构正常运转，一般可在从动件上安装飞轮，利用其惯性顺利通过止点位置，如缝纫机上的大带轮即起了飞轮的作用。

在工程实践中，通常利用机构的止点来实现一些特定的工作要求。如图 3. 20(a)所示的钻床夹具就是利用止点位置夹紧工件，并保证在钻削加工时工件不会松脱；如图 3. 20(b)所示的折叠式靠椅，靠背 AD 可视为机架，靠背脚 AB 可视为主动件，使用时机构处于图示止点位置，因而人坐靠在椅上，椅子不会自动松开或合拢；如图 3. 6(a)所示的飞机起落架机构也是利用止点位置来使飞机承受降落时地面对它的冲击力的。

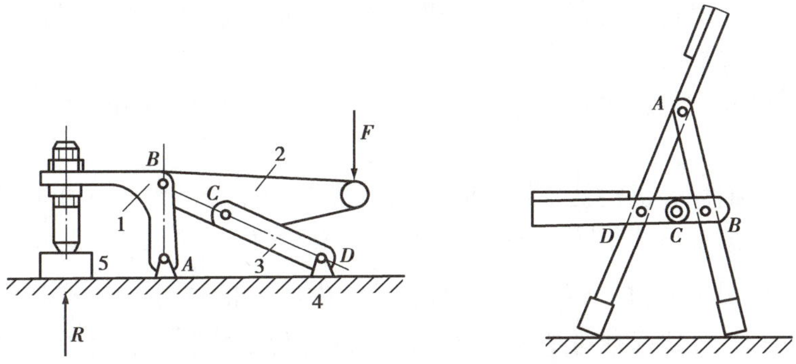

（a）钻床夹具　　（b）折叠式靠椅

图 3.20　机构止点位置的应用

1,2,3—连杆;4—机架;5—工件

3) 自锁现象

如果考虑运动副中的摩擦,则不仅处于止点位置时机构无法运动,而且处于止点位置附近的一定区域内,机构同样会发生“卡死”现象,即自锁。在摩擦的作用下,无论驱动力(或驱动力矩)多大,都不能使原来不动的机构产生运动的现象,称为自锁。

四杆机构止点位置附近区域一定是自锁位置,该区域的大小取决于摩擦的性质及摩擦因数的大小。

3.3　平面四杆机构的运动设计

平面四杆机构运动设计的主要任务是:根据机构的工作要求和设计条件选定机构形式,并确定出各构件的尺寸参数。

在生产实践中,平面四杆机构设计的基本问题可归纳为以下两类:

1) 实现给定从动件的运动规律

如要求从动件按某种速度运动或具有一定的急回特性,要求满足某构件占据几个预定位置等。

2) 实现给定的运动轨迹

如要求起重机中吊钩的轨迹为一直线,搅拌机中搅拌杆端能按预定轨迹运动等。

四杆机构运动设计的方法有图解法、实验法和解析法 3 种。图解法和实验法直观、简明,但精度较低,可满足一般设计要求;解析法精确度高,适于用计算机计算。随着计算机应用的普及,计算机辅助设计四杆机构已成必然趋势。由于图解法有助于对设计原理的理解。因此,本章只对图解法进行适当介绍,对解析法与实验法进行简单介绍。

3.3.1　用图解法设计四杆机构

1) 按给定的行程速比系数 K 设计四杆机构

设计具有急回特性的四杆机构,一般是根据实际运动要求选定行程速比系数 K 的数值,然后根据机构极位的几何特点，结合其他辅助条件进行设计。具有急回特性的四杆机构有曲柄摇杆机构、偏置曲柄滑块机构和摆动导杆机构等。它们的设计均以典型的曲柄摇杆机构设计为基础。下面是其设计程序：

问题描述：设已知行程速比系数 K、摇杆长度 l_{CD}、最大摆角 ψ，试用图解法设计此曲柄摇杆机构。

设计分析：由曲柄摇杆机构处于极位时的几何特点（见图3.15(a)）可知，在已知 l_{CD}，ψ 的情况下，只要能确定固定铰链中心 A 的位置，则可由 $l_{CD_1}=l_{BC}-l_{AB}$，$l_{CD_2}=l_{BC}+l_{AB}$确定出曲柄长度 l_{AB}和连杆长度 l_{BC}，即设计的实质是确定固定铰链中心 A 的位置。已知 K 后，由式(3.2)可求得极位夹角 θ 的大小，这样就可把 K 的要求转换成几何要求了。假设图3.21为已经设计出的该机构的运动简图，铰链 A 的位置必须满足极位夹角 $\angle C_1A\,C_1=\theta$ 的要求。若能过 C_1，C_2 两点作出一辅助圆，使弦 $C_1\,C_2$ 所对应的圆周角等于 θ，那么，铰链 A 只要在这个圆上，就一定能满足 K 的要求了。显然，这样的辅助圆是容易作出的。

具体设计步骤如下（见图3.21）：

①按 $\theta=180°\dfrac{K-1}{K+1}$计算出极位夹角 θ。

②任取固定铰链中心 D 的位置，选取适当的长度比例尺 μ_1，根据已知摇杆长度 l_{CD}和摆角 ψ，作出摇杆的两个极限位置 C_1D 和 C_2D。

③连接 C_1，C_2 两点，作 $C_1M\perp C_1\,C_2$，$\angle C_1\,C_2N=90°-\theta$，直线 C_1M 与 C_2N 交于 P 点，显然 $\angle C_1\,PC_2=\theta$。

④以 PC_2 为直径作辅助圆，在该圆周上任取一点 A，连接 AC_1，AC_2，则 $\angle C_1AC_2=\theta$。

⑤量出 AC_1，AC_2 的长度 l_{AC_1} 和 l_{AC_2}，由此可求得曲柄和连杆的长度为

$$l_{AB}=\mu_1\frac{l_{AC_2}-l_{AC_1}}{2},\quad l_{BC}=\mu_1\frac{l_{AC_2}+l_{AC_1}}{2}$$

⑥机架的长度 l_{CD}可直接量得，再按比例尺 μ_1 计算即可得出实际长度。

由于 A 为辅助圆上任选的一点，因此可有无穷多的解。当给定一些其他辅助条件，如机架长度 l_{CD}、最小传动角 $\gamma_{\min}$等，则有唯一解。

同理，可设计出满足给定行程速比系数 K 值的偏置曲柄滑块机构、摆动导杆机构等。

2）按连杆的预定位置设计四杆机构

在生产实践中，经常要求所设计的四杆机构在运动过程中连杆能达到某些特殊位置。这类机构的设计同于实现构件预定位置的设计问题，它可分为已知连杆两个位置、3个位置和多个位置等情况。

（1）按连杆的3个预定位置设计四杆机构

问题描述：设已知连杆的3个预定位置 $B_1\,C_1$，$B_2\,C_2$，$B_3\,C_3$，且 B_1，B_2，B_3 及 C_1，C_2，C_3 各符合三点不共线（思考：其中之一的三点共线会怎么样）（见图3.22），试设计满足此条件的平面四杆机构。

设计分析：此设计的主要问题是根据已知条件确定固定铰链 A，D 的位置。由于连杆上

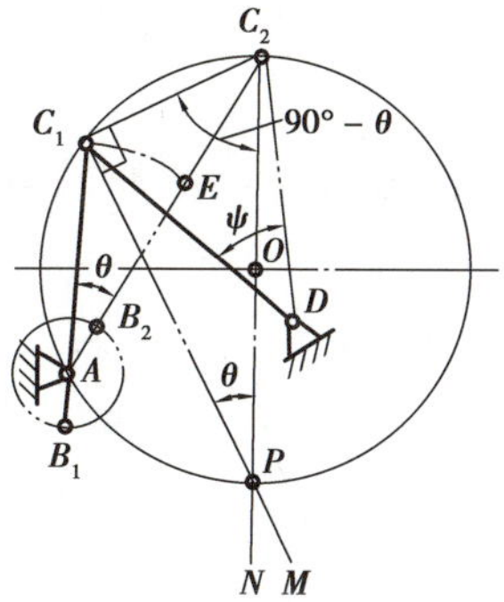

图 3.21　按 K 值图解设计曲柄摇杆机构

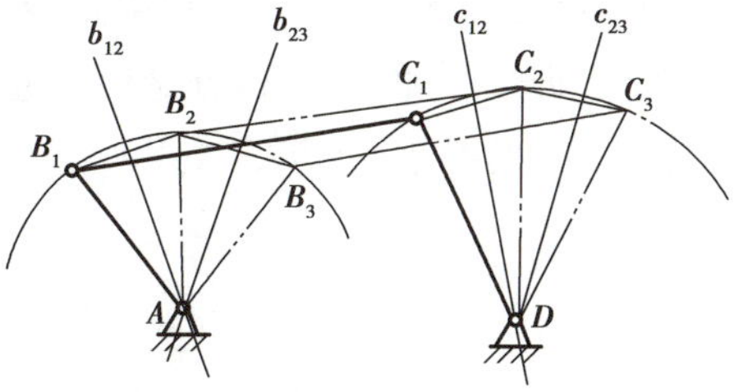

图 3.22　按连杆 3 个预定位置图解设计四杆机构

B,C 两点的运动轨迹分别是以 A,D 为圆心,以 l_{AB},l_{CD} 为半径的圆弧,因此 A 即 B_1,B_2,B_3 3 点所作圆弧的圆心;同理,D 即 C_1,C_2,C_3 3 点所作圆弧的圆心。此设计的实质简化为已知圆弧上的 3 点求圆心的几何问题。

具体设计步骤如下:

①选取比例尺 μ_1,按预定位置画出 B_1C_1,B_2C_2,B_3C_3。

②连接 B_1B_2,B_2B_3,C_1C_2,C_2C_3,并分别作 B_1B_2 的中垂线 b_{12},B_2B_3 的中垂线 b_{23},C_1C_2 的中垂线 c_{12},C_1C_2 的中垂线 c_{23},b_{12} 与 b_{23} 的交点即圆心 A,c_{12} 与 c_{23} 的交点即圆心 D。

③以点 A,D 作为两固定铰链中心,连接 A,B_1,C_1,D,则 AB_1C_1D 即为所要设计的四杆机构,各杆长度按比例尺计算即可得出。

(2)按连杆的两个预定位置设计四杆机构

问题描述:设已知连杆的两个预定位置 B_1C_1,B_2C_2,两位置不共线(思考:共线又如何),试设计此四杆机构。

设计分析:由前分析可知,如图 3.23 所示,A 点可在 B_1B_2 中垂线 b_{12} 上的任一点,D 点可在 C_1C_2 中垂线 c_{12} 上的任一点,故有无数个解。实际设计时,一般考虑辅助条件,如机架位置、结构紧凑等,则可得唯一解。

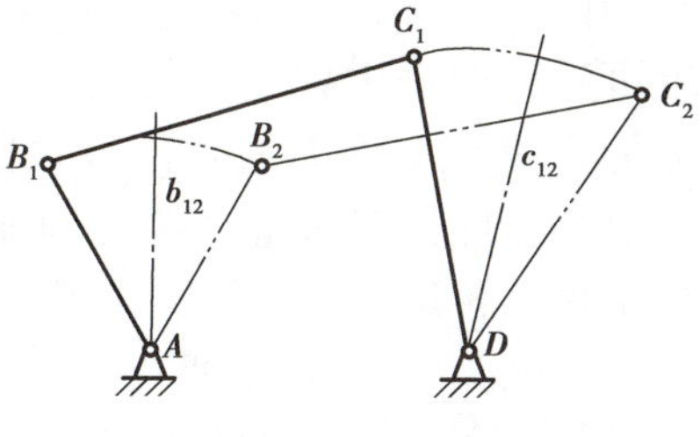

图 3.23　按连杆两个预定位置图解设计四杆机构

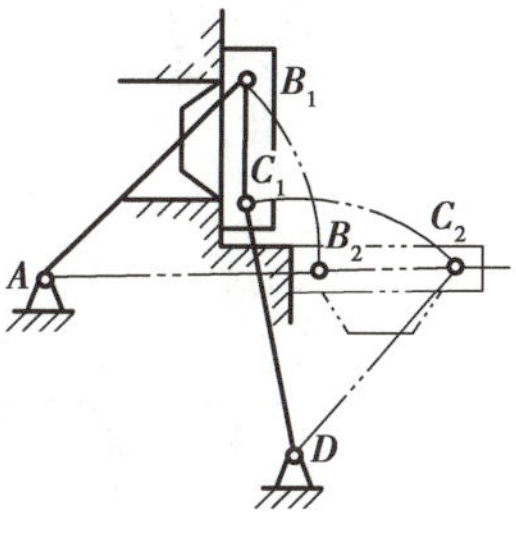

图 3.24　炉门启闭机构

如图 3.24 所示加热炉门的启闭机构,要求加热时炉门(连杆)处于关闭位置 B_1C_1,加热后炉门处于开启位置 B_2C_2。如图 3.25 所示铸造车间造型机的翻台机构,要求翻台(连杆)在实线位置时填沙造型,在双点画线位置时托台上升起模,即要求翻台能实现 B_1C_1,B_2C_2 两个位置。如图 3.26 所示的可逆式座椅机构,也是要求椅背(连杆)能到达图中左右两个位置。显然，这些都属于按连杆的两个预定位置设计四杆机构的问题。

(3)按连杆多个预定位置设计四杆机构的问题讨论

从前面的研究可知，当连杆预定位置超过3个时，铰链中心 A 和 D 的确定将发生困难，一般情况无法取得准确解(满足多点共圆条件的特殊情况例外)。

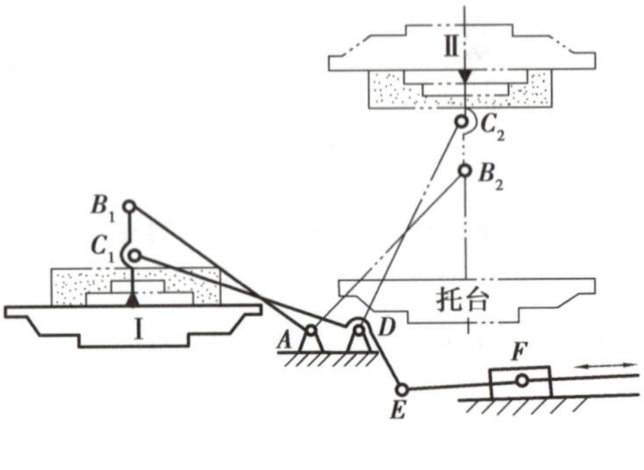

图3.25 翻台机构

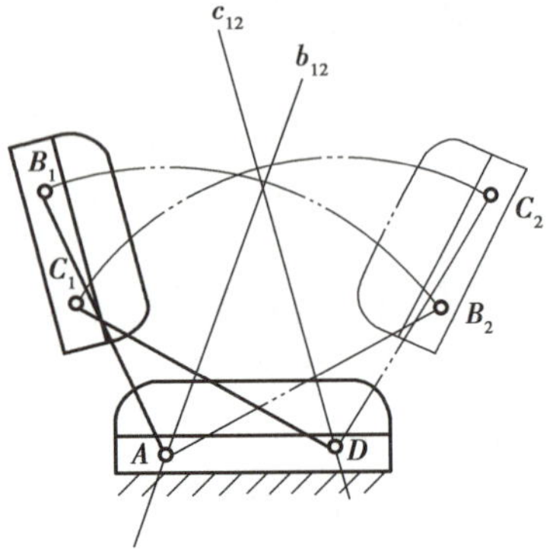

图3.26 可逆式座椅机构

3.3.2 用实验法(图谱法)设计四杆机构

按给定的运动轨迹设计四杆机构通常采用实验法。这里介绍工程中常用的图谱法。

四杆机构运动时，连杆作复杂平面运动，连杆上任一点的轨迹，称为连杆曲线。连杆曲线的形状随点在连杆上的位置及各杆相对长度的不同而变化。由连杆曲线的多样性，常将它应用于工程中的某些机械，以实现所给定的运动轨迹，或完成一定的生产要求和动作。例如，如图3.27所示的水稻插秧机，为使秧爪能顺利地取秧和将秧苗插入土中，要求秧爪上的 E 点能按 $\beta—\beta$ 轨迹运动，这条复杂的运动轨迹就是用连杆曲线实现的；又如，起重机、搅拌机等机器中所要求的运动轨迹，也都是用连杆曲线来实现的。

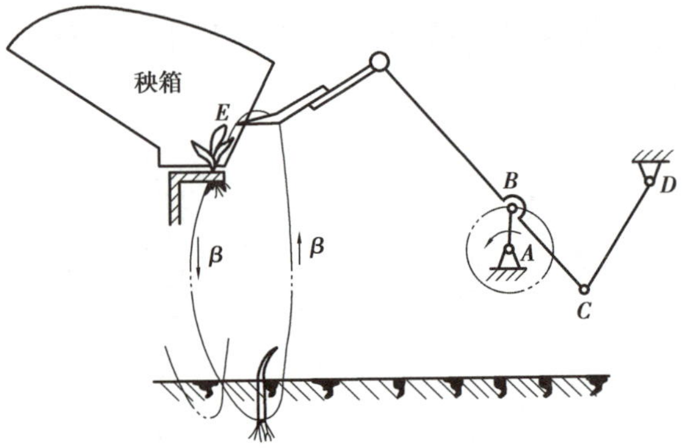

图3.27 水稻插秧机秧爪的运动轨迹

在运动精度要求不高时，可运用图谱法设计四杆机构。工程中应用的“四杆机构分析图谱”就是用实验方法，取不同杆长获得的连杆上不同点的轨迹集成，设计者可先从图谱中找出与给定运动轨迹相似的连杆曲线，然后查出形成该曲线的四杆机构各杆长度的相对值，从而确定所设计机构的各尺寸参数。

如图3.27所示所要求的 $\beta—\beta$ 轨迹，可在图谱中某页找到如图3.28(a)所示连杆曲线图中的相似曲线 $\beta—\beta$，它是连杆上 E 点的轨迹。可直接查出机构各杆相对长度为 $l_{AB}:l_{BC}:l_{CD}:l_{AD}=1:2:2,5:3$($l_{AB}$为一个单位长度)，并量得 E 点在连杆上的位置。

由于各杆长度按比例放大或缩小，不会改变连杆曲线的特性。因此，当已知轨迹与相似曲线大小不同时，可用缩放仪求出两者之间的倍率，并将查得的相对杆长乘以这个倍率，即可求

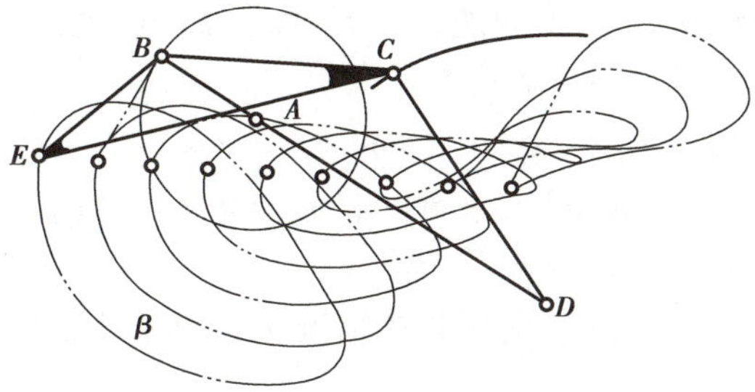

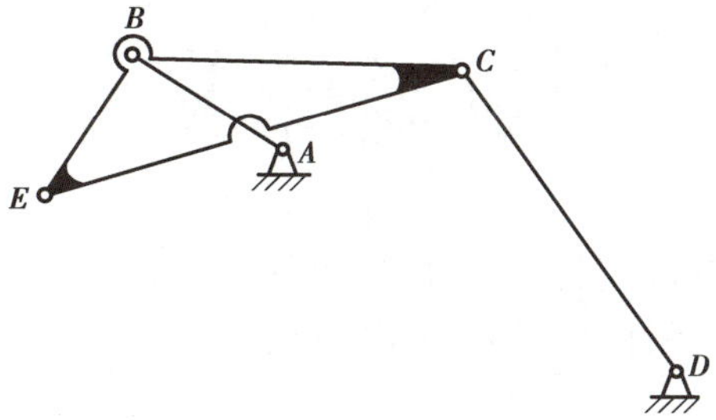

图 3.28　图谱法设计四杆机构

得各构件的实际尺寸，确定所设计机构的运动简图。如图 3.28(b)所示为按上述图谱法设计的秧爪机构的运动简图。

近年来，随着计算机应用技术 CAD 的发展，用计算机动态模拟显示定点运动轨迹技术已相当成熟，设计精度因此大大提高。连杆轨迹设计计算机解决方案的理论基础是解析法。

3.3.3　解析法设计四杆机构

在如图 3.29 所示的铰链四杆机构中，设已知连架杆 *AB* 和 *CD* 的 3 组对应位置 $\varphi_1, \psi_1; \varphi_2, \psi_2; \varphi_3, \psi_3$。要求用解析法确定各构件的长度。

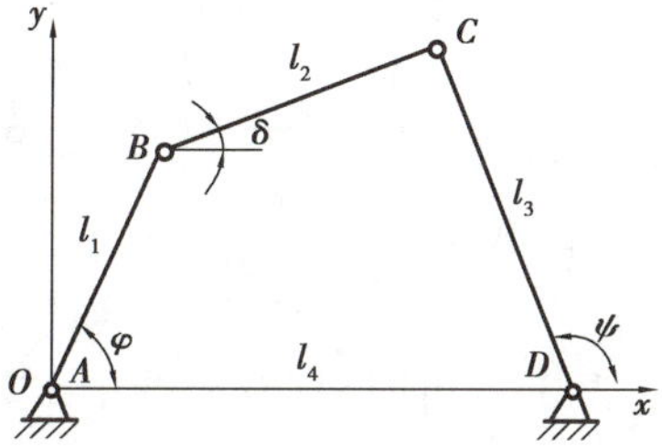

图 3.29　解析法设计四杆机构

如图 3.29 所示，选取直角坐标系 xOy，将各杆分别向 x 轴和 y 轴投影，得

$$\begin{aligned} l_1 \cos \varphi + l_2 \cos \delta &= l_4 + l_3 \cos \psi \\ l_1 \sin \varphi + l_2 \sin \delta &= l_3 \sin \psi \end{aligned} \tag{3.3}$$

将方程组(3.3)中的 δ 消去，可得

$$R_1 + R_2 \cos \varphi + R_3 \cos \psi = \cos(\varphi - \psi) \tag{3.4}$$

式中

$$\begin{aligned} R_1 &= \frac{l_4^2 + l_1^2 + l_3^2 - l_2^2}{2 l_1 l_3} \\ R_2 &= \frac{-l_4}{l_3} \\ R_3 &= \frac{l_4}{l_1} \end{aligned} \tag{3.5}$$

式(3.4)为两连架杆转角 φ,ψ 之间的关系式,将已知的3组对应位置 φ_1 和 ψ_1,φ_2 和 ψ_2,φ_3 和 ψ_3 分别代入,可得到线性方程组

$$R_1 + R_2\cos\varphi_1 + R_3\cos\psi_1 = \cos(\varphi_1 - \psi_1)$$
$$R_1 + R_2\cos\varphi_2 + R_3\cos\psi_2 = \cos(\varphi_2 - \psi_2)$$
$$R_1 + R_2\cos\varphi_3 + R_3\cos\psi_3 = \cos(\varphi_3 - \psi_3)$$

由方程组可解出 R_1,R_2,R_3,然后根据具体情况选定机架长度 l_4,则可由式(3.5)求出各杆长度为

$$l_1 = \frac{l_4}{R_3}$$

$$l_2 = \sqrt{l_1^2 + l_3^2 + l_4^2 - 2l_1l_3R_1}$$

$$l_3 = \frac{-l_4}{R_2}$$

用解析法设计四杆机构可得到较为精确的设计结果,但计算工作量大。随着计算机应用的普及,解析法设计四杆机构目前已进入实用阶段。

思考题与习题

3.1 在摆动导杆机构中,若行程速比系数 $K=1.4$,则极位夹角 θ 等于多少?

3.2 根据如图3.30所示中注明的尺寸(单位:mm),试判断各铰链四杆机构的类型。

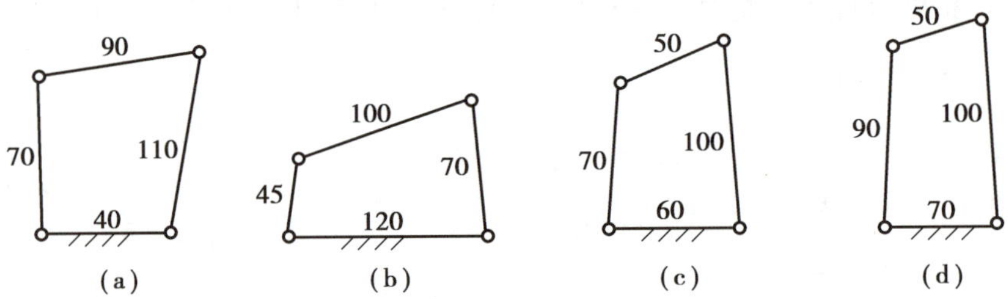

图3.30 题3.2图

3.3 在曲柄摇杆机构中,当曲柄为主动件时,机构是否一定存在急回特性?是否有死点位置?

3.4 绘出如图3.31所示各机构图示位置时的压力角和传动角,图中标明箭头。

3.5 如图3.32所示的铰链四杆机构,已知 $l_2=80$ mm,$l_3=65$ mm,$l_4=50$ mm,l_1 为变值。试讨论:

(1)l_1 值在什么范围内可得到曲柄摇杆机构?

(2)l_1 值在什么范围内可得到双曲柄机构?

(3)l_1 值在什么范围内可得到双曲柄机构?

(4)若 $l_1=30$ mm,其他条件均不变,试求该机构的最小传动角 γ_{min}。

3.6 试设计一曲柄摇杆机构。已知摇杆 CD 的摆角 $\varphi=36°$,摇杆 CD 的长度 $L_{CD}=120$ mm,行程速比系数 $K=1.3$,机架呈水平布置。

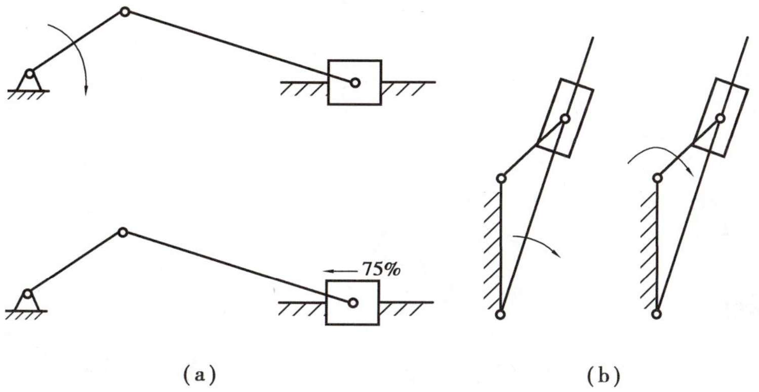

图 3.31　题 3.4 图

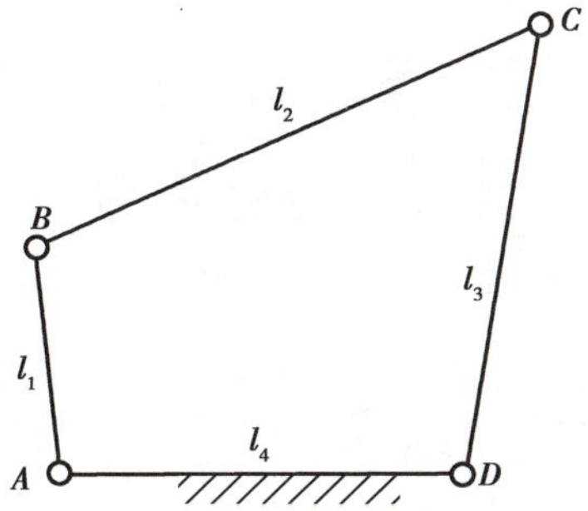

图 3.32　题 3.5 图

3.7　已知一曲柄摇杆机构中摇杆的长度 $L_{CD}=100$ mm，摇杆的摆角 $\varphi=40°$，行程速比系数$K=1.2$。试根据最小传动角 $\gamma_{\min}>45°$的条件，确定其他 3 杆件的长度尺寸。

3.8　试设计一曲柄滑块机构（见图 3.33）。已知滑块的行程 $s=60$ mm，偏心距 $e=10$ mm，行程速比系数 $K=1.2$。

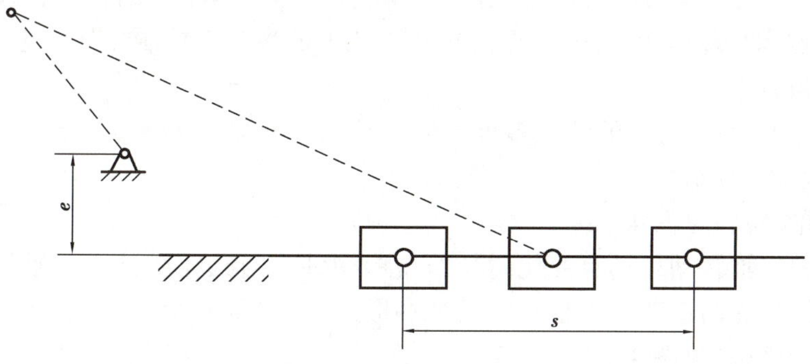

图 3.33　题 3.8 图

第 4 章 常用机构

4.1 凸轮机构

4.1.1 凸轮机构的基本类型

1)凸轮机构的组成

凸轮机构是由凸轮、从动件和机架3个基本构件所组成的一种高副机构。凸轮是一个具有曲线轮廓或凹槽的构件。当它运动时,通过其上的曲线轮廓与从动件的高副接触,使从动件获得预期的运动。凸轮机构在各种机械,尤其是在自动化生产设备中得到了广泛的应用。

如图4.1所示为内燃机的配气机构。凸轮1是一个具有变化向径的盘形构件,当它回转时,迫使推杆2在固定导路3内作往复运动,以控制燃气在适当的时间进入汽缸或排出废气。

如图4.2所示为自动机床的进刀机构。当具有凹槽的凸轮1回转时,其凹槽的侧面迫使从动件2绕 O 点作往复摆动,通过扇形齿轮和刀架上的齿条3控制刀架作进刀和退刀运动。

2)凸轮机构的分类

在工程实际中,凸轮机构的形式多种多样。常用的分类方法有以下3种:

(1)按凸轮的形状分类

①盘形凸轮机构(见图4.1)

凸轮是绕固定轴转动且具有变化向径的盘形构件。当凸轮绕其固定轴转动时,从动件在垂直于凸轮轴的平面内运动。它是凸轮的基本形式,结构简单,应用广泛。

②移动凸轮机构(见图4.3)

凸轮是具有曲线轮廓且只能作相对往复直线移动的构件。它可看成轴心在无穷远处的盘形凸轮。

③圆柱凸轮机构(见图4.2)

凸轮的轮廓曲线位于圆柱面上。它可看成把移动凸轮卷成圆柱体而得。

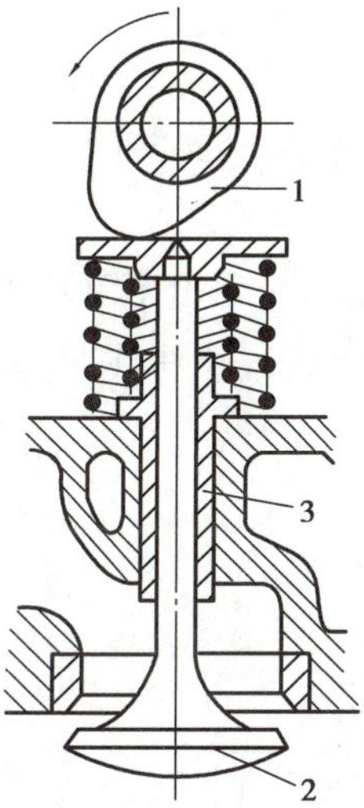

图 4.1　内燃机配气机构

1—凸轮;2—推杆;3—固定导路

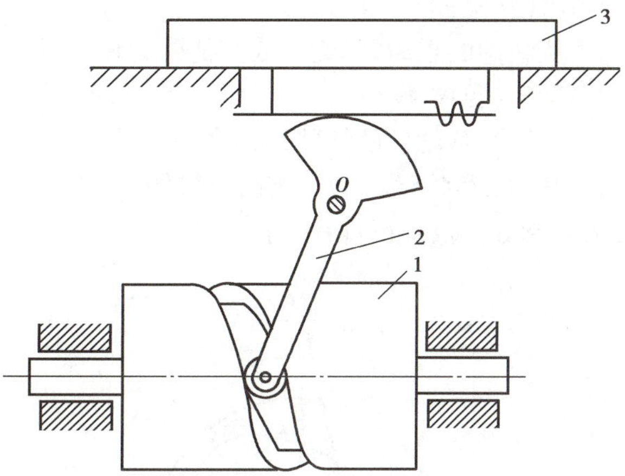

图 4.2　自动机床进刀机构

1—凸轮;2—从动件;3—齿条

(2)按从动件的形状分类

①尖底从动件(见图 4.4(a))

从动件的尖底能与任意复杂的凸轮轮廓保持接触,使从动件实现任意的运动规律。这种从动件结构最简单,但易于磨损,故仅适用于速度较低和作用力不大的场合。

②滚子从动件(见图 4.4(b))

从动件底部装有可自由转动的滚子,凸轮与从动件之间的摩擦为滚动摩擦,减小了摩擦磨损,可用来传递较大的动力,故应用较广。

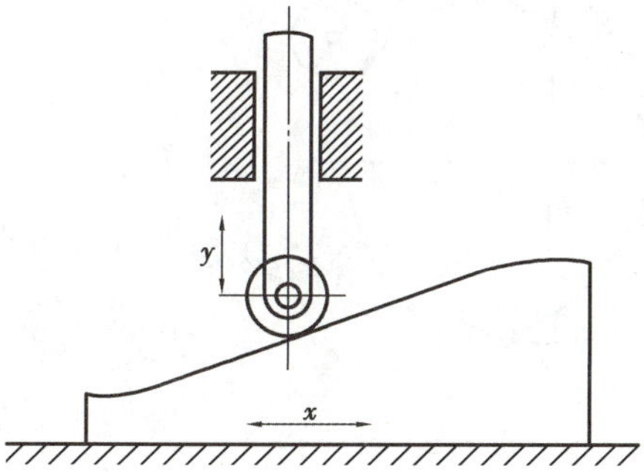

图 4.3　移动凸轮机构

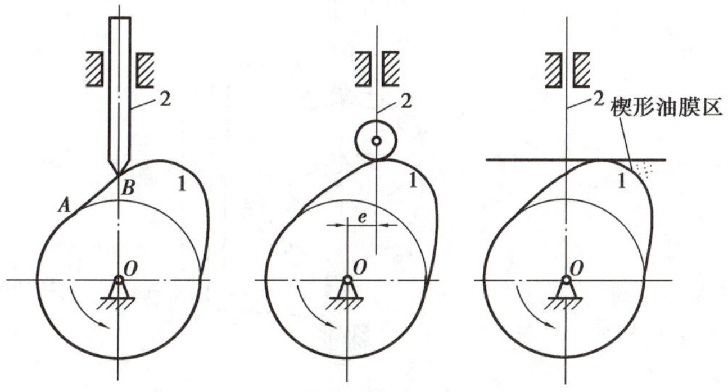

(a)尖底从动件　(b)滚子从动件　(c)平底从动件

图 4.4　从动件形状不同的凸轮机构

1—凸轮;2—从动件

③平底从动件(见图 4.4(c))

从动件与凸轮之间为线接触,接触处易形成油膜,润滑状况好,传动效率高,常用于高速场合,但仅能与轮廓全部外凸的凸轮相配合。

在各种形式的从动件中,既有作直线往复移动的从动件,也有绕定轴摆动的从动件,前者称为直动从动件(见图 4.1、图 4.3),后者称为摆动从动件(见图 4.2)。在直动从动件中,若尖底或滚子中心的轨迹通过凸轮的轴心,称为对心直动从动件(见图 4.4(a));否则,称为偏置直动从动件(见图 4.4(b))。

(3)按凸轮与从动件保持接触的方式分类

①力封闭(见图4.1)

利用从动件的重力、弹簧力或其他外力使从动件与凸轮保持接触。

②形封闭(见图4.2)

依靠凸轮与从动件的特殊结构来保持从动件与凸轮接触。图4.5列出了常用的形封闭凸轮机构。其中,图4.5(a)为沟槽凸轮机构,图4.5(b)为等宽凸轮机构,图4.5(c)为等径凸轮机构,图4.5(d)为共轭凸轮机构。

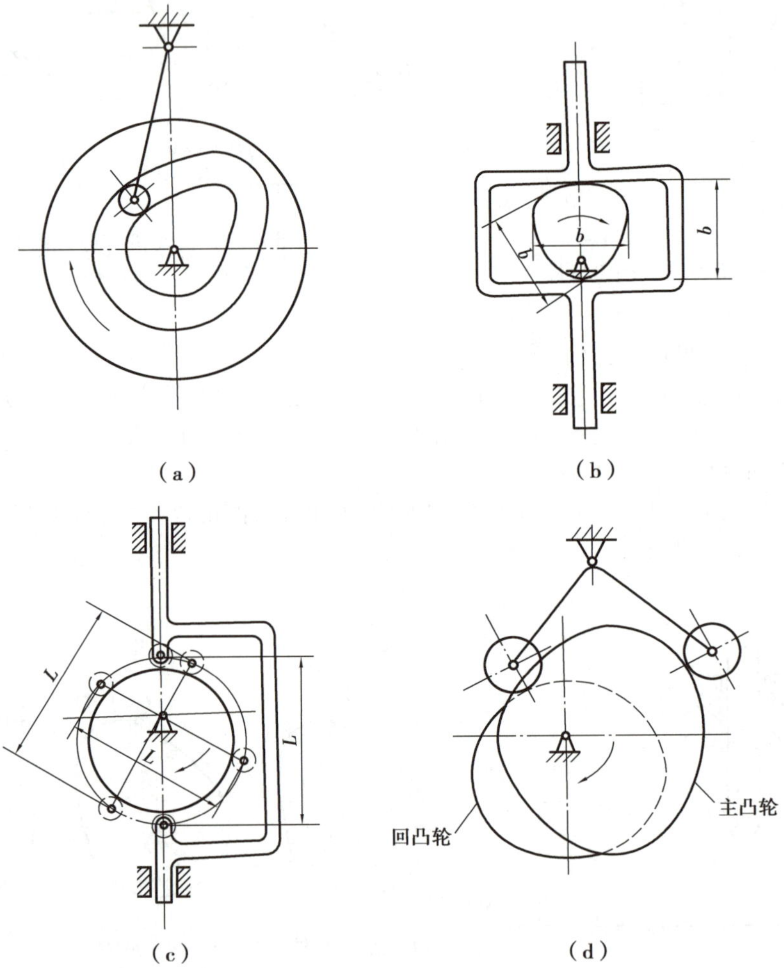

图4.5　形封闭凸轮机构

4.1.2　从动件常用运动规律

如图4.6(a)所示为对心直动尖底从动件盘形凸轮机构。以凸轮轮廓最小向径 r 为半径所作的圆,称为凸轮的基圆;r_b 称为基圆半径。如图4.6(b)所示为对应于凸轮转动一周从动件的位移线图。横坐标代表凸轮的转角 φ,纵坐标代表从动件的位移 s。在该位移线图上,由 a 到 b 是从动件上升的那段曲线。与这段曲线相对应的从动件的运动。远离凸轮轴心的运动,把从动件的这一行程称为推程,从动件所移动过的距离称为行程,用 h 表示;相应的凸轮转

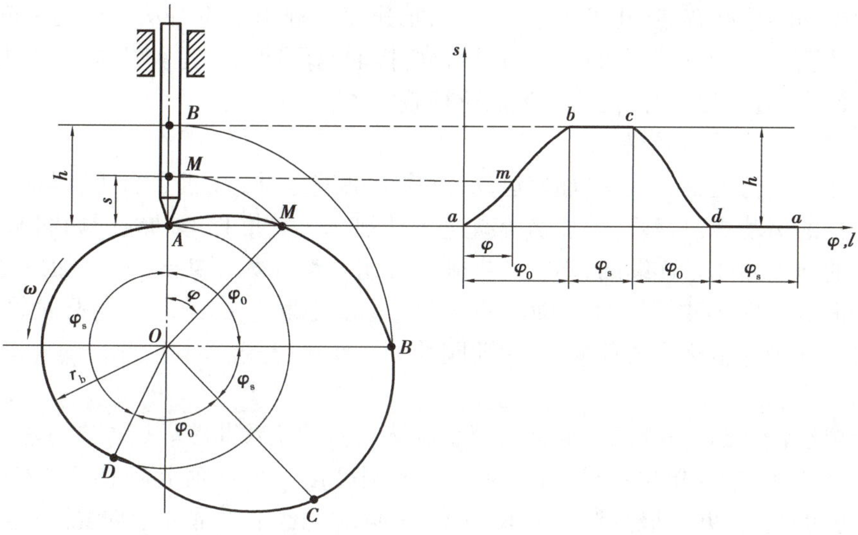

图 4.6　对心直动尖底从动件盘形凸轮机构的运动过程

角∠AOB 称为推程运动角,用 φ_0 表示;由 b 到 c 是从动件在最远处静止不动的曲线,对应的凸轮转角∠BOC 称为远休止角,用 φ_s 表示;由 C 到 d 是从动件由最远位置回到初始位置的曲线,这一行程称为回程,对应的凸轮转角∠COD 称为回程运动角,用 φ'_0表示;由 d 到 a 是从动件在最近处静止不动的曲线,对应的凸轮转角∠DOA 称为近休止角,用φ'_s表示。当凸轮连续回转时,从动件将重复"升—停—降—停"的循环。

所谓从动件的运动规律,是指从动件的位移 s、速度 v、加速度 a 与凸轮转角 φ 变化的规律。它们全面地反映了从动件的运动特性及其变化的规律性。从动件的运动规律较多,下面以直动从动件盘形凸轮机构为例,介绍几种常用的运动规律。

1)等速运动规律

从动件运动的速度为常数时的运动规律,称为等速运动规律。这种运动规律,从动件的位移 s 与凸轮的转角 φ 成正比。其推程运动的位移线图如图 4.7(a)所示。从动件运动时速度保持常数,

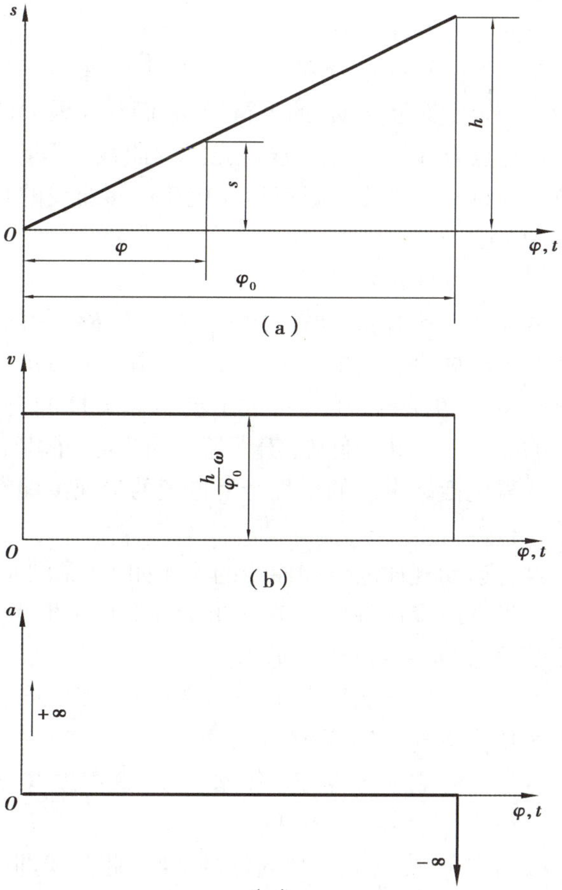

图 4.7　等速运动规律

但在行程始末两端速度有突变(见图4.7(b)),加速度在理论上应有从 +∞ 到 -∞ 的突变(见图4.7(c)),因而会产生非常大的惯性力,导致机构的剧烈冲击。这种冲击称为刚性冲击。因此,若单独采用此运动规律时,仅适用于低速轻载的场合。

2)等加速等减速运动规律

从动件在一个行程中,先作等加速运动,后作等减速运动,且通常加速度与减速度的绝对值相等。这样的运动规律,称为等加速等减速运动规律。其推程运动线图如图4.8所示。这种运动规律的速度曲线是连续的,不会产生刚性冲击。但在如图4.8(c)的加速度曲线中,A,B,C 3处加速度存在有限突变,使从动件的惯性力也随之发生突变,从而与凸轮轮廓之间产生一定的冲击。这种冲击称为柔性冲击,它比刚性冲击要小得多。因此,此运动规律一般可用于中速轻载的场合。

当用图解法设计凸轮轮廓时,通常需要绘制从动件的位移曲线。其作图方法如下:

①取角度比例尺μ_φ(单位:(°)/mm)和长度比例尺μ_l。在 φ 轴上截取线段 $O4$ 代表 $\varphi_0/2$,过点4作 φ 轴的垂线,并在该垂线上截取$44'$代表$h/2$(先作前半部分抛物线)。过$4'$点作 φ 轴的平行线。

②将左下方矩形的 $\varphi_0/2$ 和 $h/2$ 等分成相同的份数,得1,2,3,4,以及$1'$,$2'$,3,$4'$(见图中为4等分)。

③将坐标原点 O 分别与点$1'$,$2'$,$3'$,$4'$相连,得连线 $O1'$,$O2'$,$O3'$和 $O4'$。再过分点1,2,3,4分别作纵坐标(s 轴)的平行线,它们与连线 $O1'$,$O2'$,$O3'$和 $O4'$分别相交于$1''$,$2''$,$3''$和$4''$。

④将点 O,$1''$,$2''$,$3''$,$4''$连成光滑的曲线,即等加速运动的位移曲线。可以证明,该曲线为一条抛物线。后半段等减速运动规律位移曲线的画法与上述相类似,只是弯曲方向反过来,如图4.8(a)所示。

3)余弦加速度运动规律

从动件运动时,其加速度是按余弦规律变化的,这种运动规律称余弦加速度运动规律,也称简谐运动规律。其推程运动线图如图4.9所示。这种运动规律在行程的始末两点加速度发生有限突变(见图4.9(c)),故也会引起柔性冲击。因此,在一般情况下,它也仅适用于中速中载的场合。当从动件作"升—降—升"运动循环时,若在推程和回程中,均采用此运动规律,则可获得包括始末点的全程光滑连续的加速度曲线。在此情况下,不会产生冲击,故可用于高速凸轮机构。

这种运动规律的位移曲线的作法如下(见图4.9):

①设选取度比例尺μ_φ 在横坐标轴上作出推程运动角 φ_0,并将它分成若干等分(图4.9中为6等分),过各分点作铅垂线。

②选取长度比例尺μ_l,在纵坐标轴上截取 $O6$ 代表从动件行程 h。以 $O6$ 为直径作一半圆,将半圆周分成与 φ_0 相同的等分数。

③过半圆周上各等分点作水平线,这些线与步骤①中所作的对应铅垂线分别交于点$1'$,$2'$,…,$6'$。

④将点1,2,…,6连成光滑的曲线,此曲线即所要求的余弦加速度运动规律的位移曲线。

以上3种常用运动规律的运动方程见表4.1。

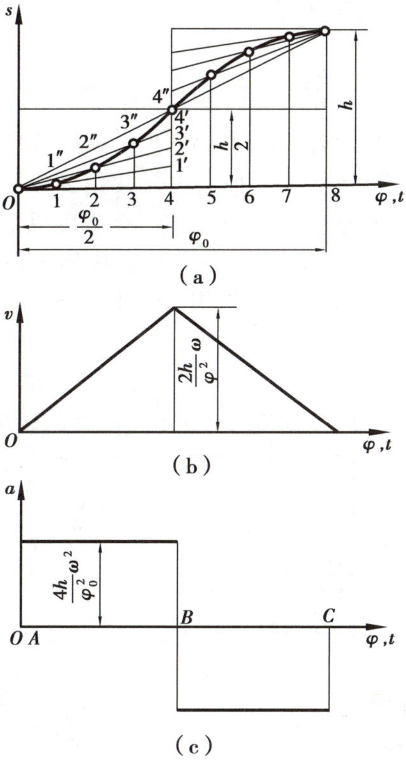

图 4.8　等加速等减速运动规律

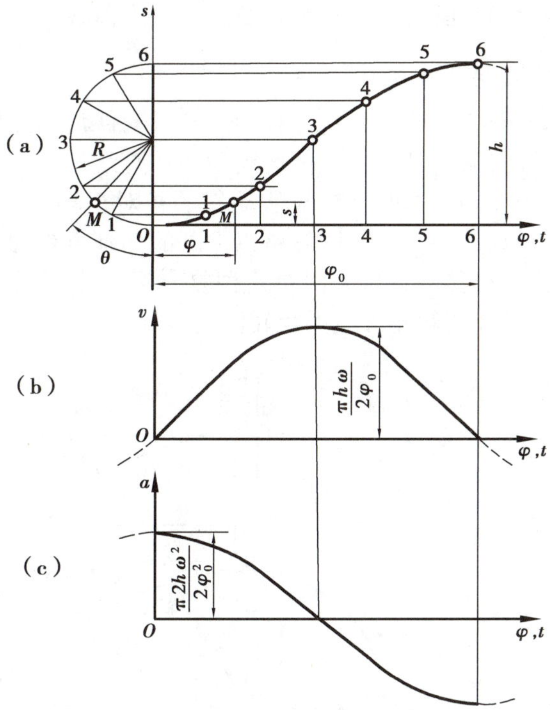

图 4.9　余弦加速度运动规律

表 4.1　3 种常用运动规律的运动方程

运动规律	运动方程	
	推程 $0° \leqslant \varphi \leqslant \varphi_0$	回程 $0° \leqslant \varphi' \leqslant \varphi_0'$
等速运动	$s = (h/\varphi_0)\varphi$ $v = h\omega/\varphi_0$ $\alpha = 0$	$s = h - (h/\varphi_0')/\varphi'$ $v = -h\omega/\varphi_0'$ $\alpha = 0$
等加速等减速运动	$0 \leqslant \varphi \leqslant \varphi_0/2$ $s = (2h/\varphi_0^2)\varphi^2$ $v = (4h\omega/\varphi_0^2)\varphi$ $\alpha = 4h\omega^2/\varphi^2$	$0 \leqslant \varphi' \leqslant \varphi_0'/2$ $s = h - (2h/\varphi_0'^2)\varphi'^2$ $v = -(4h\omega/\varphi_0'^2)\varphi$ $\alpha = -4h\omega^2/\varphi_0'^2$
	$\varphi_0/2 < \varphi \leqslant \varphi_0$ $s = h - 2h(\varphi_0 - \varphi)^2/\varphi_0^2$ $v = 4h\omega(\varphi_0 - \varphi)/\varphi_0^2$ $\alpha = -4h\omega^2/\varphi_0^2$	$\varphi_0'/2 < \varphi' \leqslant \varphi_0'$ $s = 2h(\varphi_0' - \varphi')^2/\varphi'^2$ $v = -4h\omega(\varphi_0' - \varphi')/\varphi_0'^2$ $\alpha = 4h\omega^2/\varphi_0'^2$
余弦加速度运动（间歇运动）	$S = h/2[1 - \cos(\pi\varphi/\varphi_0)]$ $v = (h\omega/2\varphi_0)\sin(\pi\varphi/\varphi_0)$ $\alpha = (\pi^2 h\omega^2/2\varphi_0^2)\cos(\pi\varphi/\varphi_0)$	$s = h/2[1 + \cos(\pi\varphi'/\varphi_0')]$ $v = -(\pi h\omega/2\varphi_0')\sin(\pi\varphi'/\varphi_0')$ $\alpha = -(\pi^2 h\omega^2/2\varphi_0'^2)\cos(\pi\varphi'/\varphi_0')$

4.1.3 图解法设计盘形凸轮的轮廓曲线

1)反转法原理

如图4.10所示为对心直动尖底从动件盘形凸轮机构。当凸轮以等角速度 ω 沿逆时针方向转动时,从动件按一定的运动规律作直线运动。现假设给该机构加上一公共角速度 $-\omega$ 绕凸轮轴心转动,这时凸轮与从动件的相对运动关系仍保持不变,但凸轮在定参考系里静止不动,而从动件一方面连同导路以 $-\omega$ 的角速度绕轴心 O 转动,另一方面沿导路按给定的运动规律作直线移动。从动件在这种复合运动中,其尖底的运动轨迹即欲设计凸轮的轮廓曲线。这便是设计凸轮轮廓线的反转法。

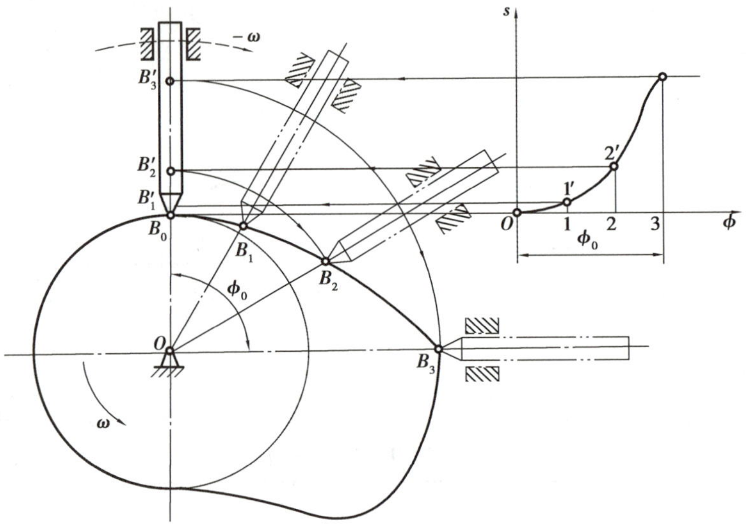

图4.10 反转法原理

2)直动从动件盘形凸轮轮廓的设计

(1)对心尖底直动从动件盘形凸轮机构

如图4.11所示,已知从动件的运动规律如图4.11(b)所示;凸轮以等角速度 ω 按顺时针方向转动,基圆半径为 r_b。其设计步骤如下:

①取与位移曲线相间的比例尺 μ_l 画出基圆和从动件尖底离轴心 O 最近时从动件的初始位置;如图4.11(a)所示,从动件与凸轮轮廓在 $B_0(C_0)$ 点接触。

②在基圆上自 C_0 开始,沿一切方向量取推程运动角(180°)、远休止角(30°)、回程运动角(90°)及近休止角(60°),并将推程运动角和回程运动角各分成若干等分,得 $C_1,C_2,\cdots$。

③过凸轮轴心 O 和上述各等分点作射线 OC_1,OC_2,这些射线便是反转后从动件移动导路中线。

④在各射线 $OC_1,OC_2,\cdots$ 上从基圆开始向外分别量取位移量 $C_1B_1=11'$,$C_2B_2=22'$,…于是得 $B_1,B_2,\cdots$各点。

⑤将 $B_0,B_1,B_2,\cdots$各点连接成光滑的曲线(B_4 与 B_5 之间及 B_9 与 B_0 之间均为以 O 为圆心的圆弧),此曲线即所求的凸轮轮廓曲线。

(2)对心滚子直动从动件盘形凸轮机构

为了便于与尖底从动件进行比较,仍采用上述已知条件,只是在从动件的底部加上一个半

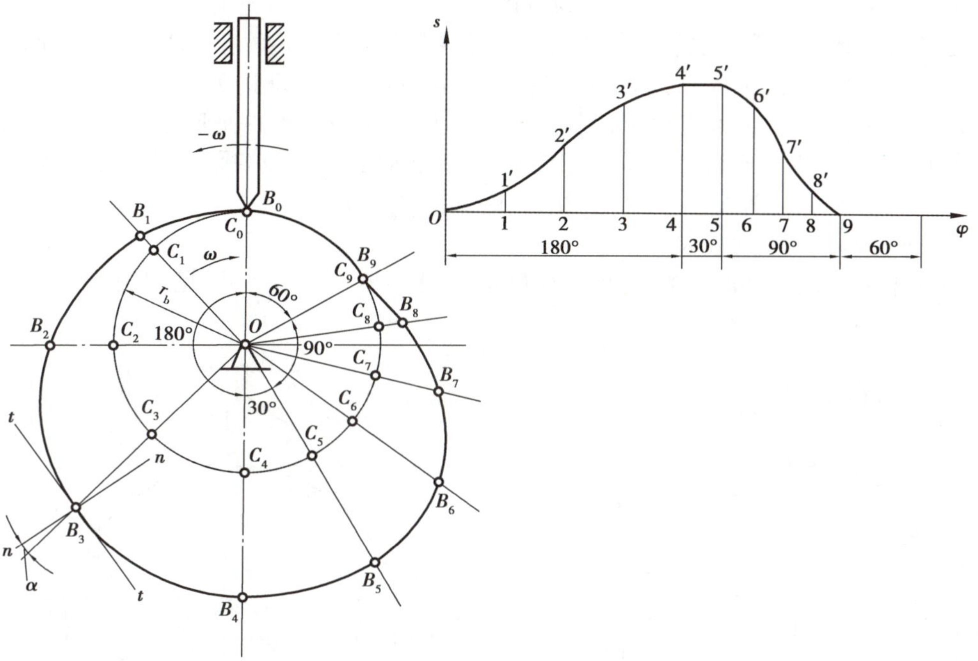

图 4.11　对心尖底直动从动件盘形凸轮轮廓曲线设计

径为 r_T 的滚子。

由图 4.12 可知，用反转法使凸轮停止转动后，从动件的滚子将始终与凸轮轮廓 η' 相接触，而滚子中心将描出一条曲线 η。这条曲线 η 与凸轮轮廓 η' 在法线方向的距离处处都等于滚子半径 r_T。因此，曲线 η 是凸轮轮廓 η' 的法向等距曲线。通常把与从动件直接接触的凸轮轮廓 η' 称为凸轮的实际轮廓曲线，而把 η 称为凸轮的理论轮廓曲线。由于滚子中心是从动件上的一个固定点。因此，它的运动就代表了从动件的运动。于是，理论曲线 η 可理解为以滚子中心作为尖底从动件的尖底时，所得到的凸轮轮廓曲线。

根据上述分析，滚子从动件盘形凸轮轮廓的设计步骤如下：

①将滚子中心视为尖底从动件的尖底，按上述尖底从动件凸轮轮廓的作图方法，画出理论廓线 η。

②以理论廓线 η 上各点为圆心，画出一系列滚子圆，然后作这一系列

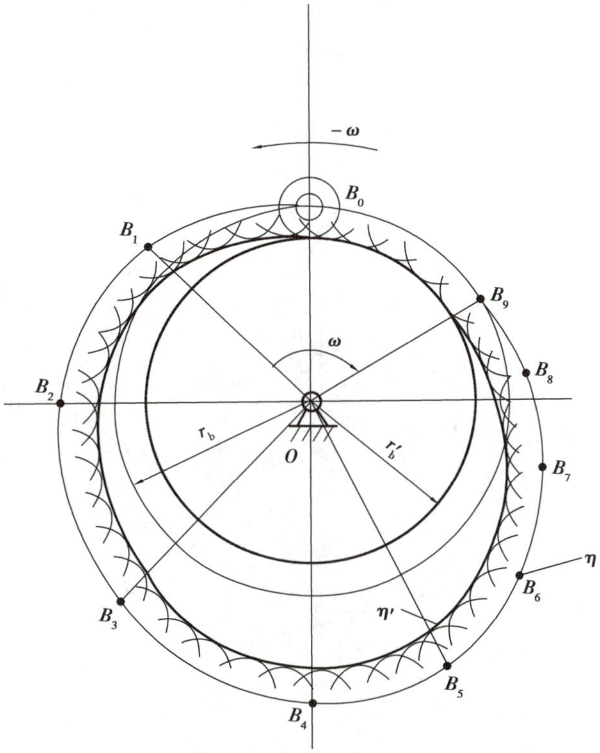

图 4.12　滚子从动件盘形凸轮轮廓曲线的设计

滚子圆族的内包络线 η'，则 η' 就是所要设计的滚子从动件盘形凸轮的实际轮廓曲线。

其他常见的还有偏置尖底直动从动件盘形凸轮机构、对心平底直动从动件盘形凸轮机构、摆动从动件盘形凸轮机构等的凸轮轮廓设计。其基本设计原理仍为反转法，如图 4.13—图 4.15所示。图 4.13 中的 e 称为偏距；图 4.14 中的 b' 和 b'' 为从动件平底左右两侧距导路最远的两个切点，为保证在所有位置上平底都能与凸轮轮廓相切，一般取平底的长度 L 为

$$L = 2L_{max} + (5 \sim 7)\text{mm}$$

式中　L_{max}——b' 和 b'' 中的较大者。

欲具体了解上述 3 种凸轮机构凸轮轮廓的设计步骤和方法可详见相关资料，这里不再赘述。

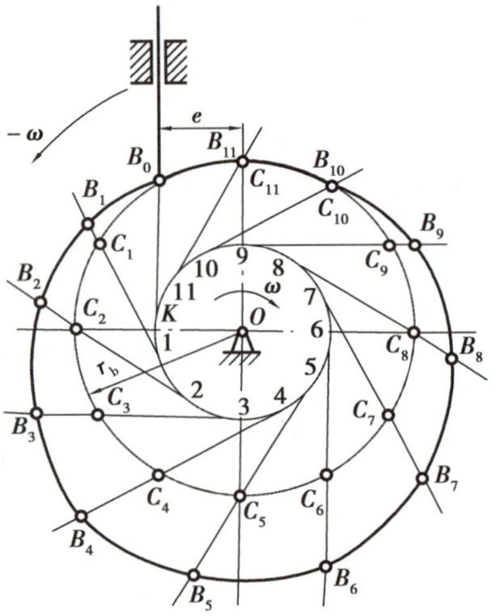

图 4.13　偏置尖底直动从动件盘形凸轮轮廓曲线设计

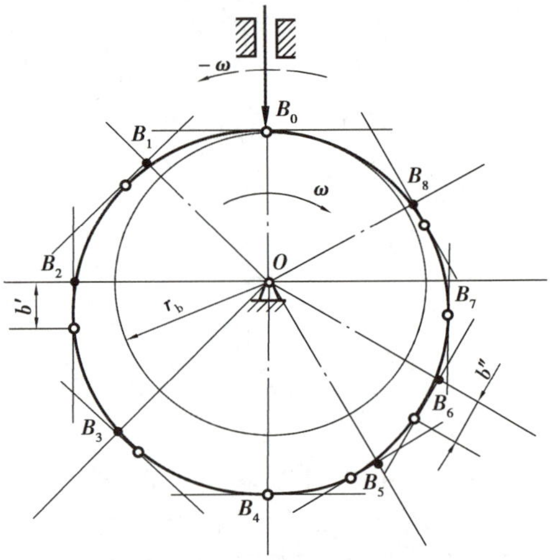

图 4.14　对心平底直动从动件盘形凸轮轮廓曲线设计

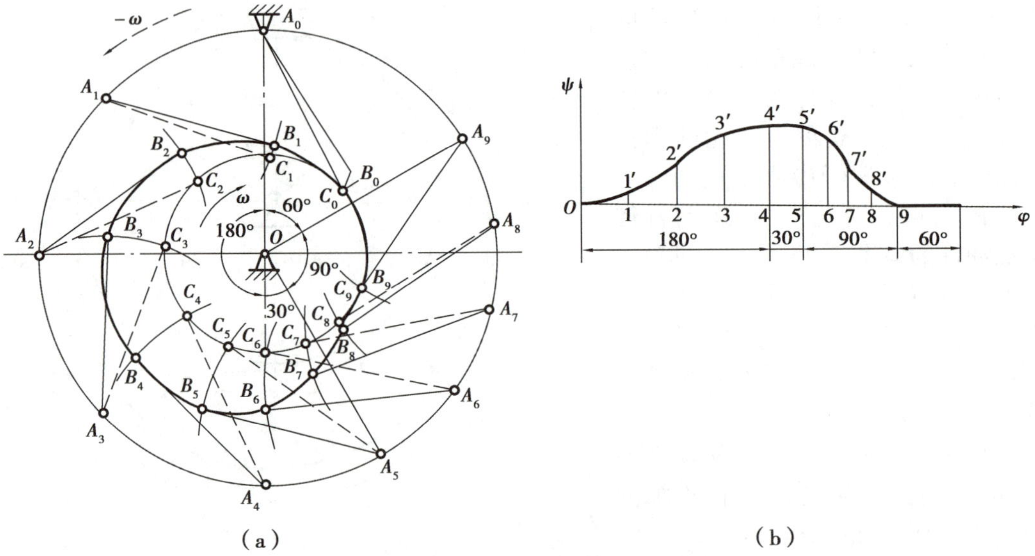

图 4.15　摆动从动件盘形凸轮轮廓曲线设计

4.1.4　凸轮机构设计中的几个问题

1)滚子半径的选择

在设计滚子从动件盘形凸轮轮廓线时,对外凸的凸轮轮廓线,若滚子半径 r_T 过大,则会导致实际廓线变尖或交叉,如图 4.16(b)、图 4.16(c)所示。其实际廓线曲率半径 ρ' 等于理论廓线曲率半径 ρ 与滚子半径 r_T 之差,即

$$\rho' = \rho - r_T$$

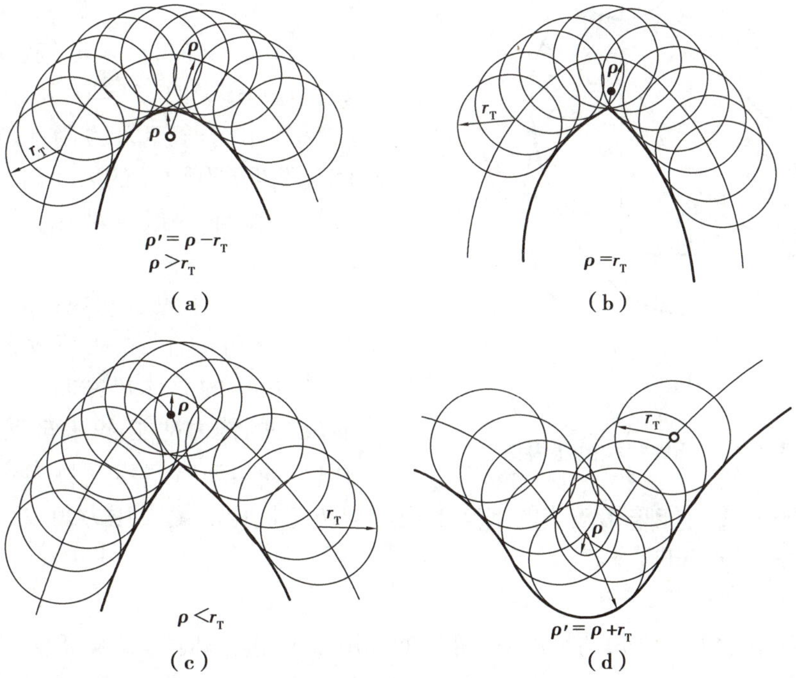

图 4.16　滚子半径对实际廓线的影响

由上式可知,当 $\rho > r_T$(见图 4.16(a))时,$\rho' > 0$,实际廓线为一光滑连续的曲线;当 $\rho = r_T$(见图 4.16(b))时,$\rho' = 0$,实际廓线可形成一尖点,极易磨损;当 $\rho < r_T$(见图 4.16(c))时,$\rho' < 0$,实际廓线将交叉成一小曲边三角形,在加工时此部分将被切掉,致使从动件在该处达不到预期的运动规律,即从动件将出现运动失真的现象. 为避免上述缺陷,应保证实际廓线最小曲率半径 ρ'_{min} 满足

$$\rho'_{min} = \rho_{min} - r_T > 3 \text{ mm}$$

即

$$\rho_{min} > r_T + 3 \text{ mm}$$

若 ρ_{min} 不能满足上式,则应适当增大基圆半径重新设计,或在滚子结构允许的情况下,适当减小滚子半径 r_T 重新设计实际廓线,直到满足上式为止。

对内凹的凸轮轮廓线(见图 4.16(d)),实际廓线的曲率半径 $\rho' = \rho + r_T$,故无论滚子半径大小如何,其实际廓线均可做出。

2)压力角的校核

在如图 4.17 所示的凸轮机构中,凸轮和从动件在 A 点接触。在不计摩擦时,从动件的法

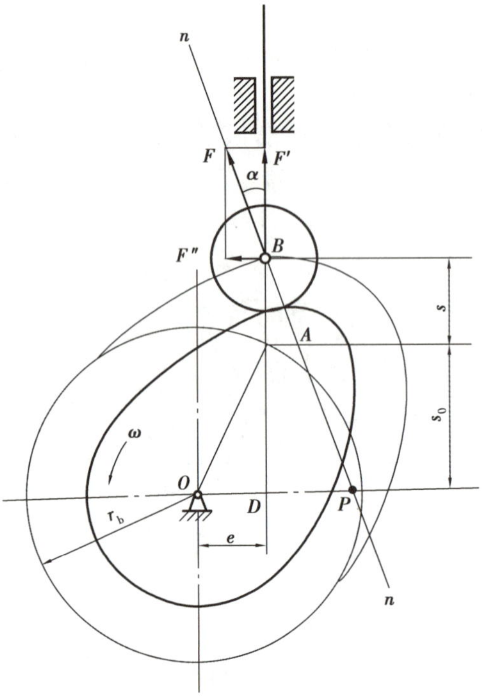

图 4.17　凸轮机构的压力角

向力 F 与从动件上该力作用点的速度 v 之间所夹的锐角 α，称为从动件在该位置的压力角，也称凸轮机构的压力角。

由图 4.17 可知，推动从动件运动的有效分力 F'和阻碍从动件运动的有害分力 F''大小分别为

$$F' = F\cos\alpha$$

$$F'' = F\sin\alpha$$

当 $\alpha=0$ 时，$F'=F$，从动件受力情况最好；当 $\alpha=90°$时，$F'=0$，从动件将发生自锁。实际上，由于摩擦力的存在，当 α 接近 90°时就会发生自锁。α 的大小对从动件的运动有直接的影响，一般应对 α_{max} 有一定的限制，即 $\alpha_{max}\leqslant[\alpha]$。

当从动件的运动规律和偏心距确定后，加大 r_b，可减小 α，从而改善机构的传力性能，但机构的总体尺寸将增大。为使机构既有较好的传力性能，又有较紧凑的结构尺寸，在设计时，通常要求在压力角 α 不超过许用值$[\alpha]$的原则下，尽可能采用较小的基圆半径。当凸轮机构的最大压力角 $\alpha_{max}=[\alpha]$时，此时的基圆半径称为最小基圆半径。

3）基圆半径的选择

在从动件运动规律已知的情况下，可根据许用压力角用图解法或解析法来确定基圆半径，但这些方法较复杂。对从动件几种常用的运动规律，工程中已求出了最大压力角与基圆半径的对应关系，并绘制了诺模图，如图 4.18 所示。这种图有两种用法，既可根据许用压力角近似地确定凸轮的最小基圆半径，也可根据所选的基圆半径来校核最大压力角是否超过了许用值。

下面通过一个具体的例子来说明诺模图的用法。

例 4.1　一对心尖底直动从动件盘形凸轮机构，要求凸轮推程运动角 $\varphi_0=45°$，从动件在推程时，按余弦加速度运动。其行程 $h=13$ mm，凸轮机构的许用压力角$[\alpha]=30°$，试用诺模图确定凸轮的最小基圆半径。

解　①根据从动件的运动规律，选用如图 4.18（b）所示的诺模图。

②将图 4.18（b）中位于上半圆标尺为 $\varphi_0=45°$和下半圆 $a_{max}=30°$的两点以直线相连，如图 4.18（b）所示的虚线。

③由虚线与正弦加速度运动规律标尺的交点求得

$$\frac{h}{r_b}=0.35$$

由此可得

$$r_b=\frac{h}{0.35}=\frac{13}{0.35}\text{ mm}\approx 37\text{ mm}$$

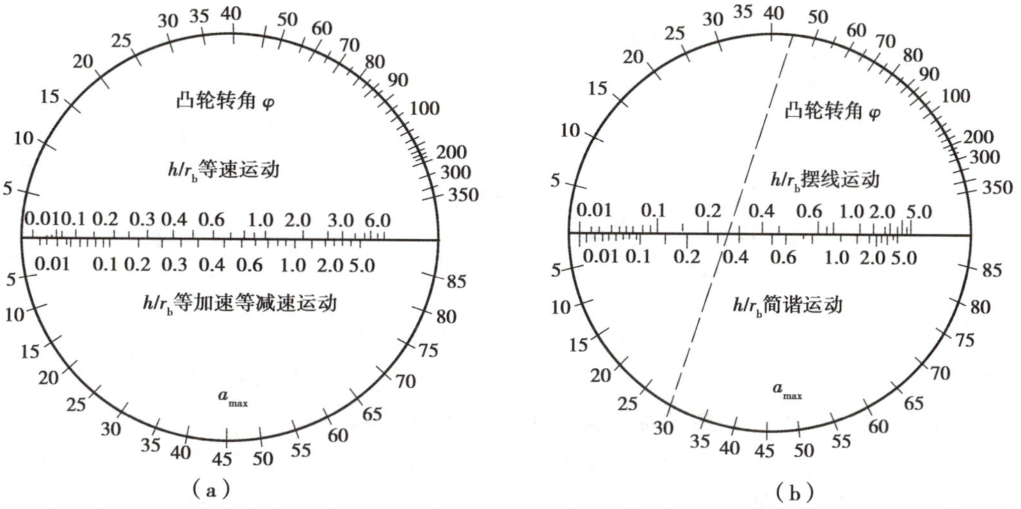

图 4.18　诺模图

4.2　螺旋机构

在机械中，除前面讨论过的平面连杆机构、凸轮机构，以及后述章节介绍的齿轮机构外，还经常会用到如螺旋机构和间歇运动机构等类型繁多、功能各异的机构。间歇运动机构是主动件作连续运动，从动件作周期性间歇运动的机构。棘轮机构与槽轮机构是机械中最常用的间歇运动机构。此外，在现代机械中，还广泛应用着利用液、气、声、光、电、磁等工作原理的机构，它们统称广义机构。

螺旋机构由螺杆、螺母和机架组成（一般把螺杆和螺母之一作为机架）。其主要功用是将旋转运动变换为直线运动，并同时传递运动和动力。它是机械设备和仪器仪表中广泛应用的一种传动机构。

螺杆与螺母组成低副，粗看似乎有转动和移动两个自由度，但因转动与移动之间存在必然联系，故它仍只能视为一个自由度。

按用途和受力情况，螺旋机构可分为传递运动、传递动力和用于调整 3 种类型；按螺旋副的摩擦性质，螺旋机构可分为滑动螺旋机构、滚动螺旋机构和静压螺旋机构 3 种类型。

螺旋机构具有结构简单、工作连续平稳、传动比大、承载能力强、传递运动准确、易实现自锁等优点，故应用广泛。

螺旋机构的缺点是摩擦损耗大、传动效率低。随着滚珠螺纹的出现，这些缺点已得到较大的改善。

4.2.1　螺纹的基本知识

螺纹的基本几何形状是螺旋线。如图 4.19 所示，将一底边长等于 πd_2 的直角三角形绕在直径为 d_2 的圆柱体上。三角形斜边在圆柱体表面形成的空间曲线，称为螺旋线。在圆柱表面用不同形状的刀具沿螺旋线切制出的沟槽，即形成螺纹。

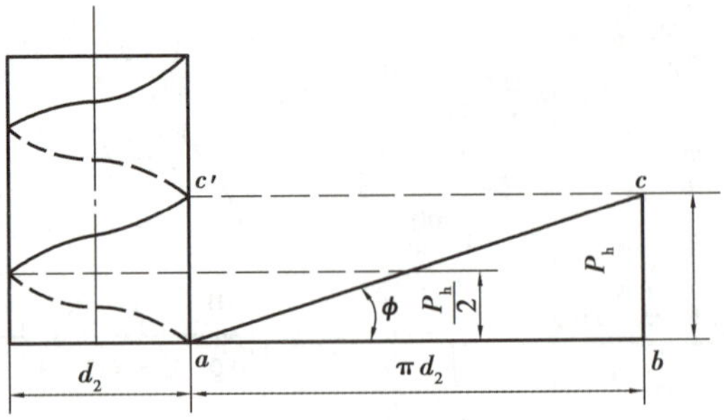

图 4.19　螺旋线及其展开图

在圆柱体外表面上加工出的螺纹,称为外螺纹,如螺杆;在圆柱体内表面上加工出的螺纹,称为内螺纹,如螺母。由内外螺纹旋合而成的运动副,即螺旋副。

根据螺旋线的旋向,螺纹可分为左旋和右旋。一般常用右旋螺纹。其旋向的判别方法是:将圆柱体竖直,螺旋线左低右高(向右上升)为右旋,如图 4. 20(a)所示;反之,则为左旋,如图 4. 20(b)所示。

螺纹的主要参数如图 4. 21 所示。

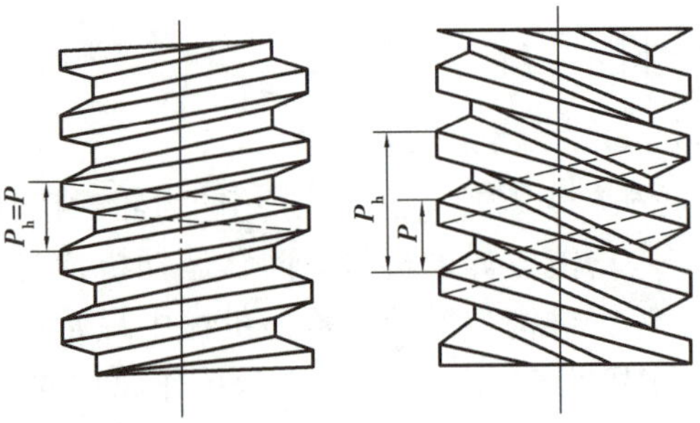

(a)右旋螺纹(单线)　(b)左旋螺纹(双线)

图 4. 20　螺纹的旋向和线数

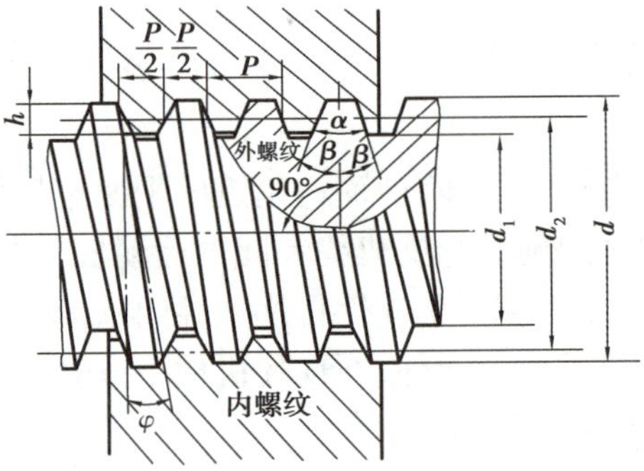

图 4. 21　螺纹的主要参数

1)大径(d,D)

螺纹的最大直径,标准中规定为螺纹的公称直径。外螺纹记为 d,内螺纹记为 D。

2)小径(d_1,D_1)

螺纹的最小直径,螺纹强度计算时的危险截面直径。外螺纹记为 d_1,内螺纹记为 D_1。

3)中径(d_2,D_2)

介于大小径圆柱体之间、螺纹的牙厚与牙间宽相等的假想圆柱体的直径。它是确定螺纹几何参数和配合性质的直径。外螺纹记为 d_2,内螺纹记为 D_2。

4)线数 n

螺纹的螺旋线数目,也称头数。它可分为单线、双线和三线等。如图 4. 20(b)所示为双线螺纹。

5)螺距 P

相邻两牙在中径线上对应点之间的轴向距离。

6)导程 P_h

同一条螺旋线上相邻两牙在中径线上对应点之间的轴向距离。对单线螺纹,$P_h=P$;对多线螺纹，$P_h = nP$。

7）螺纹升角 φ

中径圆柱上，螺旋线的切线与垂直于螺纹轴线的平面之间的夹角，用来表示螺旋线倾斜的程度。螺纹升角 φ 与相关参数的关系为

$$\varphi = \arctan\left(\frac{P_h}{\pi d_2}\right) = \arctan\left(\frac{nP}{\pi d_2}\right)$$

8）牙形角 α

在轴向剖面内螺纹牙型两侧边的夹角。其侧边与轴线的垂线间的夹角 β，称为牙侧角。常用的螺纹牙型有三角形、矩形、梯形及锯齿形等，如图4.22所示。三角形螺纹也称普通螺纹，其 $\alpha = 60°$。

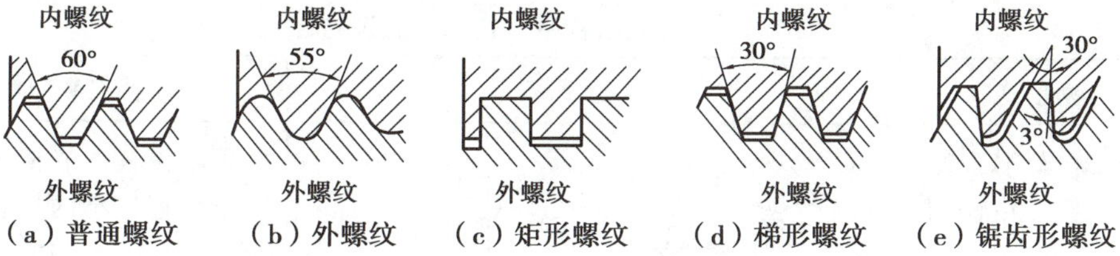

图4.22　螺纹的牙型及牙型角度

4.2.2　螺旋机构的传动效率和自锁

1）传动效率

螺旋机构的传动效率 η 为螺母转动一周时，有效功与输入功之比，即

$$\eta = \frac{\tan\varphi}{\tan(\varphi + \rho_v)} \tag{4.1}$$

式中　φ——螺纹升角；

ρ_v——摩擦角；

$\rho_v = \arctan f_v$，$f_v = f/\cos\beta$ 为当量摩擦因数。

各种螺纹的 f_v 如下：

矩形螺纹	$\alpha = 0°$	$f_v = f$
锯齿形螺纹	$\alpha = 33°$	$f_v = 1.001f$
梯形螺纹	$\alpha = 30°$	$f_v = 1.035f$
普通螺纹	$\alpha = 60°$	$f_v = 1.155f$

f 为螺旋副材料的摩擦因数，例如：

钢对钢	$f = 0.11 \sim 0.17$
钢对铜	$f = 0.08 \sim 0.10$
钢对铸铁	$f = 0.12 \sim 0.15$

由式（4.1）可知，在一定工作范围内，φ 越大，则 η 越高；ρ_v 越大（即 f_v 大），则 η 越低。

因此，对传动用螺旋机构，螺纹牙型的选择直接影响其传动效率。一般常用矩形、梯形螺纹。

2）自锁条件

螺纹副被拧紧后，如不加反向外力矩，则不论轴向载荷多大，也不会自动松开。此现象称

为螺旋副的自锁性能。其自锁条件为

$$\varphi \leqslant \rho_v$$

对传力螺旋机构和联接螺纹，都要求螺纹具有自锁性，如螺旋千斤顶、螺旋式压力机等。因普通螺纹的当量摩擦角最大，故自锁性最好。不难证明，当 $\varphi \leqslant \rho_v$ 时，$\eta < 50\%$。

4.2.3　滑动螺旋机构

按螺杆上螺旋副的数目，滑动螺旋机构可分为单螺旋机构和双螺旋机构两种。

1）单螺旋机构

由一个螺杆和一个螺母组成。根据螺杆和螺母相对运动的组合，单螺旋机构有 4 种基本传动形式。其运动形式及特点见表 4.2。

表 4.2　单螺旋机构基本传动形式及特点

基本传动形式		示意图	特点和应用
1	螺母固定、螺杆传动并轴向移动	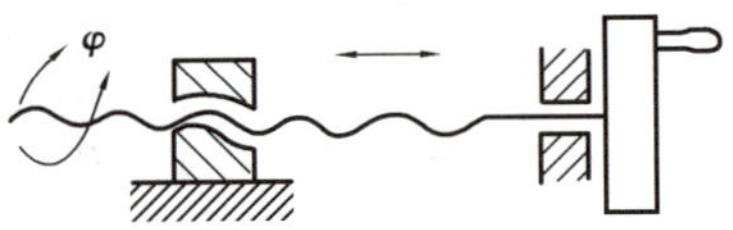	可获得较高的传动精度，适合于行程较小的场合，如千斤顶、压力机、台虎钳
2	螺母固定、螺杆转动并轴向移动	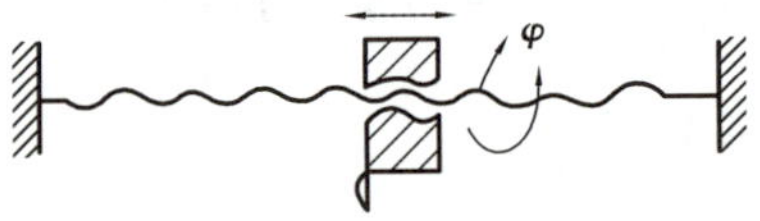	结构简单、紧凑，但精度较差，使用不便，应用较少
3	螺母转动、螺杆轴向移动	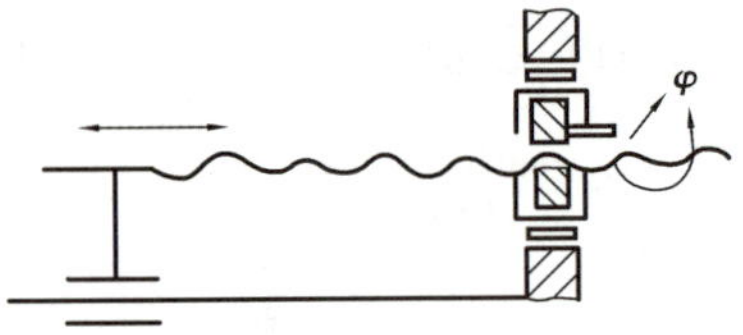	结构较复杂，用于仪器调节机构，如螺旋千分尺的微调机构
4	螺杆转动螺母轴向移动	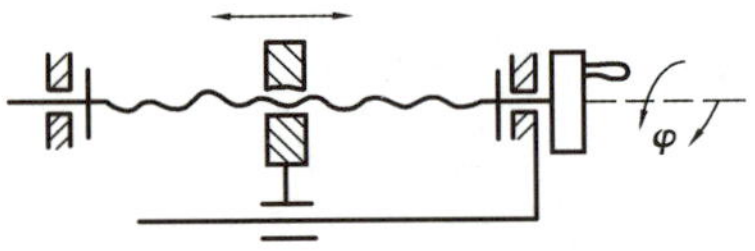	结构紧凑、刚性好，适用于行程较大的场合，如车床的丝杠进给机构

注：移动方向判定：左（右）手定则—四指握向代表转动方向，拇指指向代表移动方向。右旋螺纹用右手定则，左旋螺纹用左手定则。

由表 4.2 可知，不论是哪一种传动形式的单螺旋机构，其螺杆或螺母的移动方向均可由左（右）手定则判定。移动速度 v（单位：mm/s）的大小可计算为

$$v = \frac{nP_h}{60}$$

式中　n——主动件转速，r/min；

P_h——导程，mm。

2）双螺旋机构

在双螺旋机构中，一个具有两段不同螺纹的螺杆与两个螺母分别组成两个螺旋副。通常将两个螺母中的一个固定，移动（只能移动不能转动）另一个，并以螺杆为转动主动件。如图

4.23 所示，设螺杆 3 上螺母 1 与 2 两处螺纹的导程分别为 P_{h1}，P_{h2}。

根据两螺旋副的旋向组合，双螺旋机构可形成以下两种传动形式：

（1）差动螺旋机构

当两螺旋副中的螺纹旋向相同时，则形成差动螺旋机构。图 4.23 中，若两处螺纹均为右旋，且 $P_{h1} > P_{h2}$。当螺杆转动一周时，螺杆将右移 P_{h1}，同时带动螺母 2 右移 P_{h1}；但对移动螺母 2，螺杆的转动将使螺母 2 相对螺杆左移 P_{h2}，则螺母 2 的绝对位移为右移 $P_{h1} - P_{h2}$。因此，当螺杆转过 φ 角时，移动螺母相对机架的位移 s 为

$$s = \frac{(P_{h1} - P_{h2})\varphi}{2\pi} \tag{4.2}$$

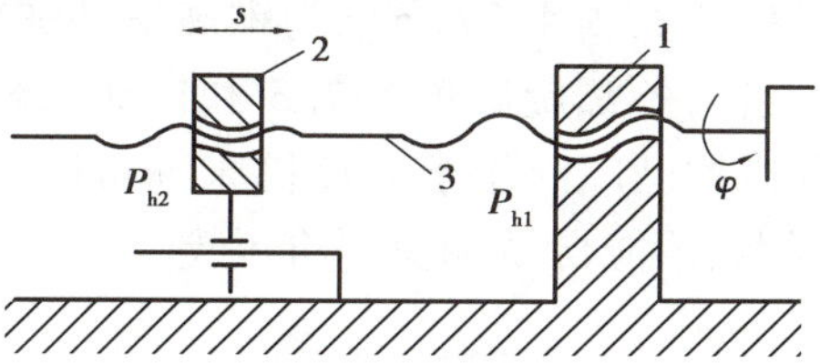

图 4.23　双螺旋机构

1,2—螺母；3—螺杆

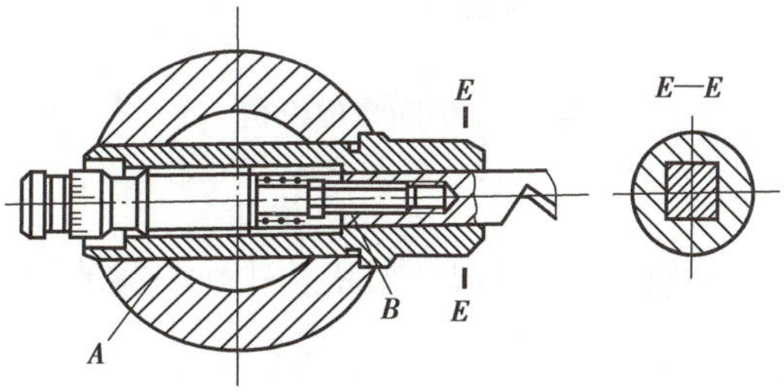

图 4.24　微调镗刀

由式(4.2)可知，当 P_{h1} 和 P_{h2} 相差很小时，位移 s 可很小。利用这一特性，可将差动螺旋机构应用于各种微动装置中，如测微器、分度机构、精密机械进给机构及精密加工刀具等。如图 4.24 所示为应用差动位移螺旋机构的微调镗刀。

（2）复式螺旋机构

当两螺旋副中的螺纹旋向相反时，则形成复式螺旋机构。同理可知，复式螺旋机构中，移动螺母相对机架的位移 s 为

$$s = \frac{(P_{h1} + P_{h2})\varphi}{2\pi}$$

复式螺旋机构中的螺母能产生很大的位移，可应用于需快速移动或调整的装置中，故称倍速机构。实际应用中，如要求两构件同步移动，只需使 $P_{h1} = P_{h2}$ 即可。如图 4.25 所示的电杆线张

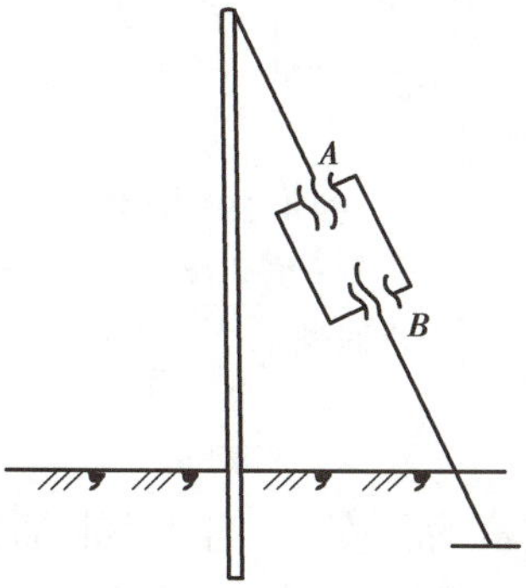

图 4.25　电杆线张紧器

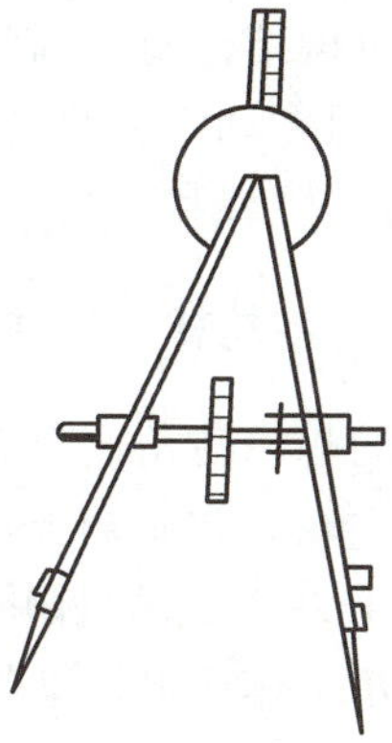

图 4.26　弹簧圆规

紧器就是倍速机构。张紧器与拉线上段由螺母 A 联接，下段由螺母 B 联接。显然，为能迅速拉紧及放松拉线，A，B 的旋向应相反。如图 4.26 所示弹簧圆规的开合机构也是倍速机构。

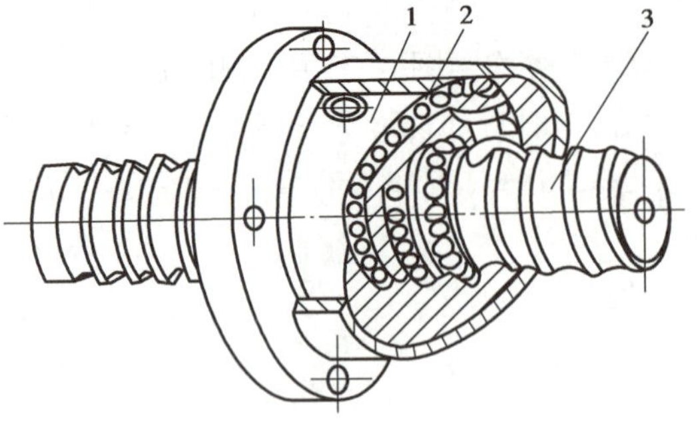

图 4.27　滚动螺旋机构

1—内螺旋滚道；2—钢球；3—外螺旋滚道

4.2.4　滚动螺旋机构

上述滑动螺旋机构，其螺杆与螺母螺旋面间的摩擦为滑动摩擦，故摩擦损耗大、磨损严重、传动效率低。为提高传动效率和传动精度，可在螺杆和螺母的螺旋面上制出弧形螺旋槽，在螺旋副之间形成滚道，并放入钢球，成为滚动摩擦式的螺旋机构，称为滚动螺旋机构。如图 4.27 所示为钢球滚动螺旋机构。由内外螺旋滚道 1 与 3 和钢球 2 组成。这种机构已广泛用于数控机床进给机构、汽车的转向机构及飞机起落架机构中。其缺点是结构复杂、不能自锁、抗冲击能力差。

4.3　棘轮机构

4.3.1　棘轮机构的组成及其特性

如图 4.28 所示为常见的外啮合轮齿式棘轮机构。它主要由棘轮 1、主动棘爪 2、止回棘爪 4 及机架 5 组成。当主动摆杆 3 逆时针摆动时，摆杆上铰接的主动棘爪 2 插入棘轮 1 的齿内，推动棘轮同向转动一定角度。当主动摆杆顺时针摆动时，止回棘爪 4 阻止棘轮反向转动，此时主动棘爪在棘轮的齿背上滑过，棘轮静止不动，从而实现将主动件的往复摆动转换为从动棘轮的间歇转动。为保证棘爪工作可靠，常利用弹簧 6 使止回棘爪紧压齿面。

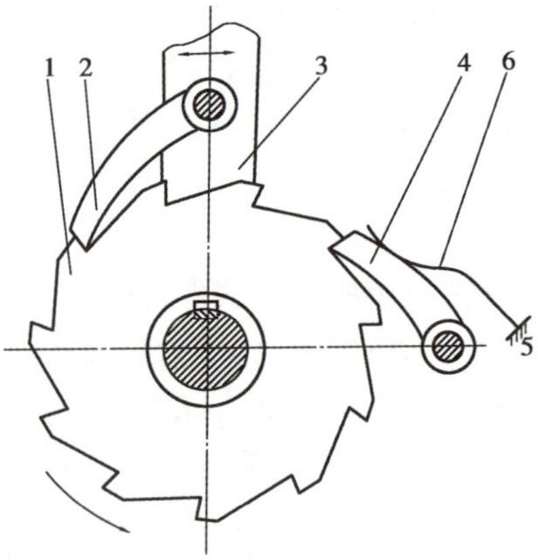

图 4.28　棘轮机

1—棘轮；2—主动棘爪；3—主动摆杆；
4—止回棘爪；5—机架；6—弹簧

棘轮机构结构简单，制造方便，运动可靠，且转角大小可调，但传动平稳性差，工作时有噪声。因此，它仅适于低速、轻载和转角不大的场合。

4.3.2　棘轮转角的调节方法

常用的棘轮转角调节方法有以下两种：

1）改变摇杆摆角的大小来调节棘轮的转角

如图 4.29 所示的棘轮机构是利用曲柄摇杆机构来带动棘爪 1 作往复摆动的。转动调节丝杠 2 即可改变曲柄的长度 r。当减小曲柄长度时，摇杆和棘爪 1 的摆角便会相应地减小，因而棘轮 3 的转角也会减小；反之，棘轮 3 的转角就会增大。

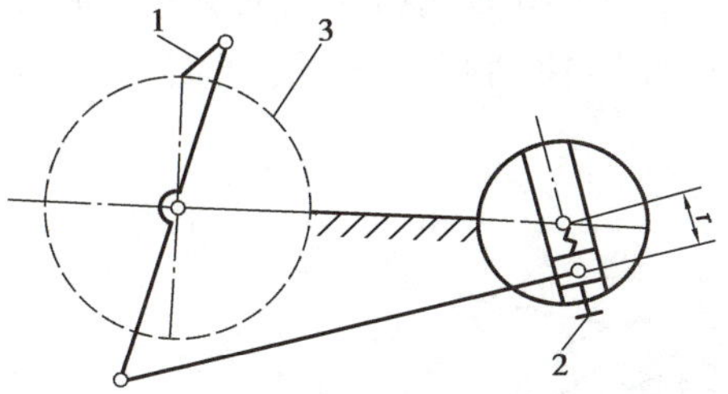

图 4.29　曲柄摇杆机构调节棘轮的转角

1—棘爪;2—调节丝杠;3—棘轮

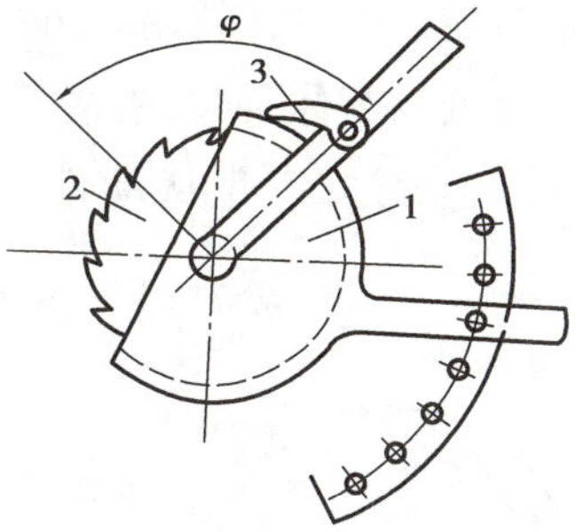

图 4.30　遮板调节棘轮的转角

1—遮板; 2—棘轮; 3—棘爪

2)利用遮板来调节棘轮的转角

如图 4.30 所示,在棘轮 2 的外面罩遮板 1(遮板不随棘轮一起运动)。变更遮板 1 的位置,可使棘爪 3 行程的一部分在遮板上滑过,不与棘轮 2 的轮齿接触,从而改变棘轮转角的大小。

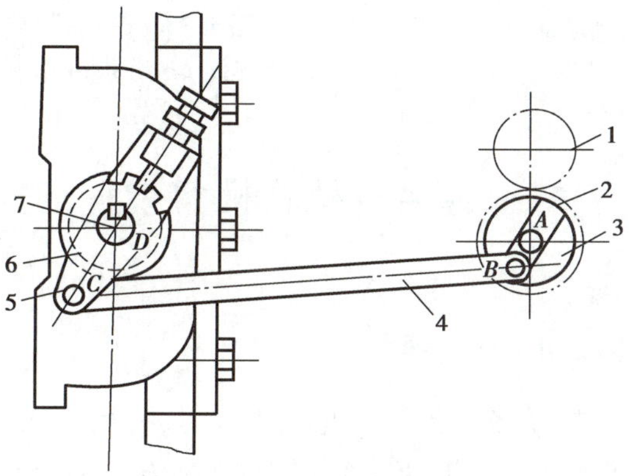

图 4.31　牛头刨床工作台送进机构

1,2—齿轮;3—主动曲柄;4—连杆;5—摇杆;6—棘轮;7—进给丝杠

4.3.3　棘轮机构的应用

1)间歇送进

如图 4.31 所示为牛头刨床工作台送进机构。主动曲柄 3 作等速转动,通过连杆 4 使摇杆 5 和棘爪作往复摆动,棘爪推动棘轮 6,使其与相固联的进给丝杠 7 作间歇转动,从而使工作台作横向间歇进给运动。

2)制动

如图 4.32 所示为启动设备中的棘轮制动器。正常工作时,卷筒逆时针转动,棘爪 2 在棘轮 1 齿背上滑过。当突然停电或原动机出现故障时,卷筒在重物 W 的作用下有顺时针转动的趋势。此时,棘爪 2 与棘轮 1 啮合,阻止卷筒逆转,起制动作用。

3)超越

如图 4.33 所示为自行车后轴上的棘轮机构。当脚蹬踏板时,经链轮 1 和链条 2 带动内圈具有棘齿的链轮 3 顺时针转动。再由棘爪 4 带动后轮轴 5 顺时针转动，从而驱使自行车前进。当自行车下坡或歇脚休息时，踏板不动，后轮轴 5 借助下滑力或惯性超越链轮 3 而转动。棘爪 4 在棘轮齿背上滑过，产生从动件转速超过主动件转速的超越运动，从而实现不蹬踏板的滑行。

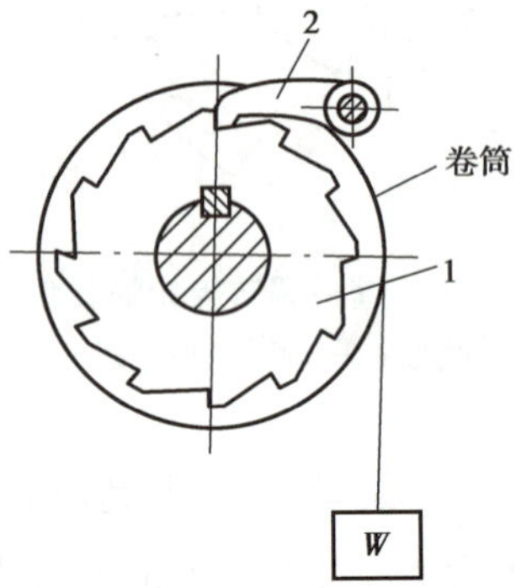

图 4.32　棘轮制动器

1—棘轮；2—棘爪

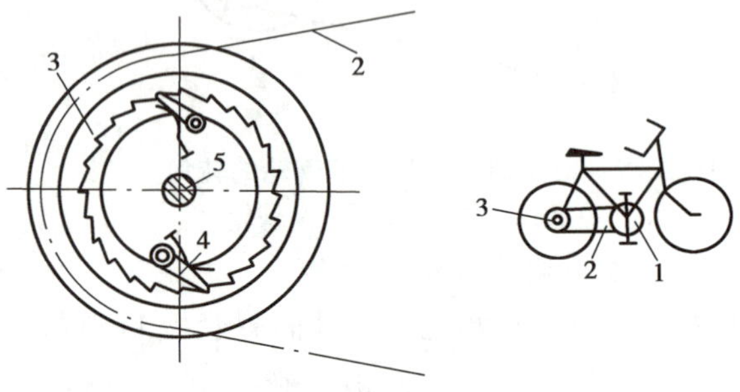

图 4.33　超越式棘轮机构

1,3—链轮；2—链条；4—棘爪；5—后轮轴

4.4　槽轮机构

4.4.1　槽轮机构的组成和工作原理

如图 4.34 所示，槽轮机构由带有圆销 *A* 的拨盘 1、具有径向槽的槽轮 2 及机架组成。按盘 1 为主动件，槽轮 2 为从动件。当主动拨盘 1 逆时针作等速连续转动，而圆销 *A* 未进入径向槽时，槽轮因其内凹的锁止弧 *efg* 被拨盘外凸的锁止弧 *abc* 锁住而静止；当圆销 *A* 开始进入径向槽时，*abc* 弧和 *efg* 弧脱开。槽轮 2 在同销 *A* 的驱动下顺时针转动，当圆销 *A* 开始脱离径向槽时（见图 4.34（b）），槽轮因另一锁止弧又被锁住而静止，从而实现从动槽轮的单向间歇转动。

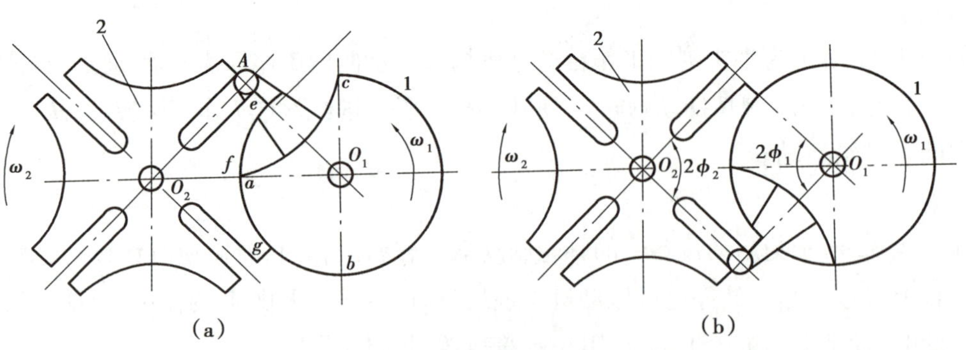

图 4.34　槽轮机构

1—拨盘；2—槽轮

4.4.2　槽数与圆销数对槽轮机构运动关系的影响

在如图 4.34 所示的外槽轮机构中，当主动拨盘 1 转一周时，从动槽轮 2 的运动时间 t_2 与主动拨盘 1 的运动时间 t_1 之比，称为该槽轮机构的运动因数，用 τ 表示，即

$$\tau = \frac{t_2}{t_1}$$

因主动拨盘 1 通常为等速转动，故上述时间的比值可用拨盘转角的比值表示。对如图 4.34所示的单圆销外槽轮机构，时间 t_2 与 t_1 所对应的转角分别为 $2\varphi_1$ 与 2π，故

$$\tau = \frac{t_2}{t_1} = \frac{2\varphi_1}{2\pi} \tag{4.3}$$

为了避免槽轮 2 在启动和停歇时产生刚性冲击，圆销 A 进入和退出径向槽时，径向槽的中心线应切于圆销中心的运动圆周。因此，由图 4.34(b)可知，对应于槽轮每转过 $2\varphi_2 = 2\pi/z$ 角度，主动拨盘的转角为

$$2\varphi_1 = \pi - 2\varphi_2 = \frac{\pi - 2\pi}{z} \tag{4.4}$$

将式(4.4)代入式(4.3)，可得槽轮机构的运动因数为

$$\tau = \frac{t_2}{t_1} = \frac{2\varphi_1}{2\pi} = \frac{\overline{\pi - 2\pi}}{\frac{z}{2\pi}} = \frac{z-2}{2z} = \frac{1}{2} - \frac{1}{z}$$

因运动因素 τ 应大于零，故由上式可知，外槽轮径向槽的数目 z 应大于或等于 3。从上式还可知，τ 总是小于 0.5，这说明在这种槽轮机构中，槽轮的运动时间总小于其静止时间。

若欲使 $\tau \geqslant 0.5$，即让槽轮的运动时间大于其停歇时间，可在拨盘上安装多个销。设均匀分布的圆销数为 K，且各圆销中心离拨盘中心 O_1 等距，则运动因素 τ 为

$$\tau = \frac{K(z-2)}{2z}$$

因 τ 应小于 1，故

$$K < \frac{2z}{z-2}$$

由上式可知，圆销数目 K 的选择与槽轮的槽数 z 有关。因 K 和 z 只能为整数，故当 $z=3$ 时，$K<6$，K 可取 1 ~5；当 $z=4$ 或 $z=5$ 时，K 可取 1 ~3；当 $z>6$ 时，K 可取 1 或 2。

4.4.3　槽轮机构的特点与应用

槽轮机构具有结构简单、制造容易、工作可靠等优点。但在工作时，有柔性冲击，且随着转速的增加及槽轮槽数 z 的减小而加剧。又槽轮的转角大小不能调节，故槽轮机构一般应用在转速较低且要求间歇转动的场合。如图 4.35 所示为槽轮机构在电影放映机中的应用，槽轮机构使电影胶片间歇地移动。

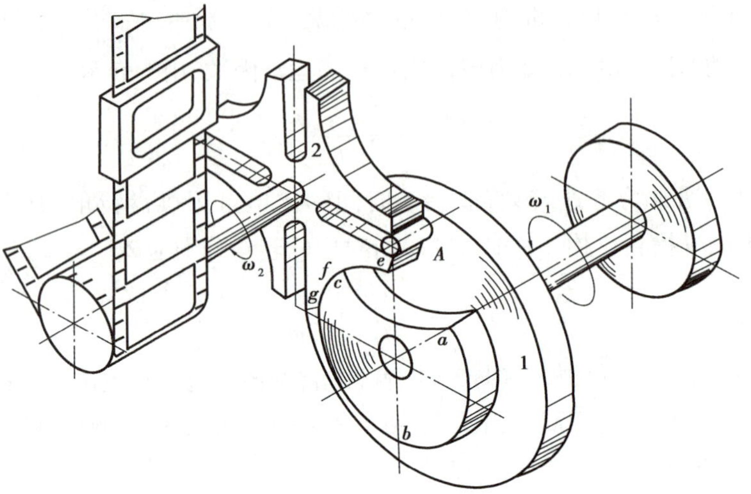

图 4.35 电影放映机槽轮机构

1—槽轮;2—拨盘

4.5 不完全齿轮机构

4.5.1 不完全齿轮机构的组成及工作原理

不完全齿轮机构是普通齿轮机构演变而成的间歇运动机构。它与普通齿轮机构的区别在于其轮齿没有布满整个圆周。在如图 4.36 所示的不完全齿轮机构中,当主动轮 1 作连续转动时,从动轮 2 作间歇运动。当从动轮 2 处于间歇位置时,从动轮上的锁止弧 S_2 与主动轮上的锁止弧 S_1 相互配合,以保证从动轮停歇在确定的位置上。

4.5.2 不完全齿轮机构的特点和应用

不完全齿轮机构与其他间歇运动机构相比,其结构简单、易于制造。同时,从动轮停歇的次数、每次停歇的时间以及每次转动的转角等参数的选择范围比棘轮机构和槽轮机构大,故较易于设计。但是,不完全齿轮机构从动轮转动的起始点和终止点角速度有突变,冲击较大,故一般仅适用于低速、轻载的工作条件。

不完全齿轮机构有外啮合和内啮合两种类型,如图 4.36、图 4.37 所示。它一般多用于外啮合。不完全齿轮机构常用于自动或半自动机床的间歇转位机构、计算机构及某些间歇进给机构等。在其他自动机械中,也有较广泛的应用。

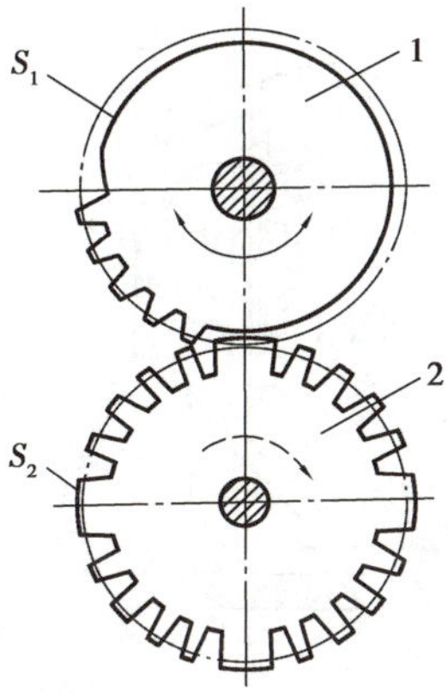

图4.36　外啮合不完全齿轮机构

1—主动轮;2—从动轮

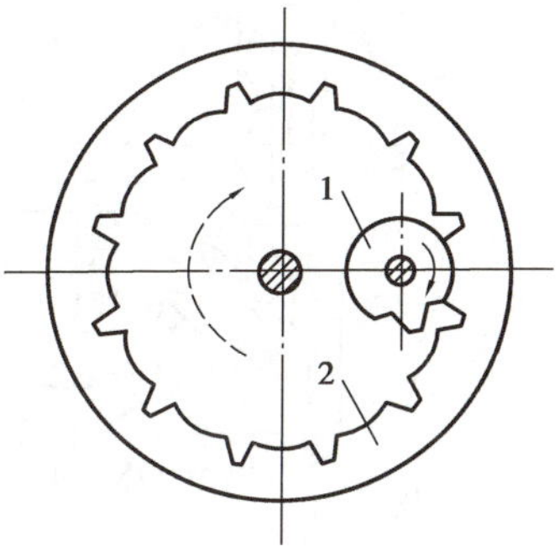

图4.37　内啮合不完全齿轮机构

1—主动轮;2—从动轮

4.6　广义机构

在广义机构中,由于利用了一些新的工作介质或工作原理。因此,它具有比传统机构更简便地实现运动或动力转换的特点,在自动化机械中正在得到日益广泛的应用。如图4.38所示为机械手臂伸缩液动机构。通过电液控制,从而使机械手臂完成预定的伸缩动作。

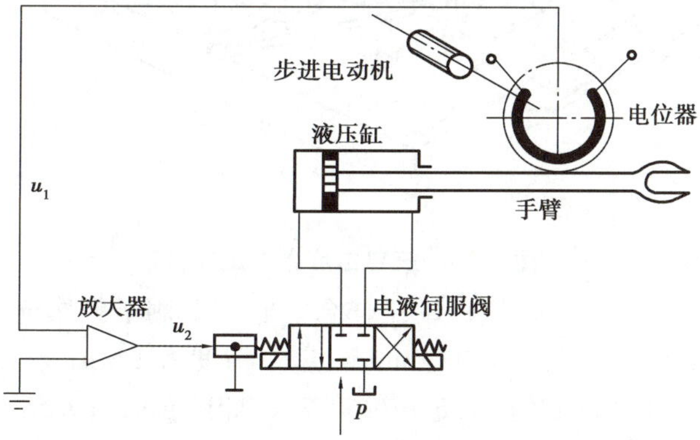

图4.38　机械手臂伸缩液动机构

控制机械手伸缩也可用电控气压缸完成,如图4.39所示,气缸里有两个用活塞杆联接的活塞2;活塞杆上有两个滚子3。星形凸轮4和轴a固定联接,星形凸轮4放在活塞杆的切口内,轴a装在壳体中,两者绕定轴A转动。在缸1的两端装有电磁阀5和6,阀的线圈接入控制电路。在没有激励时,两个阀使缸1的两个腔室和大气相通。假如激励左边的阀5的线圈,则阀5落下,使缸1的左腔室和压缩空气储气罐相通;在压缩空气压力下,活塞2向右移动。这时,左边的滚子3作用在凸轮4上,使凸轮4和轴a沿顺时针方向转动。转动持续到左边的滚子稳定在凸轮的两个突点之间时才停止。这时,右边的滚子稍低于凸轮的突点。当激励右边阀6的线圈时,阀使缸的右腔室和压缩储气罐相通,断开左边的阀的线圈,活塞向左移动。在右边滚子3的作用下,凸轮4和轴a沿逆时针方向转动。

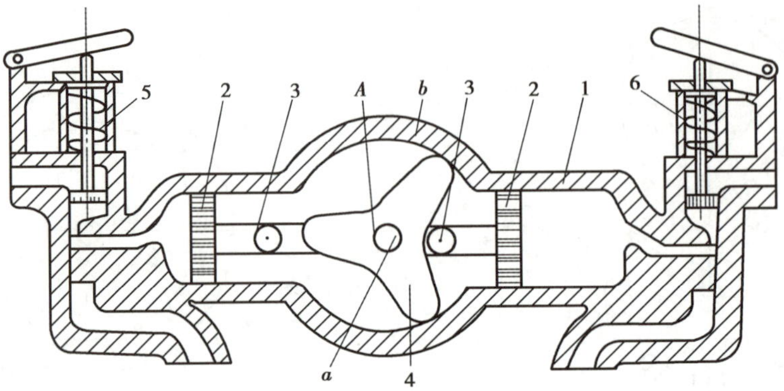

图 4.39　电控气压缸工作原理

1—缸;2—活塞;3—滚子;4—星形凸轮;5,6—电磁阀

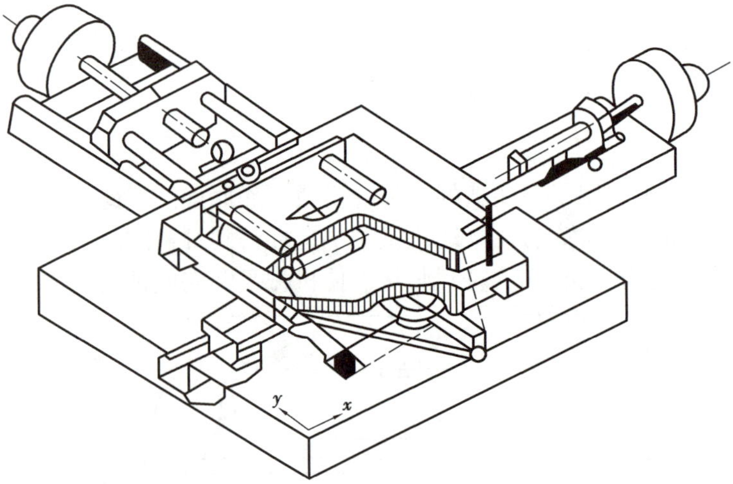

图 4.40　三自由度微动工作台

如图 4.40 所示为 x-y-O 三自由度微动工作台。它主要用于投影光刻机和电子束曝光机,粗动台行程 120 mm×120 mm,速度为 100 mm/s,定位精度为 ±5 μm。三自由度的微动工作台被固定在粗动台上,x,y 行程为 ±8 μm,定位精度为 ±0.05 μm,±0.55×10^{-3}rad。

微动工作台的原理如下:整个微动工作台面由 4 个两端带有柔性铰链的柔性杆支承,由 3 个筒状电压晶体驱动、压电器件安装在两端带有柔性铰链的支架上,支架分别固定在粗动台和微动台上,只要控制 3 个压电器件上的外加电压,便可获得Δx,$\Delta y=(\Delta y_1+\Delta y_2)/2$,$\Delta\theta=(\Delta y_1-\Delta y_2)/2$ 这 3 个微动自由度。

如图 4.41 所示为声音轮机构。当音叉 1 振动时,它轮流地接通电磁铁 2 和 3。当电磁铁 2 被激励时,它的两极把轮 4 的突出部 a 和 b 吸引过来,致使轮 4 绕 A 回转某一个角度;这时,突出部 c 和 d 接近电磁铁 3 的两极。如果现在接通电磁铁 3,则它的两个极吸引突出部 c 和 d,轮子又在相同的方向回转。

如图 4.42 所示为光电动机原理图。其受光面一般是太阳能电池,3 只太阳能电池组成三角形,与电动机的转子结合起来。太阳能电池提供电动机转动的能量,电动机一转动,太阳能电池也跟着旋转,动力就由电动机转轴输出。由于受光面是一个连续三角形。因此,当光的入射方向改变时，也不影响启动。这样，光电动机就将光能转变成了机械能。

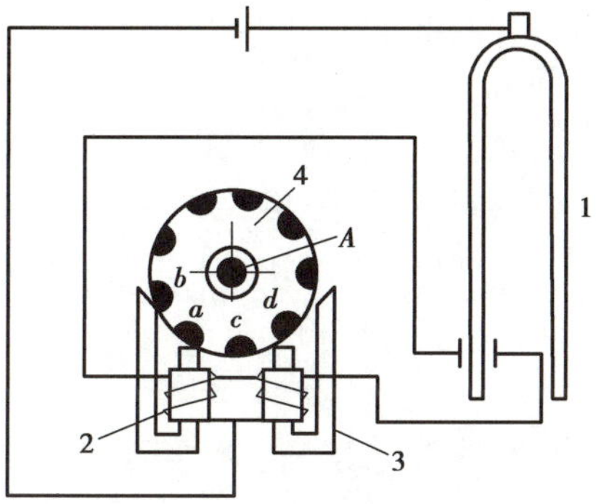

图 4.41　声音轮机构

1—音叉；2，3—电磁铁；4—轮

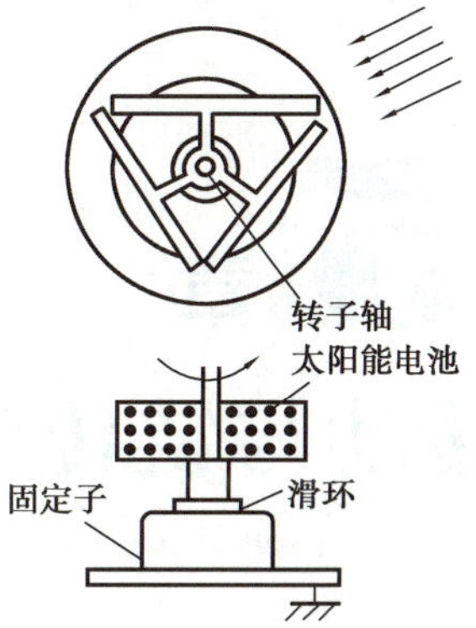

图 4.42　光电动机原理图

思考题与习题

4.1　常用的间歇运动机构有哪几种？它们从结构上分别是如何实现间歇运动的？

4.2　某一自动机上的棘轮机构，棘轮的最小转角为 18′，该棘轮最少齿数为多少？若棘轮的模数为 8 mm，试计算棘轮、棘爪的主要几何尺寸。

4.3　为什么槽轮机构的运动系数不能大于 17？为什么内槽轮机构中拨盘圆柱销数 K 只能为 1？

4.4　在外啮合槽轮机构中，决定槽轮每次转动角度的是什么参数？当主动拨盘转动一周时，决定从动槽轮运动次数的是什么参数？

4.5　某单圆销外槽轮机构的槽数 $z=6$，中心距 $d=80$ mm，圆销半径 $r=5$ mm。试计算该槽轮机构的主要几何尺寸。

第 5 章

带传动与链传动

5.1　带传动的工作原理、类型、特点及其应用

5.1.1　带传动的工作原理

带传动由主动轮 1、从动轮 2 和带 3 组成(见图 5.1),带是挠性的中间零件。因传动带紧套在带轮上,故带轮的接触面上产生正应力。当主动轮 1 转动时,依靠带与带轮接触面上所产生的摩擦力驱动从动轮 2 转动。

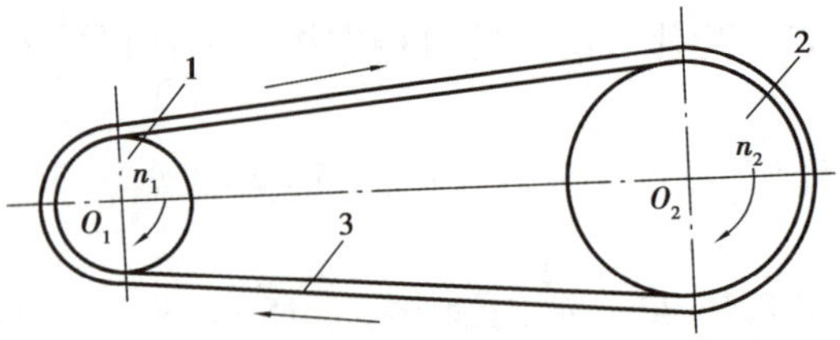

图 5.1　带传动

1—主动轮;2—从动轮　;3—带

5.1.2　带传动的主要类型

带传动的主要类型有:摩擦带传动,依靠带与轮面之间的摩擦力传动;啮合带传动,依靠带上的齿或孔与轮上的齿直接啮合传动。

1)摩擦带传动

按带的横截面形状,摩擦带分为以下 4 种:

(1)平带传动(见图 5.2(a))

平带的横截面为扁平矩形,其工作面为内表面。常用的平带为橡胶帆布带。

(2)V 带传动(见图 5.2(b))

V 带的横截面为梯形,其工作面为两侧面,V 带与平带相比。因正压力作用在楔形面上,当量摩擦系数大,能传递较大的功率,结构也紧凑,故应用最广。

(3)多楔带传动(见图 5.2(c))

多楔带是若干 V 带的组合,可避免多根 V 带长度不等、传力不均的缺点。

(4)圆带传动(见图 5.2(d))

圆带横截面是圆形,通常用皮革或棉绳制成。圆带传动适用于传递较小功率,如仪表、缝纫机等。

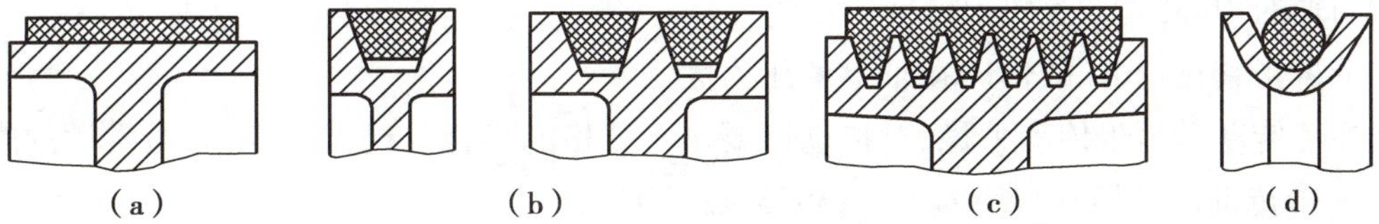

图 5.2　摩擦带的类型

2)啮合带传动

(1)同步带传动

工作时,带上的齿与轮上的齿相互啮合,以传递运动和动力(见图 5.3(a))。同步带传动可避免带与轮之间产生滑动,以保证两轮圆周速度同步。它常用于数控机床、纺织机械和收录机等需要速度同步的场合。

(2)齿孔带传动

工作时,带上的孔与轮上的齿相互啮合,以传递运动(见图 5.3(b))。这种传动同样可保证同步运动。例如,电影放映机、打字机采用的就是齿孔带传动,被输送的胶带和纸张就是齿孔带。

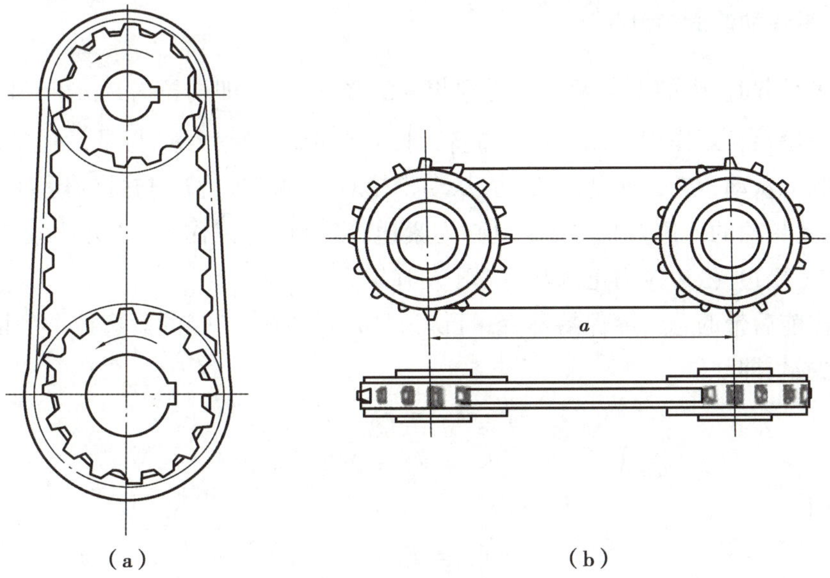

图 5.3　啮合带

5.1.3　带传动的特点与应用

1)带传动的特点

摩擦带传动是利用具有弹性的挠性带与带轮之间的摩擦来传递运动和动力的。它具有以下特点:

①能缓和冲击、吸收振动,故传动平稳、无噪声。

②过载时，带在轮上打滑，不至于损伤从动零件，能起到保护整机的作用。

③结构简单，制造成本低，维护也方便。

④带与轮之间存在的弹性滑动，使传动比不准确，降低传动效率。

⑤两轴的中心距大，整机尺寸大。

⑥带需张紧在轮上，故作用在轴上的压力大。

摩擦带传动适用于传动平稳、对传动比要求不严格的场合。机械工程中，最常用的摩擦带传动是V带传动。其标准号为GB/T 13575. 1—2008。

2）带传动的应用

摩擦带传动适用于传动平稳、传动比要求不是很严格及中心距较大的场合。

因啮合带传动中的同步带传动能保证准确的传动比，其适应的速度范围广，传动比大（$i \leqslant 12$），传动效率高（$\eta = 0.98 \sim 0.99$），传动结构紧凑，故广泛用于电子计算机、数控机床和纺织机械中。啮合带传动中的齿孔带传动，常用于放映机、打印机中，以保证同步运动。

5.2 带传动的受力分析和应力分析

5.2.1 带传动的受力分析

带传动未承载时，带的上下两边都受到相等的张紧力F_0，即初拉力，如图5.4(a)所示。

当主动带轮在转矩作用下以转速n_1旋转时，其对带的摩擦力F_f与带的运动方向一致，带又以摩擦力驱动从动带轮以转速n_2转动，从动带轮对带的摩擦力F_f与带的运动方向相反。因此，带进入主动带轮的一边被拉紧，该边称为紧边，紧边拉力记作F_1；离开主动带轮的一边被放松，该边称为松边，松边拉力记为F_2，如图5.4(b)所示。

假设工作前后带的总长度保持不变，且认为带是弹性体，则带的紧边拉力的增加量等于松边拉力的减少量，即

$$\left.\begin{aligned} F_1 - F_0 &= F_0 - F_2 \\ F_1 + F_2 &= 2F_0 \end{aligned}\right\} \tag{5.1}$$

有效圆周力

$$F_e = F_1 - F_2 \tag{5.2}$$

在初拉力一定的情况下，带与带轮之间的摩擦力是有极限的。当所要传递的圆周力超过该极限值时，带将在带轮上打滑。

以平带传动为例，带即将打滑时F_1与F_2之间的关系，可用柔韧体的欧拉公式表示，即

$$F_1 = e^{\mu_v \alpha} F_2 \tag{5.3}$$

式中　F_1, F_2——紧边和松边的拉力，N；

e——自然对数的底数；

μ——摩擦因数；

α——小带轮的包角，rad。

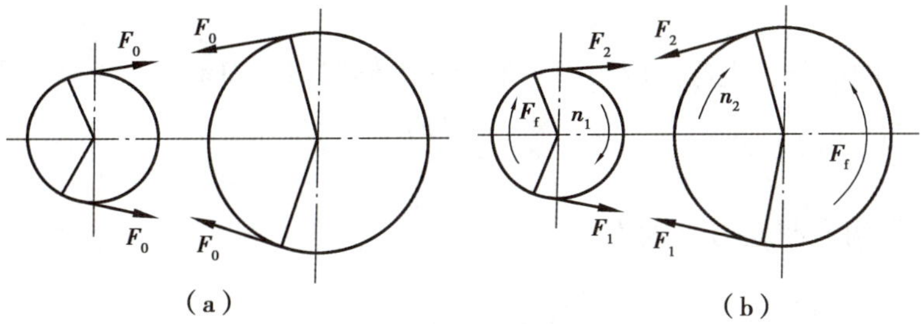

图 5.4　带传动的受力分析

在 V 带传动中，应以当量摩擦因数μ_v 代入式(5.3)，即

$$F_1 = F_2 e^{\mu_v \alpha} \tag{5.4}$$

联立解式(5.1)、式(5.2)和式(5.4)，可得

$$F_e = 2F_0 \frac{e^{\mu_v \alpha} - 1}{e^{\mu_v \alpha} + 1} = 2F_0 \left(1 - \frac{2}{e^{\mu_v \alpha} + 1}\right) \tag{5.5}$$

由式(5.5)可知，带传动的最大有效圆周力不仅与摩擦因数和包角有关，而且还与初拉力有关。摩擦因数、包角和初拉力越大，有效圆周力也越大。但是，初拉力过大会使带的摩擦加剧，降低带的寿命，而初拉力过小又会造成带的工作能力不足。因此，在带传动中，正确地选择和保持传动的初拉力是非常重要的。

5.2.2　带传动的应力分析

带传动时，带产生的应力如下：

1)两边拉力产生的拉应力

紧边拉应力

$$\sigma_1 = \frac{F_1}{A}$$

松边拉应力

$$\sigma_2 = \frac{F_2}{A}$$

式中　σ_1, σ_2——紧边拉应力和松边拉应力，MPa；

F_1, F_2——紧边拉力和松边拉力，N；

A——带的横截面积，mm^2。

2)离心力产生的拉应力

带在带轮上作圆周运动时，因离心力作用于全部带长，故它产生的离心应力为

$$\sigma_c = \frac{F}{A} = \frac{qv^2}{A}$$

式中　σ_c——离心力产生的拉应力，MPa；

q——每米带长的质量，kg/m；

v——带速,m/s。

3)弯曲应力

带绕在带轮上的部分产生弯曲应力。V带外层处的弯曲应力最大。由材料力学公式,可得

$$\sigma_{bb} = \frac{2EH_a}{d_d}$$

大小带轮上带的弯曲应力分别为

$$\sigma_{bb1} = \frac{2EH_a}{d_{d1}}$$

$$\sigma_{bb2} = \frac{2EH_a}{d_{d2}}$$

式中 σ_{bb1},σ_{bb2}——小带轮和大带轮上带的弯曲应力,MPa;

E——带的弹性模量,MPa;

H_a——带的最外层到节面的距离,mm;

d_{d1},d_{d2}——小带轮和大带轮基准直径, mm。

由上式可知,当H_a越大,d_d越小时,带的弯曲应力σ_{bb}就越大。如果带传动的两个带轮直径不同,则带绕上小带轮时弯曲应力较大。为了防止弯曲应力过大,对每种型号的V带都规定了相应的最小带轮基准直径$d_{d\,min}$,见表5.1。

表5.1 V带轮的最小直径 d_{d2}/mm

槽型	Y	Z	A	B	C	D	E
d_{min}	20	50	75	125	200	355	500

带工作时,传动带中各截面的应力分布如图5.5所示。最大应力发生在紧边绕上主动轮处。其值为

$$\sigma_{max} = \sigma_1 + \sigma_c + \sigma_{bb1} \tag{5.6}$$

式中 σ_{max}——带的最大应力,MPa;

σ_1——带的紧边拉应力,MPa;

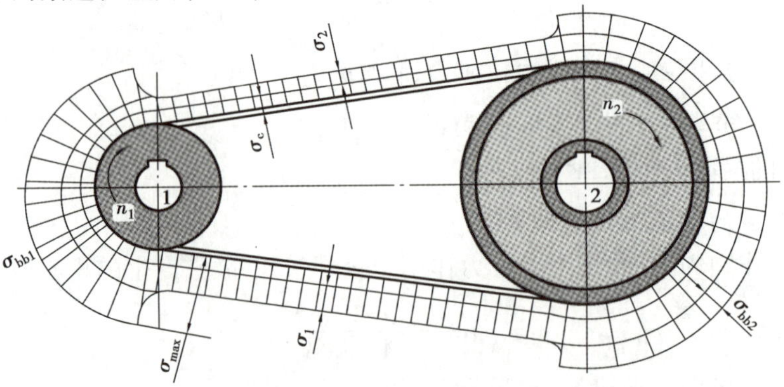

图5.5 带的应力分布图

σ_c——离心力产生的拉应力,MPa;

σ_{bb1}——小带轮上带的弯曲应力,MPa。

由于带是在变应力状态下工作的。因此,当应力循环次数达到一定值时,带状会发生疲劳破坏。

5.3　带传动的弹性滑动及其传动比

由于带是弹性体,受力后将会产生弹性变形,且紧边拉力F_1大于松边拉力F_2。因此,紧边的伸长率大于松边的伸长率。如图 5.6 所示,当主动带轮靠摩擦力使带一起运转时,带轮从A_1点转到B_1点。由于带缩短ΔL,原来应与带轮B_1重合的点滞后ΔL,只能运动到B_1点,故带的速度v略小于主动带轮的速度v_1。同理,当带使从动带轮运转时,由于带的拉力由F_2逐渐增大至F_1,带伸长ΔL(设带总长不变),带的B_2'点超越从动带轮的相应点B_2,即带的速度v略大于从动带轮的速度v_2。

这种因带两边拉力不相等致使两边弹性变形不同从而引起带与带轮间滑动的现象,称为带传动的弹性滑动。它是摩擦带传动中不可避免的现象。

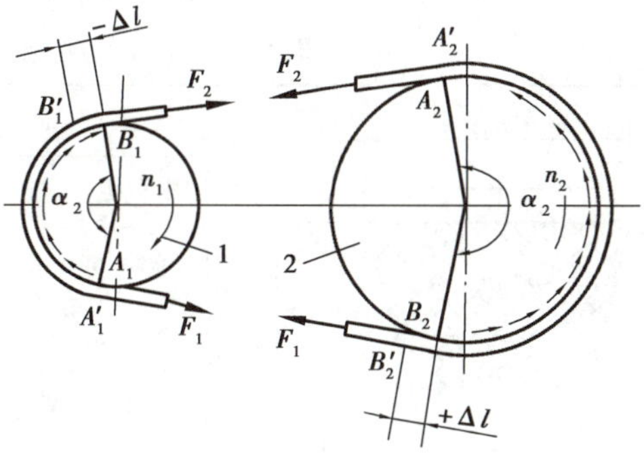

图 5.6　带传动的弹性滑动

由弹性滑动引起的从动轮圆周速度的降低率,称为带传动的滑动因数,用ε表示,即

$$\varepsilon = \frac{v_1 - v_2}{v_1} = \frac{d_{d1} - d_{d2}\, n_2}{d_{d1}\, n_1} = 1 - \frac{d_{d2}\, n_2}{d_{d1}\, n_1} \tag{5.7}$$

从动轮转速的计算式为

$$n_2 = \frac{n_1 d_{d1}}{d_{d2}}(1 - \varepsilon) \tag{5.8}$$

式中　v_1, v_2——主动带轮和从动带轮的速度,mm/s;

d_{d1}, d_{d2}——主动带轮和从动带轮的基准直径,mm;

n_1, n_2——主动带轮相从动带轮的转速,r/min。

通常带传动的滑动因数$\varepsilon = 0.01 \sim 0.02$。因$\varepsilon$值较小,故非精确计算时可忽略不计。

5.4　V 带的结构、标准及带轮的结构和材料

5.4.1　V 带的构造及其截面尺寸

如图 5.7 所示为 V 带的构造。它由抗拉体 1、顶胶 2、底胶 3 及包布层 4 构成。抗拉体是

承受载荷的主体，由帘布或线绳组成；抗拉体的材料为化学纤维织物；顶胶和底胶分别承受带在运行时的拉伸和压缩；包布层材料为橡胶帆布。

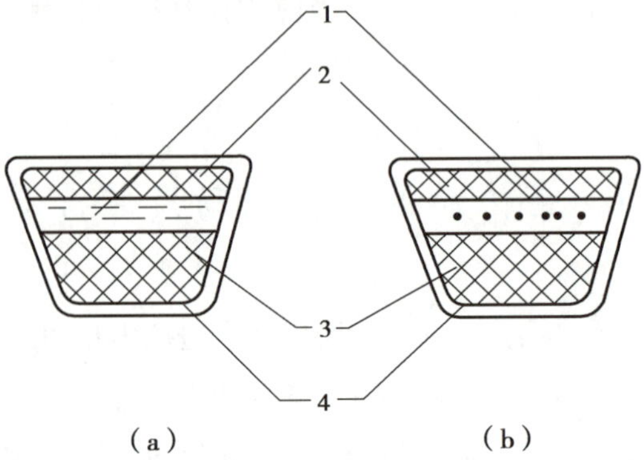

图 5.7　V 带的构造

1—抗拉体；2—顶胶；3—底胶；4 一包布层

V 带截面尺寸已标准化，按截面大小分为 Y，Z，A，B，C，D，E 等，见表 5.2。V 带楔角 $\theta=40°$，相对高度 $h/b_p \approx 0.7$。在相同的条件下，截面尺寸越大，传递的功率也越大。

表 5.2　普通 V 带截面尺寸（摘自 GB/T 11544—2012）

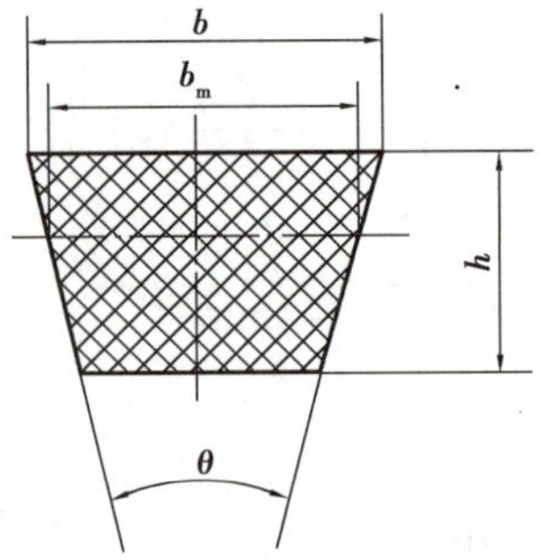	型号	Y	Z	A	B	C	D	E
	节宽 b_m/mm	5.3	8.5	11	14	19	27	32
	顶宽 b/mm	6	10	13	17	22	32	38
	高宽 h/mm	4	6	8	11	14	19	25
	单位长度质量 q /(kg · m^{-1})	0.04	0.06	0.1	0.17	0.3	0.62	0.90

V 带运行时不伸长、不缩短的圆周，称为节线。全部节线组成带的节面，带的节面宽度称为节宽，用 b_p 表示（见表 5.2 中的插图）。V 带装在 V 带轮上，与节宽相对应的带轮直径称为基准直径，用 d_d 表示。基准直径系列见表 5.3。

V 带在规定的张紧力下，带与带轮基准直径上的周线长度称为基准长度，用 L_d 表示。V 带的基准长度已标准化，见表 5.3 。

表 5.3　普通 V 带带轮的最小基准直径（摘自 GB/T 13575.1—2008）

型号	Y	Z	A	B	C	D	E
$d_{d\ min}$	20	50	75	125	200	355	500
d_d 的范围	20 ~ 125	50 ~ 630	75 ~ 800	125 ~ 1 125	200 ~ 2 000	355 ~ 2 000	500 ~ 2 500
d_d 的标准值系列	20　22.4　25　28　31.5　35.5　40　45　50　56　63　67　71　75　80　85　90　95　100　106　112　118　125　132　140　150　160　170　180　200　212　224　236　250　265　280　300　315　355　375　400　425						

表 5.4　普通 V 带基准长度 L_d 及长度系数 K_L（摘自 GB/T 13575.1—2008）

L_d/mm	K_L				L_d/mm	K_L					
	Z	A	B	C		Z	A	B	C	D	E
400	0.87				2 000		1.03	0.98	0.88		
450	0.89				2 240		1.06	1.00	0.91		
500	0.91				2 500		1.09	1.03	0.93		
560	0.94				2 800		1.11	1.05	0.95	0.83	
630	0.96	0.81			3 450		1.13	1.07	0.97	0.86	
710	0.99	0.83			3 550		1.17	1.09	0.99	0.89	
800	1.00	0.85			4 000		1.19	1.13	1.02	0.91	
900	1.03	0.87	0.82		4 500			1.15	1.04	0.93	0.90
1 000	1.06	0.89	0.84		5 000			1.18	1.07	0.96	0.92
1 120	1.08	0.91	0.86		5 600				1.09	0.98	0.95
1 250	1.11	0.93	0.88		6 300				1.12	1.00	0.97
1 400	1.14	0.96	0.90		7 100				1.15	1.03	1.00
1 600	1.16	0.99	0.92	0.83	8 000				1.18	1.06	1.02
1 800	1.18	1.01	0.95	0.86	9 000				1.21	1.08	1.05

5.4.2　带轮槽结构及其截面尺寸

V 带轮轮槽结构形状及其截面尺寸见表 5.5。带轮槽角 φ 随基准直径 d_d 变化，以适应带在弯曲时楔角 θ 的变化。

表 5.5　普通 V 带带轮轮槽尺寸（摘自 GB/T 13575.1—2008）/mm

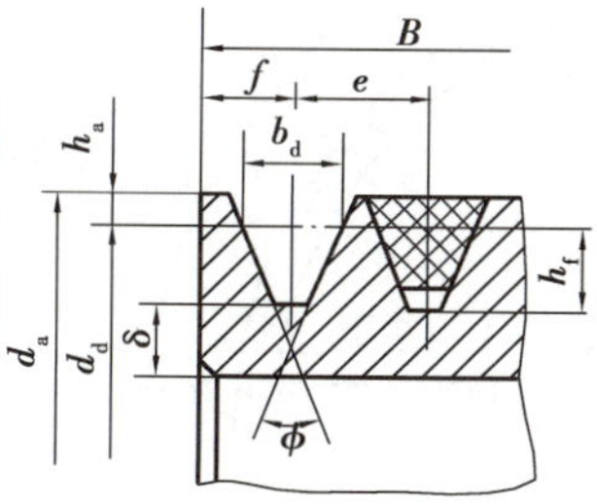

槽形截面尺寸			型号					
			Z	A	B	C	D	E
槽根高 $h_{f\,min}$			7.0	8.7	10.8	14.3	19.9	23.4
槽顶高 $h_{a\,min}$			2.0	2.75	3.5	4.8	8.1	9.6
槽间距 e			12	15	19	25.5	37	44.5
槽边宽 f_{min}			7	9	11.5	16	23	28
基准宽度 b_d			8.5	11	14	19	27	32
轮缘宽度 δ			5.5	6	7.5	10	12	15
轮宽 B			$B=(z-1)e+2f$					
外径 d_a			$d_a=d_d+2h_a$					
角 φ	34°	基准直径 d_d	≤80	≤118	≤190	≤315		
	36°						≤475	≤600
	38°		>80	>118	>190	>315	>475	>600

5.4.3 带轮的结构和尺寸

带轮由轮缘、轮毂和轮辐 3 部分组成(见图 5.8)。

1)轮缘

带轮的外缘部分。其结构和尺寸见表 5.5。

2)轮毂

带轮与轴相配合的部分。通常带轮与轴用键联接,轮毂上开有键槽,孔的尺寸 d_s 按轴的强度和刚度要求确定。

3)轮辐

轮缘与轮毂相连的部分。轮辐的结构形式随带轮的基准直径而异,直径小的制作成实心式(见图 5.8(a)),中等的制作成腹板式(见图 5.8(b)),大的制作成辐条式(见图 5.8(c))。

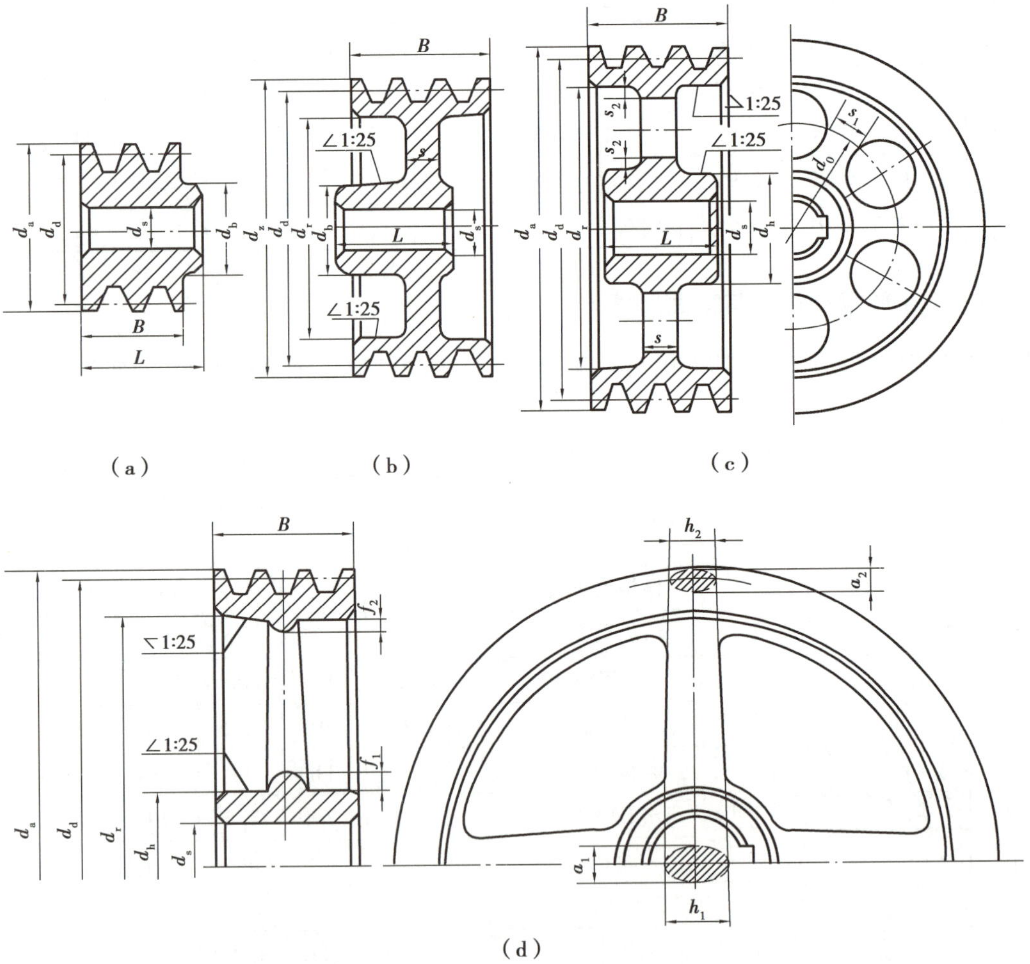

图 5.8 带轮的结构

带轮的结构尺寸以带轮主要尺寸 d_d,B 和轴的主要尺寸 d_s 为基础,按图 5.8 中的经验公式计算。其中,辐条数 z_a 随基准直径 d_d 的不同取不同的数值。一般 $d_d \approx 500$ mm,$z_a=4$;$d_d=$

500 ~ 1 600 mm, $z_a = 6$; $d_d = 1\ 000 \sim 3\ 000$ mm, $z_a = 8$。

带轮的圆周速度在 25 m/s 以下时，常采用铸铁 HT150, HT200 制造；速度高的可采用铸钢或钢板焊接而成；小功率的带轮可用铸铝或塑料制造。对尺寸不大、强度要求高的带轮，也可采用锻造方法制造。

5.5　普通 V 带传动的失效形式与计算准则

5.5.1　带传动的失效形式

带传动的失效形式主要有以下两种：

1) 打滑

由于过载，带在带轮上打滑而不能正常传动。

2) 带的疲劳破坏

带在变应力状态下工作，当应力循环次数达到一定值时，带将发生疲劳破坏，如脱层、撕裂和拉断。

5.5.2　带传动的主要失效形式与设计准则

由带的工作情况分析可知，带传动的主要失效形式有两种，即过载打滑和疲劳破坏。因此，带的设计准则是：

①保证带与带轮之间不打滑。

②带具有一定的疲劳强度和使用寿命，不发生疲劳破坏。

根据带传动不打滑的条件，带在有打滑趋势时的有效圆周力为

$$F_{emax} = F_1\left(1 - \frac{1}{e^{\mu_v a}}\right) = \sigma_1 A\left(1 - \frac{1}{e^{\mu_v a}}\right) \tag{5.9}$$

带的疲劳强度为

$$\sigma_{max} = \sigma_1 + \sigma_c + \sigma_{bb1} \leqslant [\sigma] \tag{5.10}$$

式中　$[\sigma]$——一定条件下，由带的疲劳强度决定许用应力，MPa。

带传动所能传递的功率 P（单位：kW）为

$$P = \frac{Fv}{1\ 000} \tag{5.11}$$

式中　F——最大有效圆周力（即 F_{emax}），N；

v——带速，m/s，$v = \pi d_{d1} n_1 / (60 \times 1\ 000)$。

在载荷平稳、传动比 $i = 1$ 和特定的带长、抗拉体材质为化纤的条件下，求得各种型号单根 V 带所能传递的基本额定功率 P_1，将其绘制成图，如图 5.9 所示。

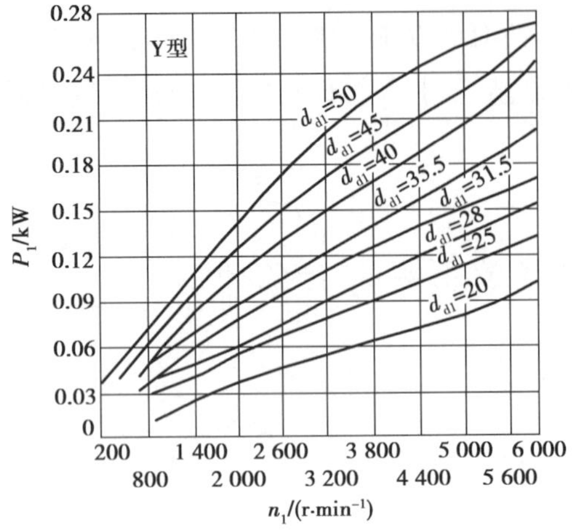
Y型
P_1/kW
n_1/(r·min^{-1})
d_{d1}=50
d_{d1}=45
d_{d1}=40
d_{d1}=35.5
d_{d1}=31.5
d_{d1}=28
d_{d1}=25
d_{d1}=20
0.28
0.24
0.21
0.18
0.15
0.12
0.09
0.06
0.03
0
200
800
1 400
2 000
2 600
3 200
3 800
4 400
5 000
5 600
6 000

(a)

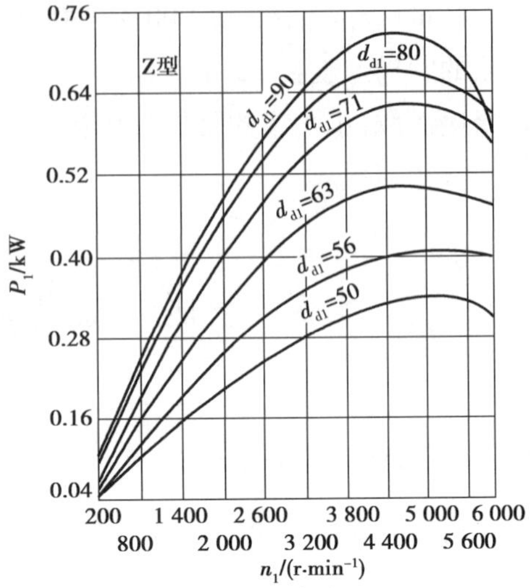
Z型
P_1/kW
n_1/(r·min^{-1})
d_{d1}=90
d_{d1}=80
d_{d1}=71
d_{d1}=63
d_{d1}=56
d_{d1}=50
0.76
0.64
0.52
0.40
0.28
0.16
0.04
200
800
1 400
2 000
2 600
3 200
3 800
4 400
5 000
5 600
6 000

(b)

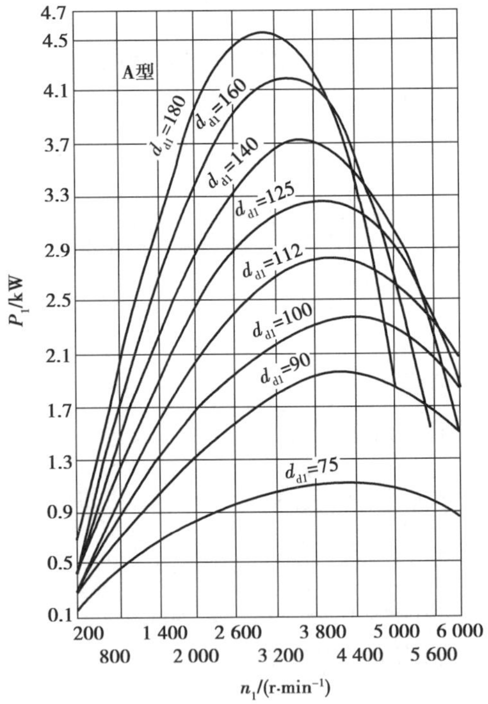
A型
P_1/kW
n_1/(r·min^{-1})
d_{d1}=180
d_{d1}=160
d_{d1}=140
d_{d1}=125
d_{d1}=112
d_{d1}=100
d_{d1}=90
d_{d1}=75
4.7
4.5
4.1
3.7
3.3
2.9
2.5
2.1
1.7
1.3
0.9
0.5
0.1
200
800
1 400
2 000
2 600
3 200
3 800
4 400
5 000
5 600
6 000

(c)

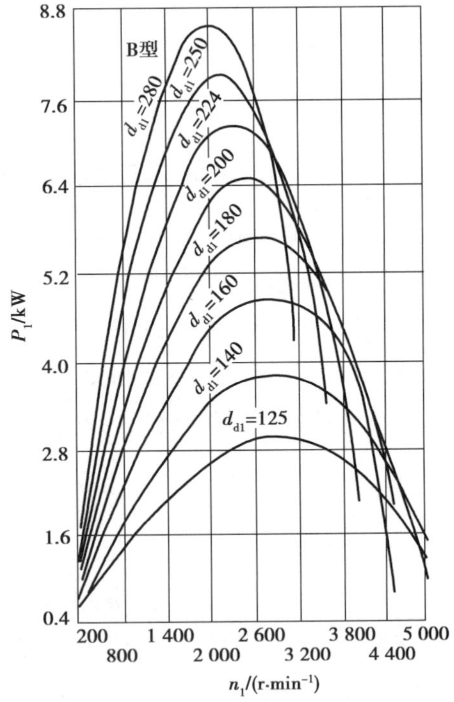
B型
P_1/kW
n_1/(r·min^{-1})
d_{d1}=280
d_{d1}=250
d_{d1}=224
d_{d1}=200
d_{d1}=180
d_{d1}=160
d_{d1}=140
d_{d1}=125
8.8
7.6
6.4
5.2
4.0
2.8
1.6
0.4
200
800
1 400
2 000
2 600
3 200
3 800
4 400
5 000

(d)

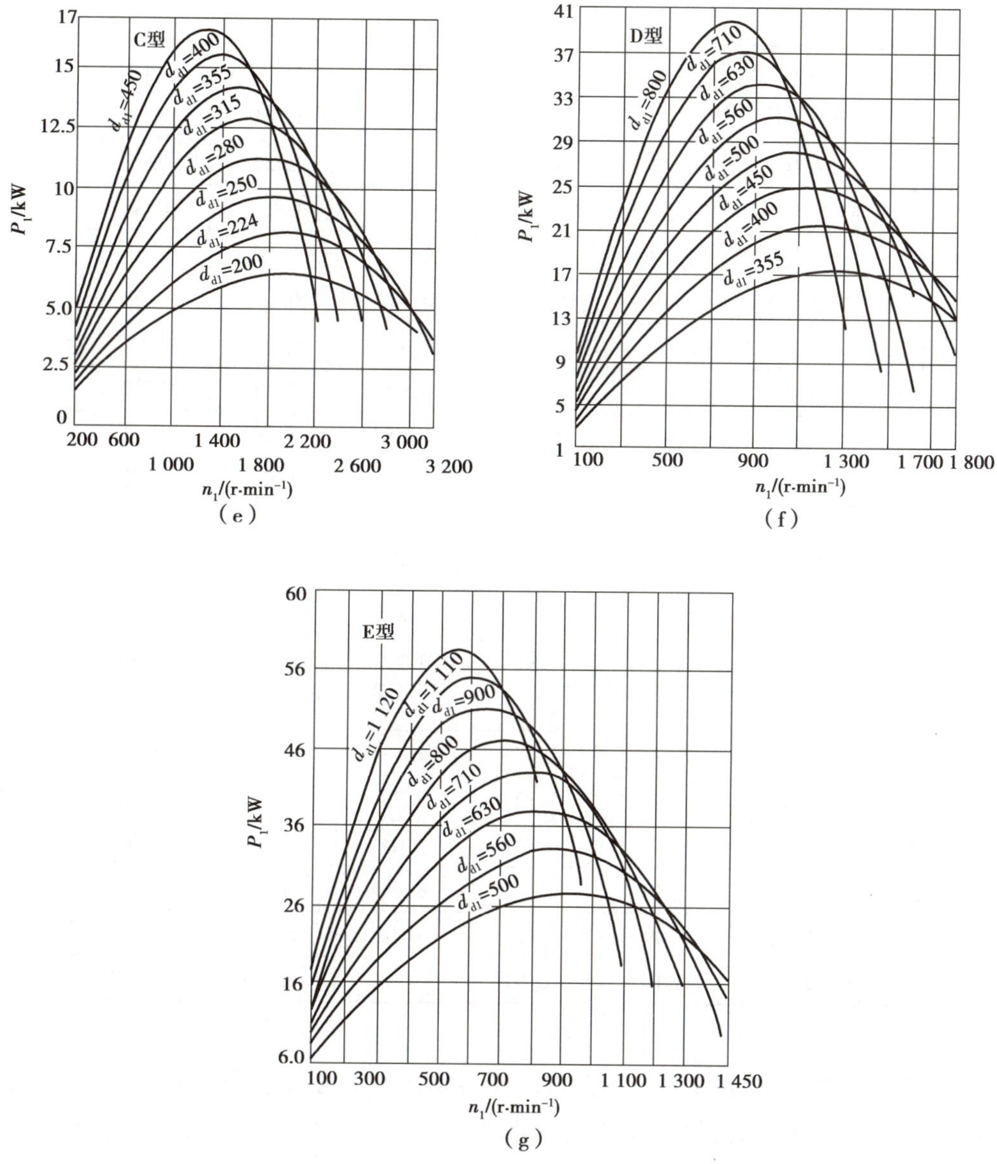

图 5.9　普通 V 带的额定功率

5.5.3　单根 V 带的额定功率

根据带传动不打滑和带的疲劳强度条件制订的单根普通 V 带额定功率P_1 表(见表 5.6)，是普通 V 带传动计算的依据。

表 5.6　单根普通 V 带的基本额定功率 P_1(摘自 GB/T 13575.1—2008)/kW

带型	d_{d1}/mm	小带轮转速 n_1/(r·min^{-1})						
		400	700	800	960	1 200	1 450	2 800
Z	50	0.06	0.09	0.10	0.12	0.14	0.16	0.26
	63	0.08	0.13	0.15	0.18	0.22	0.25	0.41
	71	0.09	0.17	0.20	0.23	0.27	0.31	0.50
	80	0.14	0.20	0.22	0.26	0.30	0.35	0.56
A	75	0.26	0.40	0.45	0.51	0.60	0.68	1.00
	90	0.39	0.61	0.68	0.79	0.93	1.07	1.64
	100	0.47	0.74	0.83	0.95	1.14	1.32	2.05
	112	0.56	0.90	1.00	1.15	0.39	1.61	2.51
	125	0.67	1.07	1.19	1.37	1.66	1.92	2.98
B	125	0.84	1.30	1.44	1.64	1.93	2.19	2.96
	140	1.05	1.64	1.82	2.08	2.47	2.82	3.85
	160	1.32	2.09	2.32	2.66	3.17	3.62	4.89
	180	1.59	2.53	2.81	3.22	3.85	4.39	5.76
	200	1.85	2.96	3.30	3.77	4.50	5.13	6.43
C	200	2.41	3.69	4.07	4.58	5.29	5.84	5.01
	224	2.99	4.64	5.12	5.78	6.71	7.45	6.08
	250	3.62	5.64	6.23	7.04	8.21	9.04	6.56
	280	4.32	6.76	7.52	8.49	9.81	10.72	6.13
	315	5.14	8.09	8.92	10.05	11.53	12.46	4.16
	400	7.06	11.02	12.10	13.48	15.04	15.53	—

制订该表的条件是:载荷平稳;特定长度;图传动比为 1;小轮包角为 180°。当实际使用条件与制表的特定条件不同时,须加以修正,从而得出许用的单根普通 V 带的额定功率为

$$[P_1] = (P_1 + \Delta P_1)K_\alpha K_L \tag{5.12}$$

式中　P_1——额定功率,kW,按带的型号、小轮的转速 n_1 和基准直径 d_{d1} 查表 5.6 确定;

ΔP_1——单根 V 带当 $i>1$ 时所能传递功率的增量,kW,当实际传动比 $i>1$ 时,由于带终经大轮时的弯曲应力小于带绕经小轮时的弯曲应力,可使带轮的疲劳强度有所提高,即传递的功率将增大,ΔP_1 按带的型号、小轮的转速 n_1 和传动比 i,查表 5.7 确定;

k_0——包角系数,按实际包角查表 5.8 确定;

k_1——带的长度系数,按实际基准长度查表 5.4 确定。

表 5.7　单根普通 V 带的基本额定功率的增量 ΔP_1（摘自 GB/T 13575.1—2008）/kW

带型	d_{d1}/mm	传动比 i						
		1.09～1.12	1.13～1.18	1.19～1.24	1.25～1.34	1.35～1.50	1.51～1.99	≥2.0
Z	400	0.00	0.00	0.00	0.00	0.00	0.01	0.01
	700	0.00	0.00	0.00	0.01	0.01	0.01	0.02
	800	0.00	0.01	0.01	0.01	0.01	0.02	0.02
	960	0.01	0.01	0.01	0.01	0.02	0.02	0.02
	1 200	0.01	0.01	0.01	0.02	0.02	0.02	0.03
	1 450	0.01	0.01	0.02	0.02	0.02	0.02	0.03
	2 800	0.02	0.03	0.03	0.03	0.04	0.04	0.04
A	400	0.02	0.02	0.03	0.03	0.03	0.04	0.05
	700	0.03	0.04	0.05	0.06	0.07	0.08	0.09
	800	0.03	0.04	0.05	0.06	0.08	0.09	0.10
	960	0.04	0.05	0.06	0.07	0.08	0.10	0.11
	1 200	0.05	0.05	0.08	0.10	0.10	0.13	0.15
	1 450	0.06	0.08	0.09	0.11	0.13	0.15	0.17
	2 800	0.11	0.15	0.19	0.23	0.26	0.30	0.34
B	400	0.04	0.06	0.07	0.08	0.10	0.11	0.13
	700	0.07	0.10	0.12	0.15	0.17	0.20	0.22
	800	0.08	0.11	0.14	0.17	0.20	0.23	0.25
	960	0.10	0.13	0.17	0.20	0.23	0.26	0.30
	1 200	0.13	0.17	0.21	0.25	0.30	0.34	0.38
	1 450	0.15	0.20	0.25	0.31	0.36	0.40	0.46
	2 800	0.29	0.39	0.49	0.59	0.69	0.79	0.89
C	400	0.12	0.16	0.20	0.23	0.27	0.31	0.35
	700	0.21	0.27	0.34	0.41	0.48	0.55	0.62
	800	0.23	0.31	0.39	0.47	0.55	0.63	0.71
	960	0.27	0.37	0.47	0.56	0.65	0.74	0.83
	1 200	0.35	0.47	0.59	0.70	0.82	0.94	1.06
	1 450	0.42	0.58	0.71	0.85	0.99	1.14	1.27

表 5.8　包角系数 k_α（摘自 GB/T 13575.1—2008）

小轮包角 α_1 /(°)	180	175	170	165	160	155	150	145	140	135	130	125	120
k_α	1	0.99	0.98	0.96	0.95	0.93	0.92	0.91	0.89	0.88	0.86	0.84	0.82

5.5.4　V 带传动的设计步骤和参数选择

设计带传动时，已知条件通常是传动用途、载荷性质、需传递的功率、小带轮的转速、传动比及对外廓尺寸的要求等。

设计带传动的任务是：选择合理的传动参数，V 带的型号、长度和根数，以及 V 带轮的基准直径和 V 带传动的中心距；计算 V 带的初拉力和作用在轴上的压力；确定 V 带轮的结构尺寸，并绘制带轮的零件图。

带传动设计的计算方法及步骤如下：

1）确定计算功率 P_c，选择 V 带型号

考虑载荷的性质、原动机的不同和每天工作时间的长短等因素，设计计算的计算功率 P_c 比所需传递的功率 P 略大些，即

$$P_c = K_A P \tag{5.13}$$

式中　K_A——工作情况因数，查表 5.9 确定。

表 5.9　工作情况因数 K_A（摘自 GB/T 13575.1—2008）

载荷性质	工作机	原动机					
		空载、轻载启动			重载启动		
		每天工作小时数/h					
		<10	10～16	>16	<10	10～16	>16
载荷变化微小	液体搅拌机、通风机、鼓风机（≤7.5 kW）、离心式水泵和压缩机、轻型运输机	1.0	1.1	1.2	1.1	1.2	1.3
载荷变化小	带式输送机（不均匀负荷）、通风机（>7.5 kW）、旋转式水泵和压缩机（非离心式）、发电机、金属切削机床、旋转筛、锯木机和木工机械	1.1	1.2	1.3	1.2	1.3	1.4

续表

载荷性质	工作机	原动机					
		空载、轻载启动			重载启动		
		每天工作小时数/h					
		<10	10~16	>16	<10	10~16	>16
载荷变化较大	制砖机、斗式提升机、往复式水泵和压缩机、起重机、磨粉机、冲剪机床、橡胶机械、振动筛、纺织机械、重载输送机	1.2	1.3	1.4	1.4	1.5	1.6
载荷变化很大	破碎机(旋转式、颚式等)、磨碎机(球磨、棒磨、管磨)	1.3	1.4	1.5	1.5	1.6	1.8

按计算功率P_c和小轮转速n_1由图 5.10 选带的型号，如所选的型号介于两种型号之间，则按两种型号分别计算，再根据有关条件择优选用。

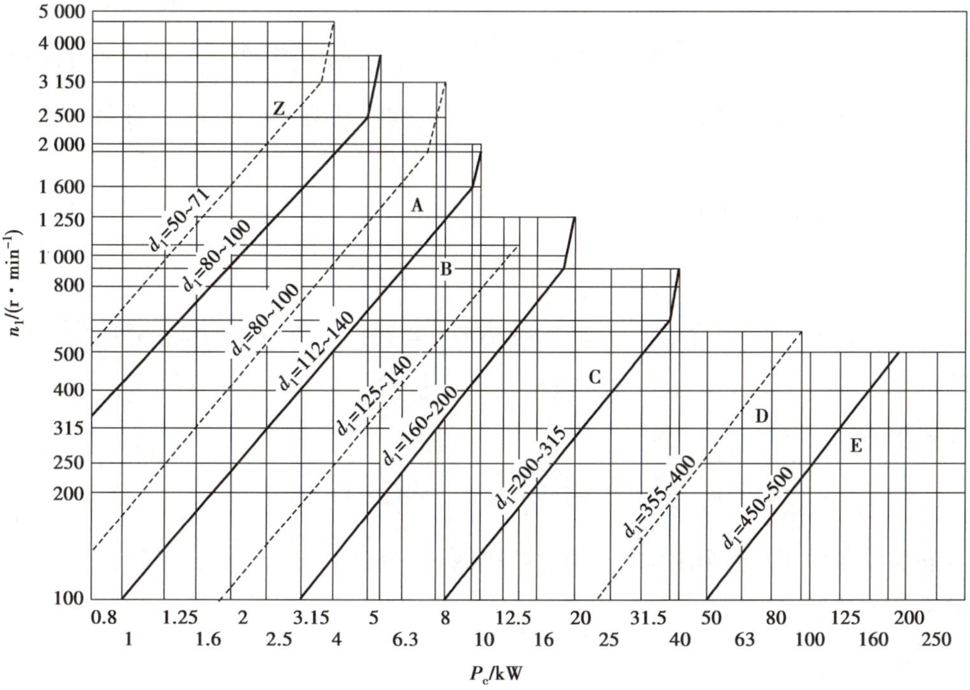

图 5.10　普通 V 带选型图

2）确定两轮的基准直径 d_{d1}，d_{d2}

①确定小轮的基准直径 d_{d1}

带轮的直径小一方面可使传动的结构紧凑，但另一方面又使带中的弯曲应力增大，而使带的寿命降低。设计时,应使基准直径大于表 5.3 规定的最小值,并取表中标准值。

②验算带速 v_0

当传递的功率一定时,提高带速,有效拉力将减小,可减少带的根数。但是,带速过高,离心应力过大,使摩擦力减小,传动能力反而降低。因此,带的速度一般应在 5 ~ 25 m/s。带速可计算为

$$v = \frac{\pi d_d n}{60 \times 1\ 000} \tag{5.14}$$

③计算大轮的基准直径 d_{d2}

因 $d_{d2} = i d_{d1}$,故大带轮的直径应圆整成相近的带轮基准直径的标准值。

3)确定中心距 a 和带的基准长度 L_d

①初定中心距a_0

设计时,应根据具体的结构要求或按公式初步确定中心距,即

$$0.7(d_{d1} + d_{d2}) \leqslant a_0 \leqslant 2(d_{d1} + d_{d2}) \tag{5.15}$$

②确定基准长度 L_d

根据已定的带轮基准直径和初定的中心距,由带传动的几何关系可得带的基准长度计算公式为

$$L_{d0} = 2a_0 + \frac{\pi}{2}(d_{d1} + d_{d2}) + \frac{1}{4a}(d_{d1} - \mathrm{d}_{d2})^2 \tag{5.16}$$

式中 L_{d0}——带的基准长度的计算值,查表 5.4 选定带的基准长度的 L_d 标准值。

③确定实际中心距 a

带的中心距可由近似地确定为

$$a = a_0 + \frac{1}{2}(L_d - L_{d0}) \tag{5.17}$$

为了张紧和调整,需给中心距一定的调整公差,一般取 $-0.015L_d$ ~$0.03L_d$。

④验算

小轮包角为

$$a_1 = 180° - \frac{57.3°}{a}(d_{d2} - d_{d1}) \geqslant 120° \tag{5.18}$$

若不满足此条件,可适当增大中心距或减小两轮的直径差,也可加张紧轮。

4)计算带的根数 z

带的根数为

$$z \geqslant \frac{P_c}{[P_1]} = \frac{P_c}{(P_1 + \Delta P_1) K_a K_L} \tag{5.19}$$

带的根数应取整数,为使各带的受力均匀,根数不能太多,一般 $z < 10$。

5)计算带的初拉力F_0 及轴上的压力F_Q

为了保证传动的正常工作,带内的初拉力应为

$$F_0 = \frac{500(2.5 - K_\alpha)P_c}{K_a z v} \tag{5.20}$$

安装带时,必须予以保证。

带对轴的压力可计算为

$$F_Q = 2z F_0 \sin\frac{a_1}{2} \tag{5.21}$$

F_Q 是设计轴和选择轴承的依据。

关于 V 带传动的设计计算实例详见实训教材。

5.6　V 带传动的张紧、安装和维护

5.6.1　带传动的张紧

带安装时,应张紧以保证一定的初拉力。另外,带工作段时间后就会由塑性变形而松弛,使粗拉力减小,传动能力下降,这时又需要重新张紧。常用的张紧方法可分为调整中心距方式和张紧轮方式两类。

1)调整中心距方式

(1)定期张紧

定期调整中心距,以恢复张紧力。常见的有滑道式(见图 5. 11(a))和摆架式(见图 5. 11(b))两种。一般通过调节螺钉来调节中心距。滑道式适用于水平传动成倾斜不大的传动场合。

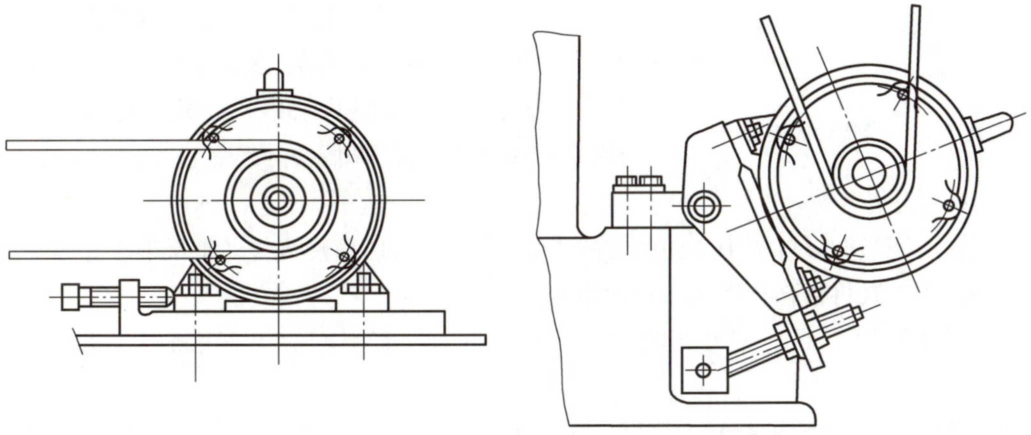

(a)　　(b)

图 5. 11　带传动的定期张紧装置

(2)自动张紧

自动张紧将装有带轮的电动机安装在浮动的摆架上,利用电动机的自重张紧传动带,通过

载荷的大小自动调节张紧力,如图 5.12 所示。

2)张紧轮方式

若带传动的轴间距不可调整时,可采用张紧轮装置。

①调位式内张紧轮装置(见图 5.13(a))。

②摆锤式张紧轮装置(见图 5.13(b))。

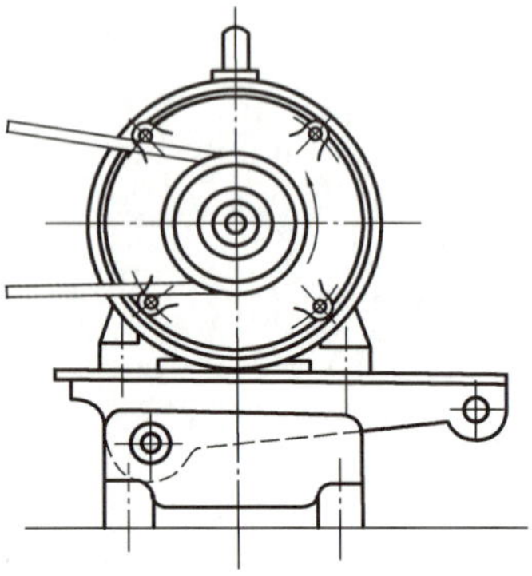

图 5.12 张紧轮装置

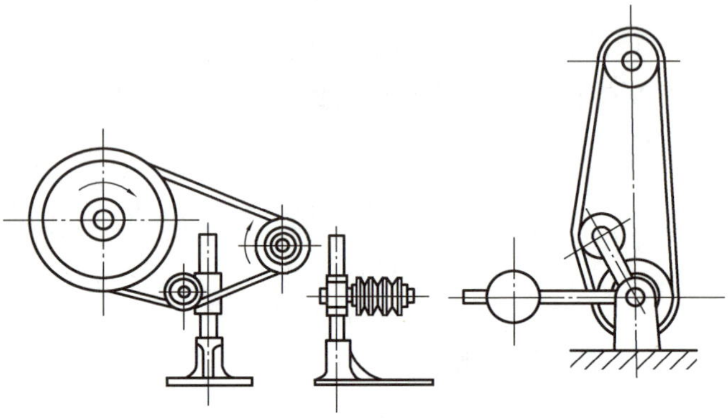

图 5.13 带传动的自动张紧装置

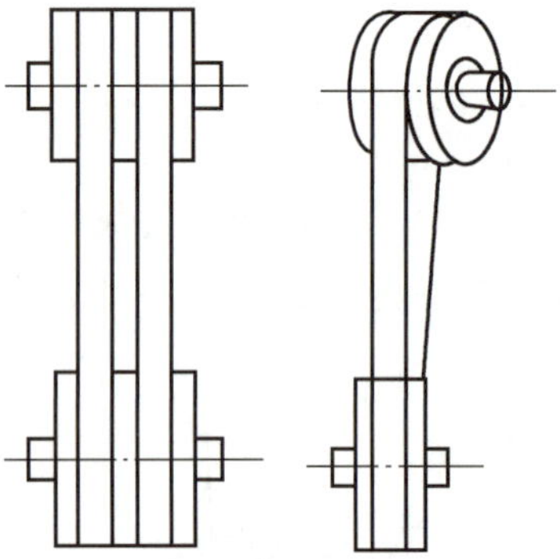

图 5.14 带传动的安装

张紧轮一般设置在松边的内侧靠近大轮处。若设置在外侧时,则应使其靠近小轮,这样可增加小带轮的包角。

5.6.2 带传动的安装和维护

1)带传动的安装

(1)带轮的安装

平行轴传动时,各带轮的轴线必须保持规定的平行度。各轮宽的中心线,V 带轮、多楔带轮对应轮槽的中心线,以及平带轮面凸弧的中心线均应共面且与轴线垂直,否则会加速带的磨损,降低带的寿命,如图 5.14 所示。

(2)带的安装

①通常应通过调整各轮中心距的方式来装带和张紧,切忌硬将传动带从带轮上拔下扳上,严禁用撬棍等工具将带强行撬入或撬出带轮。

②同组使用的 V 带应型号相同、长度相等,不同厂家生产的 V 带、新旧 V 带不能同时使用。

③安装时,应按规定的初拉力张紧。对中等中心距的带传动,也可凭经验张紧,带的张紧程度以 100 m 带长大拇指能将带按下 15 mm 为宜。新带使用前,最好预先拉紧一段时间后使用。

2)带传动的维护

①带传动装置外面应加保护罩,以保护安全,防止带与酸、碱或油接触而腐蚀传动带。

②带传动不需润滑，禁止往带上加润滑油或润滑脂，应及时清理带轮槽内及传动带上的油污。

③应定期检查传动带，如有一根松弛或损坏，则应全部更换新带。

④带传动的工作温度应不超过 60 ℃。

⑤如果带传动装置需闲置一段时间后再用，应将传动带放松。

5.7　链传动的简介

链传动是由主动轮 1、从动轮 2 和绕在链轮上的链条 3 所组成的，如图 5.15 所示。工作时，靠链与链轮轮齿的啮合传递动力。链转动是以链条为中间挠性件的啮合传动。

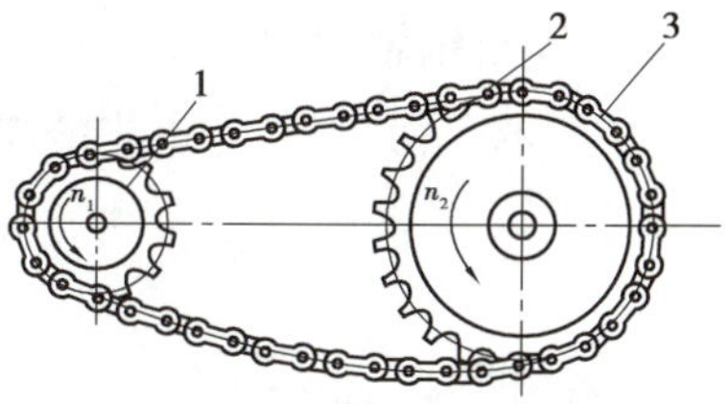

图 5.15　链传动

1—主动轮；2—从动轮；3—链条

与带传动相比，链传动能得到准确的平均传动比，张紧力小，故对轴的压力小。链传动可在高温、油污、潮湿等恶劣环境下工作，但其传动平稳性差，工作时有噪声，一般多用于中心距较大的两轴线或多根轴线相互平行，且只要求平均传动比准确的场合，如矿山机械、农业机械、起重运输机械等。

链传动的传动参数值：传动比 $i \leqslant 8$，中心距 $a \leqslant 6$ m，传递功率 $P \leqslant 10$ kW，圆周速度 $v \leqslant 15$ m/s，传动效率 0.95～0.98。

用于传递动力的传动链有齿形链（见图 5.16）和短节距精密滚子链（简称滚子链，见图 5.17）两种。

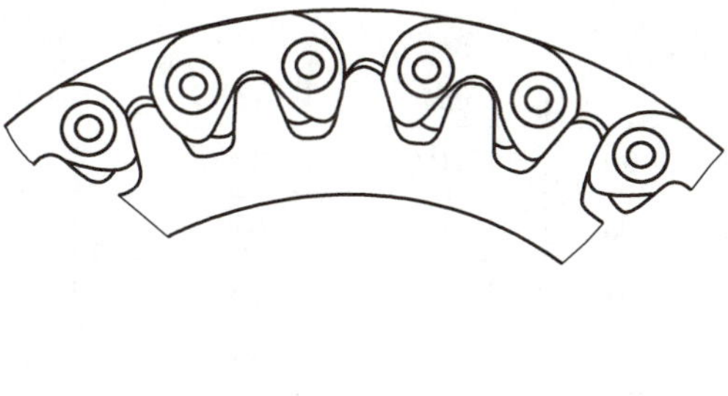

图 5.16　齿形链

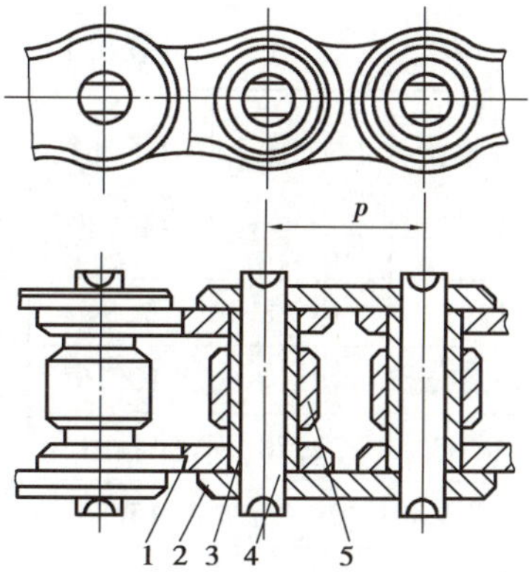

图 5.17　滚子链

1—内链板；2—内链板；3—套筒；4—销轴；5—滚子

齿形链又称无声链，运转平稳，噪声小。它适用于高速、运动精度较高的传动，链速可达 40 m/s。其缺点是制造成本高，质量大。本节只介绍套筒滚子链传动。

5.7.1 滚子链的结构及标准

1)滚子链的结构

滚子链由内链板1、外链板2、套筒3、销轴4及滚子5组成,如图5.17所示。内链板与套筒、外链板与轴销均为过盈配合;套筒与销轴、滚子与套筒之间均为间隙配合。内外链板交错联接而构成铰链。相邻两滚子轴线之间的距离,称为链节距,用p表示。链节距p是传动链的重要参数。

当传递的功率较大时,可采用双排链或多排链。当多排链的排数较多时,各排受载不易均匀。因此,实际应用中排数一般不超过4。

链条在使用时封闭为环形,当链节数为偶数时,正好是外链板与内链板相接,可用开口销或弹簧卡固定销轴,如图5.18(a)、(b)所示。若链节数为奇数,则需要采用过渡链节,如图5.18(c)所示。由于过渡链节的链板要受附加的弯矩作用,一般应避免使用,最好用偶数链节。

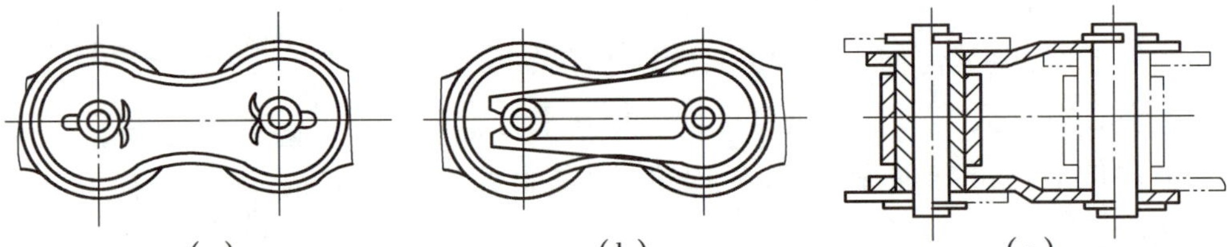

(a) (b) (c)

图5.18 滚子链接头形式

2)滚子链的标准

滚子链的标准为GB/T 1243—2006分为A,B两个系列。常用A系列。其主要参数见表5.10。对应的链节距有不同的链号,用链号乘以25.4/16 mm所得的数值即链节距。

表5.10 滚子链的基本参数和尺寸

链号	节距p /mm	排距p_t /mm	滚子外径 d_{1max}/mm	内链节内宽b_1 /mm	销轴直径 d_2/mm	内链板高度h_2 /mm	极限拉伸(单排)载荷/N	每米质量(单排) /(kg·N^{-1})
08A	12.7	14.38	7.59	7.85	3.96	12.07	13 800	0.60
10A	15.875	18.11	10.16	9.40	5.08	15.09	21 800	1.00
12A	19.05	22.78	11.91	12.57	5.94	18.08	31 100	1.50
16A	25.4	29.29	15.88	15.75	7.92	24.13	55 600	2.60
20A	31.75	35.76	19.05	18.90	9.53	30.18	86 700	3.80
24A	38.1	45.44	22.23	25.22	11.10	36.20	124 600	5.60
28A	44.45	48.87	25.40	25.22	12.70	42.24	169 000	7.50

滚子链的标记要顺次标出链号、排数、链节数及标准号。例如,A系列、节距为38.10 mm、

双排、60 节的滚子链标记为

$$24A—2\times 60\quad GB/T\ 1243—2006$$

5.7.2　滚子链链轮

1）滚链轮的尺寸参数

滚子链链轮的形状见表 5.11。若已知节距 p、滚子外径 d_1 和齿数 z 时，链轮的主要尺寸按表 5.11 中的公式计算。

表 5.11　滚子链的基本参数和尺寸

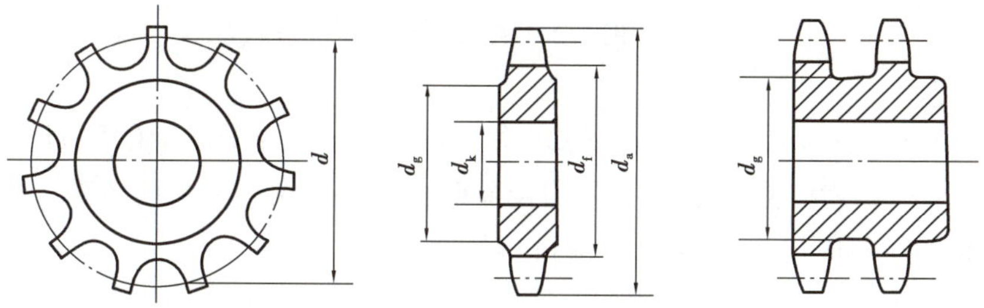

名称	代号	计算公式	备注
分度圆直径	d	$d=p/\sin\left(\frac{180^\circ}{z}\right)$	
齿顶圆直径	d_a	$d_{amax}=d+1.25p-d_1$ $d_{amin}=d+\left(1-\frac{1.6}{z}\right)p-d_1$	可在 d_{amax} 和 d_{amin} 范围内任意选取，但在选用 d_{amax} 时，若采用展成法加工，可能顶切
分度圆齿顶高	h_a		
齿根圆直径	d_f	$d_f=d-d_1$	
齿侧凸缘（或排间槽）直径	d_g	$d_g\leqslant p\cot\left(\frac{180^\circ}{z}\right)-1.04h_2-0.76$	h_2 为内链板高度

2）链轮的齿形

国家标准 GB/T 1243—2006 规定了滚子链端面齿形，如图 5.19 所示。链轮的齿形用标准刀具加工，在其工作图上一般不绘制端面齿形，只需标明按 GB/T 1243—2006 齿形制造和检验即可。但是，为了车削毛坯，需将轴向齿形画出。

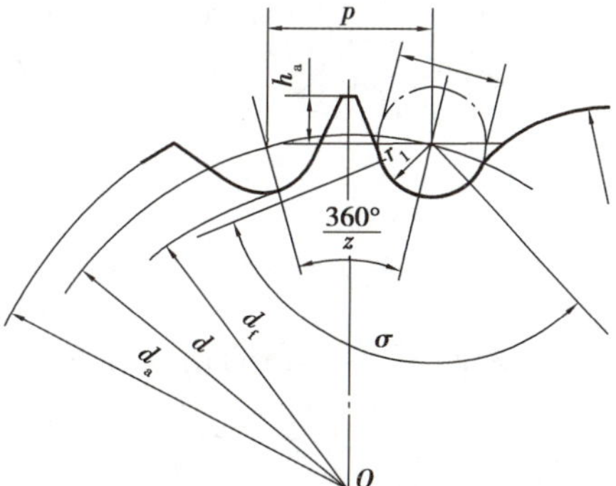

图 5.19　链轮端面齿形

3）滚链轮的结构

链轮的结构形状如图 5.20 所示。直径小的链轮，制作成实心式（见图 5.20(a)），直径较大的，制作成孔板式(见图5.20(b));直径很大的,制作成组合式(见图5.20(c))。可将齿圈焊接到轮毂上或采用螺栓联接(见图5.20(d))。

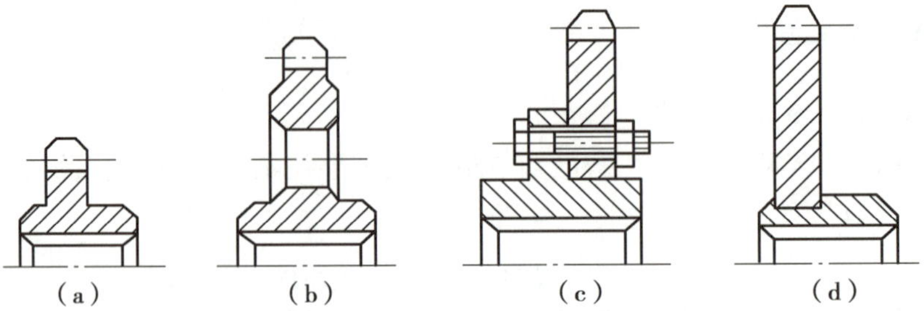

图5.20 链轮的结构

4)链轮的材料

链轮轮齿应具有足够的接触强度和耐磨性。常用的材料为中碳钢(35,45钢);不重要的场合用Q235A,Q275A钢;高速重载时,采用合金钢;低速时,大链可采用铸铁。小链轮的啮合齿数多,小链轮的材料应优于大链轮,并应进行热处理。

5.7.3 链传动的布置、张紧及润滑

1)链传动的布置

链传动的布置对传动的工作状态和使用寿命有较大的影响。应注意以下几点:

①链传动的两轴应平行布置,两轮的回转平面应在同一平面内(见图5.21(a)),否则易引起脱链和不正常磨损。

②链条应使主动边(紧边)在上,从动边(松边)在下(见图5.21(a)、(b)),以免松边垂度过大时与轮齿相干涉或紧边、松边相碰。

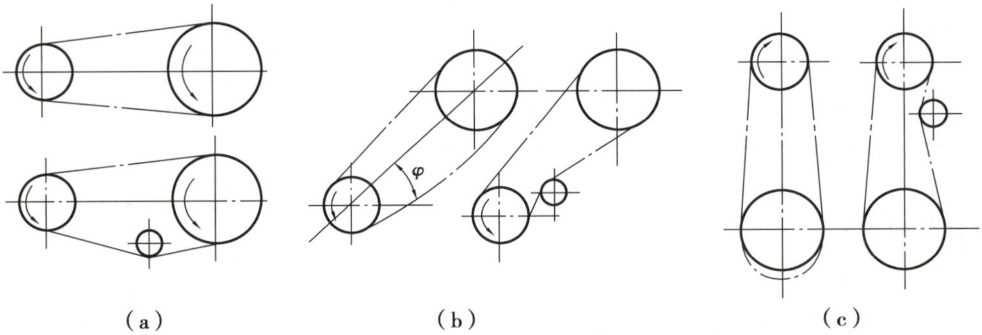

图5.21 链传动的布置

③如果两链轮中心的连线不能布置在水平面上,其与水平面的夹角应小于45°(见图5.21(b)),应尽量避免中心线垂直布置(见图5.21(c)),以免下轮啮合不良。

2)链传动的张紧

链传动需适当张紧。一般链传动设计成中心距可调整的形式,通过调整中心距来张紧链轮。也可采用张紧轮张紧(见图5.21)。张紧轮应设在松边靠近小链轮处外侧。

3) 链传动的润滑

链传动的润滑是影响传动工作寿命的重要因素之一。润滑良好可减少铰链的磨损。润滑方式可根据链速和链节距的大小按图 5.22 选择。人工润滑时,在链条松边内外链板间隙注油,每班一次;滴油润滑时,单排链每分钟油杯滴油 5 ~ 20 滴, 链速高时取大值;油浴润滑时,链条浸油深度 6 ~ 12 mm;飞溅润滑时,链条不得浸入油池,甩油盘油深度 12 ~ 15 mm。甩油盘的圆周速度大于 3 m/s。

润滑油一般可采用 L-AN32,LAN46,L-AN68 全损耗系统用油。

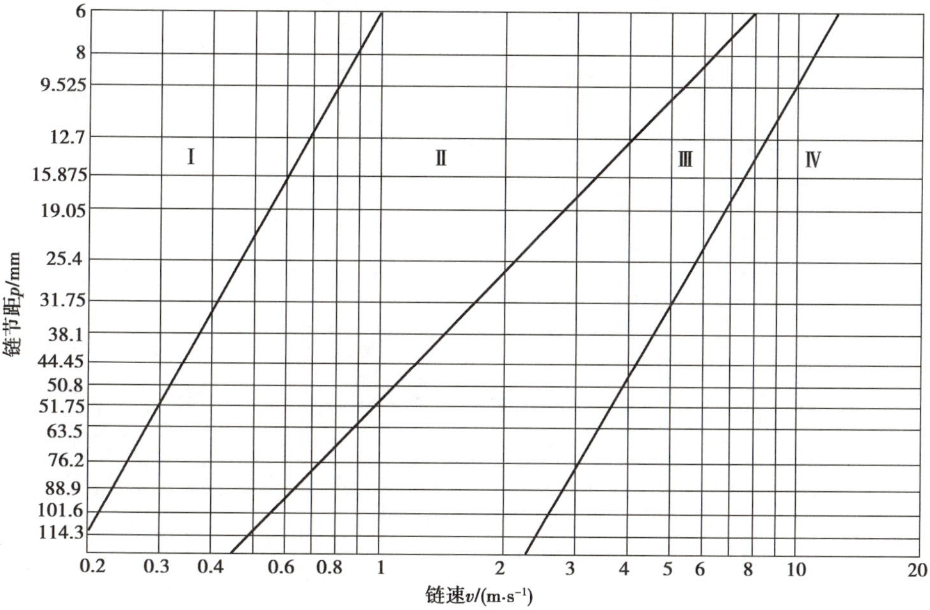

图 5.22　润滑方式的选择

Ⅰ—人工定期润滑;Ⅱ—滴油润滑;Ⅲ—油浴式飞溅润滑;Ⅳ—压力喷油润滑

思考题与习题

5.1　带传动的主要类型有哪些?它们有何特点?试分析摩擦带传动的工作原理。

5.2　带传动工作时,带截面上产生哪些应力?应力沿带全长是如何分布的?最大应力在何处?

5.3　小轮包角对带传动有何影响?为什么只给出小轮包角的计算公式?

5.4　一般来说,带传动的打滑多发生在大轮上还是小轮上?为什么?

5.5　带传动张紧的张紧轮应安放在松边还是紧边?

5.6　带传动的打滑和弹性滑动是怎样产生的?它们对传动有何影响?是否可以避免?

5.7　链传动和带传动相比有哪些优缺点?

5.8　已知某普通 V 带传动由电动机驱动，电动机的转速 $n_1 = 1\ 450$ r/min. 小带轮的基准直径 $d_a = 100$ mm，大带轮的基准直径 $d_a = 280$ mm，中心距 $a = 350$ mm，用两根 V 带传动，载荷平稳，两班工作制，试求此传动所能传递的最大功率。

5.9　设计搅拌机的普通 V 带传动。已知电动机的额定功率为 $P = 4$ kW，转速 $n_1 = 1\ 404$ r/min，要求从动轮转速 $n_2 = 575$ r/min，工作情况因数 $K_A = 1.1$。

5.10　试设计某车床上电动机和床头箱间的普通 V 带传动。已知电动机的功率 $P = 4$ kW。转速 $n_1 = 1\ 440$ r/min。从动轮的转速 $n_2 = 680$ r/min。两班工作制，根据机床结构，要求两带轮的中心距在 950 mm 左右。

第6章 齿轮传动

本章主要介绍了渐开线齿轮传动的基本知识，对渐开线圆柱齿轮传动的强度计算也从应用的角度作了介绍。对变位直齿圆柱齿轮，主要介绍其概念和几何尺寸计算等。

6.1 齿轮传动的简介

齿轮传动是现代机械中广泛应用的一种机械传动。与其他形式的传动相比，齿轮传动的优点是：传递功率大、速度范围广、效率高、结构紧凑、工作可靠、寿命长，且能实现恒定的传动比。其缺点是：制造和安装精度要求高、成本高，且不宜用于中心距较大的传动。

齿轮传动的主要类型如图6.1所示。其中，图6.1(h)的非圆齿轮传动能实现特定的变传动比传动，用于特定场合。

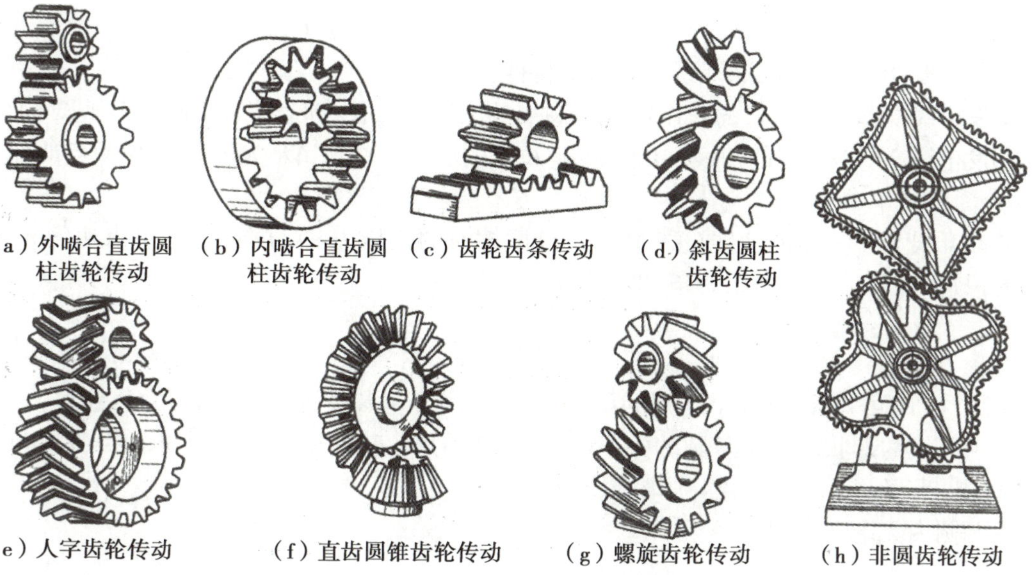

(a)外啮合直齿圆柱齿轮传动　(b)内啮合直齿圆柱齿轮传动　(c)齿轮齿条传动　(d)斜齿圆柱齿轮传动

(e)人字齿轮传动　(f)直齿圆锥齿轮传动　(g)螺旋齿轮传动　(h)非圆齿轮传动

图6.1　齿轮传动的主要类型

6.2 渐开线及渐开线齿廓

在实际工作中，为使齿轮传动平稳，对齿轮传动的基本要求之一是：保证传动中的瞬时传动比恒定不变。能满足这一要求的齿廓曲线很多，但考虑制造、安装、强度等因素，目前常用的是渐开线齿廓和圆弧齿廓。其中，以渐开线齿廓应用最广。因此，本章只讨论渐开线齿轮传动。

6.2.1 渐开线的形成及其特性

如图 6.2(a)所示，当直线 NK 沿半径为r_b 的圆作纯滚动时，该直线上的任意一点 K 的轨迹曲线 AK，称为该圆的渐开线。该圆称为基圆，直线 NK 称为发生线。

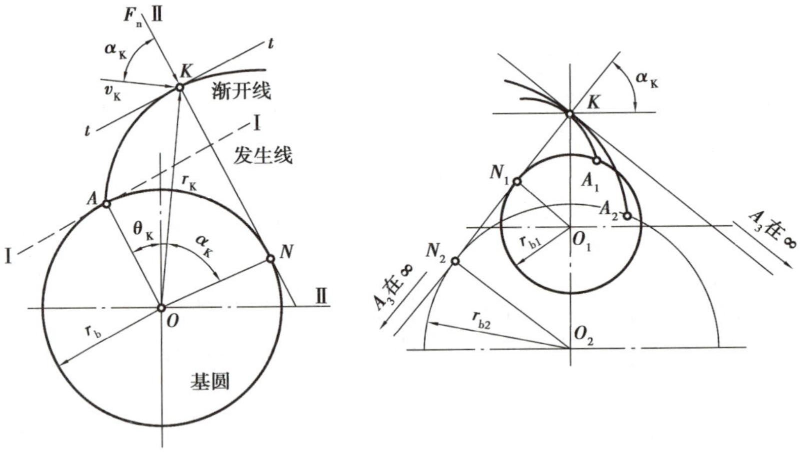

图 6.2 渐开线

由渐开线的形成可知，渐开线具有以下特性：

①发生线在基圆上滚过的长度等于基圆上被滚过的弧长，即直线段 NK 等于弧长 AN。

②发生线 NK 是基圆的切线和渐开线上 K 点的法线。线段 NK 为渐开线在 K 点的曲率半径，N 点为其曲率中心。

③渐开线上某一点的法线（受力时，不计摩擦时的正压力F_n 方向线）与该点速度 v_K 方向所夹的锐角α_K，称为该点的压力角，即

$$\cos \alpha_K = \frac{r_b}{r_K} \tag{6.1}$$

由式(6.1)可知，渐开线上各点的压力角不等，离开基圆越远的点，其压力角越大。

④渐开线的形状决定于基圆的大小（见图 6.2(b)）。基圆相同的渐开线，其形状相同。基圆越大，则渐开线越平直；反之，则渐开线越弯曲。

⑤基圆内无渐开线。

6.2.2　渐开线齿廓的啮合特性

如图 6.3 所示为一对渐开线齿廓啮合传动。设渐开线齿廓E_1 和E_2 在任意点 K 接触，过 K 点作两齿廓的公法线 N_1N_2 与两齿轮连心线交于 C 点。可以证明，不论齿廓E_1 和E_2 是否是渐开线，相互啮合传动的一对齿廓在任一瞬时的传动比，与两齿轮的连心线被该对啮合齿廓在接触点的公法线所分得的两线段成反比，即

$$i = \frac{\omega_1}{\omega_2} = \frac{O_2C}{O_1C}$$

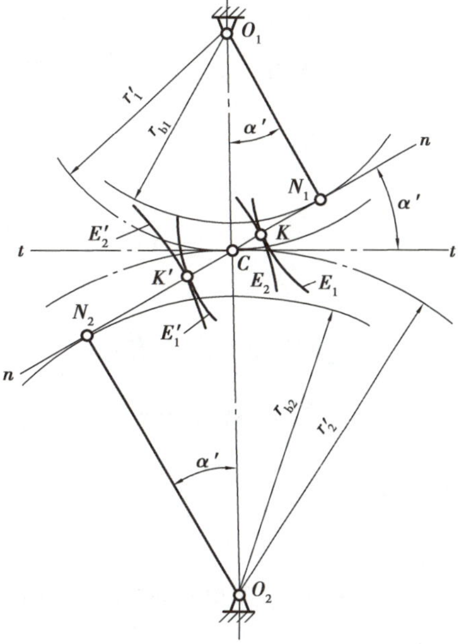

图 6.3　渐开线齿廓的啮合

这一规律称为齿廓啮合基本定律。由这一定律可知，要使一对传动齿轮保持恒定的传动比，则不论齿廓在任何位置接触，过接触点所作的齿廓公法线必须与两齿轮连心线交与一点。显然，由渐开线的特性②可知，N_1 N_2 实为两齿轮基圆的一条内公切线，且过两渐开线齿廓任意位置接触点所作的公法线皆为 nn。由于两基圆的大小和位置都已确定，同一方向的内公切线只有一条，它与连心线的交点是一位置确定的点。因此，一对渐开线齿廓啮合传动时，能保证传动比恒定不变，即

$$i = \frac{\omega_1}{\omega_2} = \frac{O_2C}{O_1C} = \text{常数} \tag{6.2}$$

在图 6.3 中，若分别以O_1 和O_2 为圆心、以O_1C 和O_2C 为半径作圆，则由式(6.2)可知，两齿轮的传动关系相当于这一对圆作纯滚动。这时，C 点被称为节点，这对圆被称为两齿轮的节圆，其半径用r_1'和r_2'表示。

此外，渐开线齿廓啮合传动时，还具有以下特性：

1)中心距可分性

在图 6.3 中，因$\triangle O_1 N_1C \backsim \triangle O_2 N_2C$，故

$$i = \frac{\omega_1}{\omega_2} = \frac{O_2C}{O_1C} = \frac{r_2'}{r_1'} = \frac{r_{b2}}{r_{b1}} \tag{6.3}$$

式(6.3)表明，两齿轮的传动比不仅与两齿轮节圆半径成反比，同时也与两齿轮的基圆半径成反比。在齿轮加工完成后，因其基圆半径已确定，故即使两齿轮的中心距稍有改变(如制造和安装误差以及磨损等原因)，也不会影响齿轮的传动比。渐开线齿轮传动的这一特性，称为中心距可分性。这是渐开线齿轮传动的一大优点，是渐开线齿轮传动获得广泛应用的重要原因。

2)啮合角为常数

齿轮传动时其齿廓接触点的轨迹曲线，称为啮合线。渐开线齿廓啮合时，由于无论在哪一点接触，接触齿廓的公法线总是两基圆的内公切线 N_1N_2。因此，渐开线齿廓的啮合线就是直线 N_1N_2。

啮合线N_1N_2与两齿轮节圆的公切线tt间的夹角,α'称为啮合角。显然,渐开线齿廓啮合传动时α'为常数。由图6.3的几何关系可知,啮合角在数值上等于渐开线在节圆上的压力角。由于两齿廓啮合时,其间的正压力是沿齿廓法线方向作用,也就是沿啮合线方向传递。因此,啮合角不变表示齿廓间压力方向不变。若齿轮传递的力矩恒定,则轮齿之间、轴与轴承之间压力的大小和方向也均不变,从而传动平稳。这也是渐开线齿廓传动的一大优点。

需要注意的是,只有一对齿轮相互啮合时,才有节圆和啮合角,单个齿轮没有节圆和压力角。

6.3 其他齿轮

6.3.1 变位齿轮传动简介

在工程应用中,标准齿轮存在以下主要缺点:

①齿数必须大于或等于z_{min},否则会根切。

②不适用于实际中心距a'不等于标准中心距a的场合,否则无法安装或出现过大的齿侧间隙。

③大小齿轮齿根抗弯能力有差别,无法调整。

采用变位齿轮可克服上述缺点。

1)变位齿轮的切制及其齿形特点

变位齿轮是非标准齿轮,其加工原理与标准齿轮相同。当用齿条刀具加工标准齿轮时,刀具的中线与被加工齿轮的分度圆相切作纯滚动。由于刀具上的齿厚和齿槽宽相等。因此,加工出的齿轮分度圆上的齿槽宽与齿厚相等(见图6.4(a))。为了避免根切,可将刀具相对于轮坯中心移动一段距离xm。此时,齿轮分度圆不再与刀具中线相切,而是与和中线平行的另一直线(称为机床节线或加工节线)相切。由于这条节线上的齿厚和齿槽宽不等。因此,所切

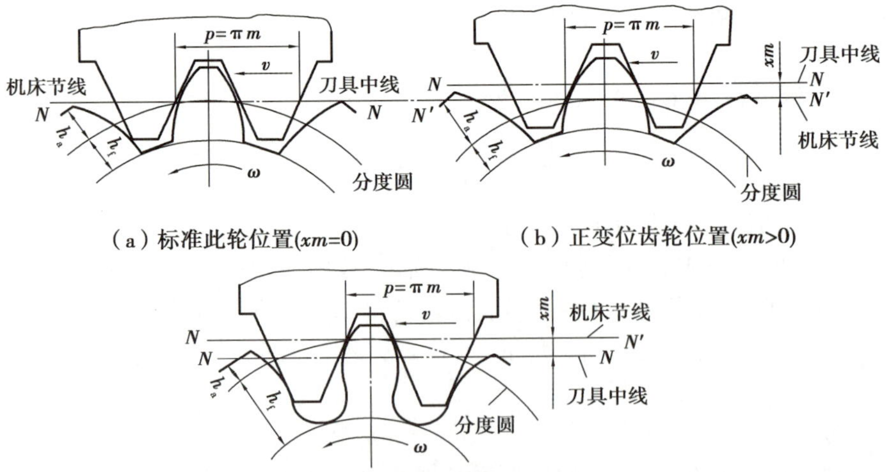

(a)标准此轮位置(xm=0)

(b)正变位齿轮位置(xm>0)

(c)负变位齿轮位置(xm<0)

图6.4 齿制各种齿轮时的刀具位置

出齿轮的齿槽宽和齿厚也不等。这种因改变刀具和轮坯的相对位置而切制出来的齿轮，称为变位齿轮，如图 6.4(b) 所示。这里刀具移动的距离 xm 称为变位量，x 称为变位因数。切制变位齿轮时，刀具既可向远离轮坯中心的方向移动，也可向靠近轮坯中心的方向移动(见图 6.4(c))。首者称为正变位，规定为"＋"；后者称为负变位，规定为"－"，负变位会加剧根切，使轮齿变薄，只有齿数大于 17 的齿轮才可采用。

与标准齿轮相比，变位齿轮的齿形具有以下特点：

(1) 具有与标准齿轮相同的齿数 z、模数 m 和压力角 α

如上所述，切制变位齿轮时，虽然与轮坯分度圆相切的不是刀具上的中线，而是刀具上与之平行的某一条节线，但由于它们相互平行，且齿条刀具的刀刃为直线，都具有相同的模数和压力角。因此，用同一把刀具加工出来的无论是标准齿轮还是变位齿轮，不仅具有相同的齿数，而且还具有相同的模数和压力角。

(2) 采用与标准齿轮相同的渐开线齿廓曲线

由分度圆直径公式 $d = zm$ 及基圆直径公式 $d_b = d\cos\alpha$ 可知，变位齿轮与标准齿轮不仅分度圆直径相同，而且基圆直径也相同。因此，变位齿轮的齿廓具有与标准齿轮相同的渐开线曲线，所不同的只是在相同的渐开线上取用了不同的曲线弧段(见图 6.5)。如图 6.5 所示为标准齿轮与变位齿轮的比较。

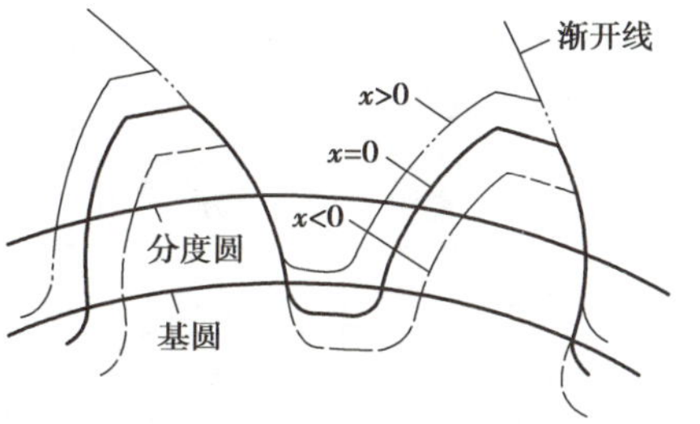

图 6.5　标准齿轮与变位齿轮的比较

(3) 某些几何尺寸发生了变化

对正变位齿轮，因刀具位置的变化，齿厚、齿根圆直径增大，齿根高减小。假若全齿高保持不变，则齿顶高增大，齿顶变尖。对负变位齿轮，则情况正好相反。

2) 变位齿轮传动的无侧隙啮合方程及几何尺寸计算

(1) 变位齿轮传动的无侧隙啮合方程

一对齿轮传动时，理论上都要求无侧隙啮合。变位齿轮传动时，按无侧隙啮合条件，即要求两齿轮在节圆上满足 $s_1' = e_2, s_2' = e_1'$，同时 $p' = s_1' + e_1' = s_2' + e_2'$ 的条件，由此可推出(从略)啮合角 α' 与分度圆压力角、两齿轮的变位因数及齿数之间存在关系为

$$\text{inv}\,\alpha' = \frac{2(x_1 + x_2)}{z_1 + z_2}\tan\alpha + \text{inv}\,\alpha \tag{6.4}$$

式(6.4)称为变位齿轮传动的无侧隙啮合方程。式中，$\text{inv}\,\alpha = \tan\alpha - \alpha$，同样 $\text{inv}\,\alpha' = \tan\alpha' - \alpha'$ 称为 α(或 α')的渐开线函数，可查机械设计手册。该式表明，两轮在无侧隙啮合时，若 $x_\Sigma = x_1 + x_2 = 0$，则 $\alpha' = \alpha = 20°$，两轮节圆与分度圆重合；若 $x_\Sigma \neq 0$，则 $\alpha' \neq \alpha$，两轮节圆与分度圆不重合。

由无侧隙啮合方程求出 α' 后，可计算出齿轮传动的实际中心距 a' 为

$$a'\cos\alpha' = a\cos\alpha \tag{6.5}$$

(2) 中心距变动因数 y 和齿高变动因数 σ

令 $ym = a' - a$，则 y 称为变位齿轮传动的中心距变动因数。设两变位齿轮的变位因数分别为 x_1 和 x_2，若让两齿轮有与标准齿轮相同的齿高，则可证明：当≠0 时，$x_1 + x_2 > y$。这意味着此时变位齿轮传动的顶隙小于标准顶隙 $c^* m$。为保证标准顶隙不变，应将齿高削减 $(x_1 + x_2 - y)m = \sigma m$，$\sigma$ 称为齿高变动因数。其值为

$$\sigma = x_1 + x_2 - y \tag{6.6}$$

因此,此时的齿高小于标准齿高。变位齿轮的几何尺寸计算公式见表6.1。

表6.1　变位直齿圆柱齿轮的几何尺寸

名称	符号	计算公式
分度圆直径	d	$d = mz$
基圆直径	d_b	$d_b = d\cos\alpha$
啮合角	α	$\mathrm{inv}\,\alpha' = \dfrac{2(x_1+x_2)}{z_1+z_2}\tan\alpha + \mathrm{inv}\,\alpha$
标准中心距	a	$a = \dfrac{m}{2}(z_1+z_2)$
实际中心距	a'	$a'\cos\alpha' = a\cos\alpha$
中心距变动因素	y	$y = \dfrac{a'-a}{m}$
齿高变动因素	σ	$\sigma = x_1 + x_2 - y$
齿顶高	h_a	$h_a = (h_a^* + x - \sigma)m$
齿根高	h_f	$h_f = (h_a^* + c^* - x)m$
齿顶圆直径	d_a	$d_a = d + 2h_a = m(z + 2h_a^* + 2x - 2\sigma)$
齿根圆直径	d_f	$d_f = d - 2h_f = m(z - 2h_a^* + 2c^* + 2x)$
分度圆齿厚	s	$s = m\left(\dfrac{\pi}{2} + 2\tan\alpha\right)$
齿顶圆齿厚	s_a	$s_a = s\dfrac{r_a}{r} - 2r_a(\mathrm{inv}\,\alpha_a - \mathrm{inv}\,\alpha)$

3)变位齿轮传动的类型及其应用

根据两齿轮变位因数之和 xy,变位齿轮传动有以下3种类型:

(1)等变位传动(高度变位传动)

此时,$x_\Sigma = 0$,$x_1 = -x_2 \neq 0$。由前述相关公式可知,这种传动中,$a' = a$,$\alpha' = \alpha$,$y = 0$,$\sigma = 0$,但 $h_a \neq h_a^* m$,故称高度变位。为协调强度及小齿轮不发生根切,一般小齿轮采用正变位而大齿轮采用负变位。为使大齿轮负变位后而仍不根切,要求

$$z_1 + z_2 \geqslant 2z_{\min}$$

等变位传动的特点是:

①可采用 $z < z_{\min}$ 的齿轮而不根切。

②可改善小齿轮的磨损制况。

③可使大小齿轮的强度趋于接近,相对提高两轮的承载能力。

④齿轮不具有互换性,需成对设计、制造和使用,且重合度略有降低。

⑤当 x_1 过大时,可能出现齿顶变尖,要求验算 s_a。

(2)正传动

此时,$x_{\Sigma}>0$,$a'>a$,$\alpha'>\alpha$,$y>0$,$\sigma>0$,因$x_1+x_2>0$,故可使 $z_1+z_2<2z_{\min}$。正传动的特点是:

①可减小齿轮的结构尺寸。

②可减轻轮齿的磨损。

③轮齿的强度获得改善和提高。

④可配凑中心距。

⑤不具互换性,且重合度降低较多。

(3)负传动

此时,$x_{\Sigma}<0$,$a'<a$,$\alpha'<\alpha$,$y<0$,$\sigma<0$,因$x_1+x_2<0$,为避免根切,须 $z_1+z_2>2z_{\min}$负传动的特点是:

①可配凑中心距。

②重合度略有增加。

③轮齿的磨损加剧,强度有降低,且不具互换性。

因正传动和负传动的啮合角 α'都发生了变化,故这两种传动也称角度变位齿传动。

通过比较可知,等变位传动主要用于避免齿轮根切和改善齿轮传动强度。正传动的优点多于负传动,故一般采用正传动。负传动只用于 $\alpha'<\alpha$,须配凑中心距的特定场合。无论哪种类型的变位齿轮传动,都不具有互换性,都需成对设计、制造和使用。

6.3.2　斜齿轮圆柱齿轮传动

1)斜齿轮齿廓曲面的形成及其啮合特点

如图 6.6(a)、(b)所示为直齿圆柱齿轮和斜齿圆柱齿轮齿廓曲面的形成过程。

直齿圆柱齿轮的齿廓曲面为渐开面,斜齿圆柱齿轮的齿廓曲面为渐开螺旋面。由齿曲面的形成过程可知,直齿轮传动时,齿面接触线皆为等宽直线,且与齿轮轴线平行(见图 6.6(c)),啮合开始和终止都是沿齿宽突然发生的,易引起冲击、振动和噪声,尤其高速传动。斜齿轮合时,齿面接触线与齿轮轴线相倾斜(见图 6.6(d)),其长度由点到线逐渐增长,到某一位置后又逐渐缩短,直至退出啮合。因此,啮合是逐渐进入和逐渐退出的,且啮合的时间长于直齿轮。故斜齿轮传动平稳、噪声小、重合度大、承载能力强,适用于高速和大功率场合。

斜齿轮传动的缺点是有轴向力F_x(见图 6.7(a)),F_x 使轴承支承结构较为复杂。因此,可改用人字齿轮,使轴向力相互平衡。但是,人字齿轮制造困难且精度较低,主要用于低速重型机械。

2)斜齿轮参数与尺寸计算

(1)螺旋角 β

将斜齿轮的齿廓曲面与分度圆柱面相交得一螺旋线。该螺旋线上的切线与齿轮轴线的夹角 β,称为斜齿轮的螺旋角。一般 $\beta=8°\sim20°$,人字齿轮 $\beta=25°\sim40°$。根据螺旋线的方向,斜齿轮可分为左旋和右旋。

(2)端面参数和法向参数

垂直于斜齿轮轴线的平面,称为斜齿轮的端面;垂直于分度圆柱上螺旋线切线的平面,称为斜齿轮的法平面。用刀具切削斜齿轮时,由于刀具是沿齿轮分度圆柱上螺旋线的方向进刀。

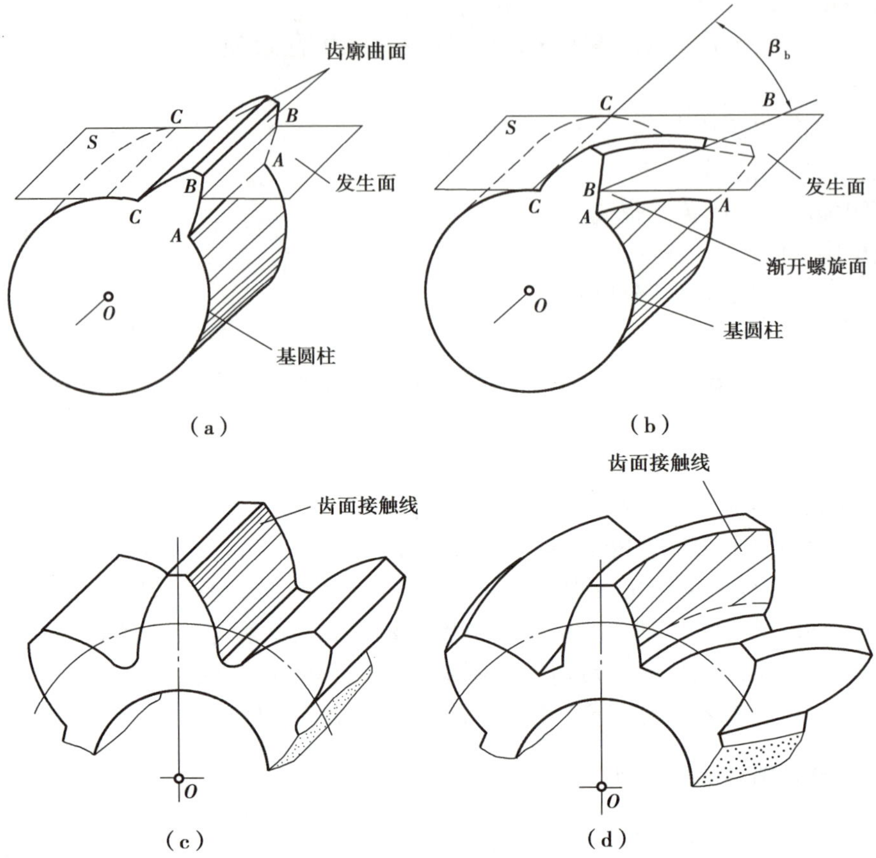

图 6.6　圆柱齿轮齿廓面的形成及齿面接触线

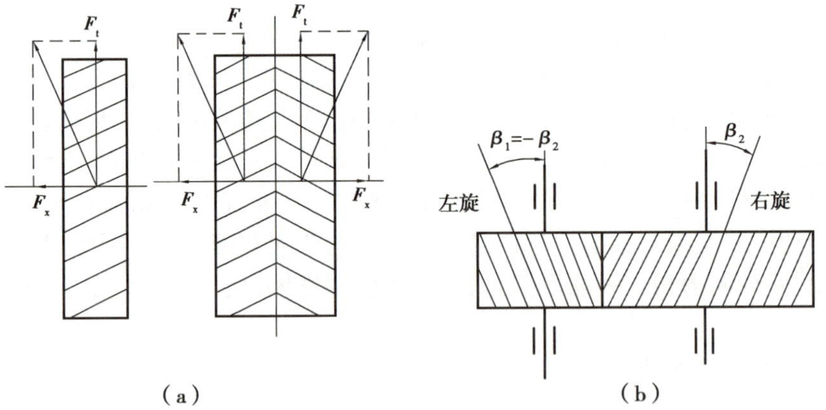

图 6.7　斜齿轮的轴向力及旋向判断

因此,斜齿轮的法向参数(m_n,α_n,h_{an}^*,h_{cn}^*)与刀具的相同,规定为同于直齿圆柱齿轮的标准值。但斜齿轮的直径和传动中心距等几何尺寸计算是在端面内进行的。因此,要清楚法向模数 m_n 和法向压力角 α_n 与端面模数m_t 和端面压力角 α_t 之间的换算关系。

如图 6.8(a)所示为斜齿轮分度圆柱面的展开图。其中,阴影线部分为被剖切轮齿,空白部分为齿槽,p_n 和 p_t 分别为法向齿距和端面齿距。由图中的几何关系,可得

$$P_n = P_t \cos\beta \tag{6.7}$$

因 $p=\pi m$，故法向模数 m_n 和端面模数 m_t 之间的关系为

$$m_n = m_t \cos\beta \tag{6.8}$$

如图 6.8(b)所示为斜齿条的一个齿。由几何关系，可得 aa 和 α_n 的关系为

$$\tan\alpha_n = \tan m_t \cos\beta \tag{6.9}$$

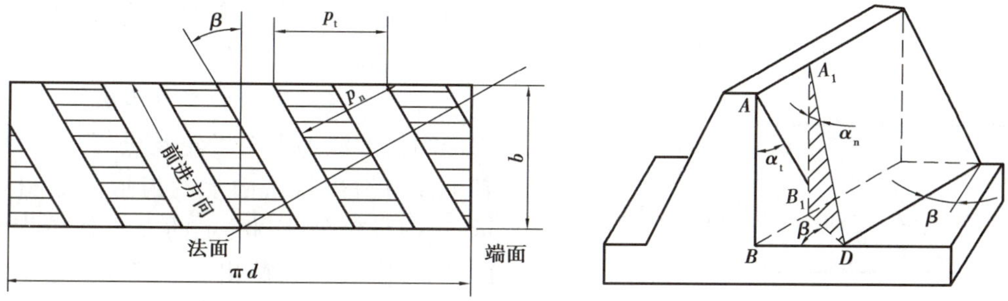

图 6.8　法向参数和端面参数间的关系

(3)几何尺寸计算

几何尺寸计算公式见表 6.2。

表 6.2　标准斜齿圆柱齿轮外啮合传动的几何尺寸

名称	代号	公　式
分度圆直径	d	$d=m_t z=\dfrac{m_n z}{\cos\beta}$
齿顶高	h_a	$h_{at}=h_{an}=h_{an}^* m_n=m_n$
齿根高	h_f	$h_{ft}=h_{fn}=(h_{fn}^*+c_n^*)m_n=1.25\ m_n$
顶隙	c	$c_t=c_n=c_n^* m_n=0.25m_n$
齿高	h	$h_t=h_n=h_{an}+h_{fn}=2.25m_n$
齿顶圆直径	d_f	$d_a=d+2h_a=d+2m_n$
齿根圆直径	d_a	$d_t=d-2h_f=d-2.5m_n$
中心距	a	$a=\dfrac{d_1+d_2}{2}=\dfrac{m_n(z_1+z_1)}{2\cos\beta}$

3)斜齿圆柱齿轮的正确啮合条件

在端面内，直齿圆柱齿轮和斜齿圆柱齿轮一样，同是渐开线齿廓。因此，一对斜齿圆柱齿轮传动时，必须满足条件

$$m_{t1} = m_{t2},\quad a_{t1} = a_{t2}$$

由式(10.14)和式(10.15)可知，该条件即

$$\left.\begin{array}{l} m_{n1} = m_{n2} = m_n \\ a_{n1} = a_{n2} = a_n \\ \beta_1 = -\beta_1 \end{array}\right\} \tag{6.10}$$

式(6.10)即一对外啮合斜齿圆柱齿轮的正确啮合条件。式中,“－”表示两齿轮的轮齿旋向相反。若为内啮合斜齿轮,则两齿轮的轮齿旋向相同,式中“－”改为“＋”。

4)斜齿圆柱齿轮的当量齿数

用仿形法加工斜齿轮及进行强度计算时,必须知道斜齿轮法面上的齿形。如图6.9所示,过斜齿轮分度圆柱上的C点作轮齿的法平面,则分度圆柱上截出一个椭圆,椭圆上C点处的曲率半径为ρ。若作一以ρ为分度圆半径,以m_n为模数的直齿圆柱齿轮,则该齿轮的齿廓形状与斜齿轮的法面齿廓形状非常近似。

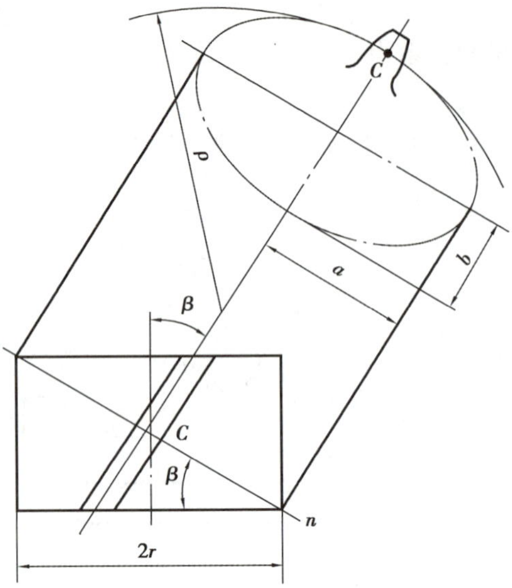

图6.9 斜齿轮圆柱齿轮的当量齿数

称该假想的直齿圆柱齿轮为斜齿轮的当量齿轮,即

$$\rho = \frac{a^2}{b} = \frac{\left(\dfrac{r}{\cos\beta}\right)^2}{r} = \frac{m_n z}{2\cos\beta^3} \tag{6.11}$$

故当量齿轮的齿数z_v与斜齿轮的齿数z的关系为

$$z_v = \frac{2\rho}{m_n} = \frac{z}{\cos\beta^3} \tag{6.12}$$

当$z_v = 17$时,由式(6.12)可得

$$z = 17\cos\beta^3 < 17$$

可知,斜齿轮比直齿轮不易根切。

用仿形法加工斜齿轮时,刀具就是根据z进行选择的。

6.3.3 标准直齿圆锥齿轮传动简介

1)圆锥齿轮传动概述

圆锥齿轮用于两相交轴间的传动(见图6.10),轴交角Σ可以是任意的,但常用$\Sigma = 90°$的传动。圆锥齿轮的轮齿分布在一个截锥体上,轮齿从大端到小端逐渐收缩。与圆柱齿轮各“圆柱”相应,圆锥齿轮有分度圆锥、齿顶圆锥、齿根圆锥及基圆锥。它们在大端的锥底圆分别称为锥齿轮的分度圆、齿顶圆、齿根圆及基圆。与圆柱齿轮一样,一对圆锥齿轮的

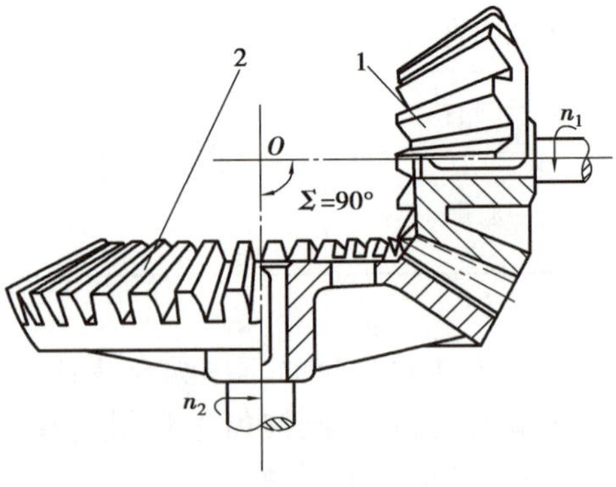

图6.10 直齿圆锥齿轮

1—大端;2—小端

啮合传动相当于一对节圆作纯滚动。

设一对锥齿轮的分度圆锥角分别为 δ_1 和 δ_2，当 $\Sigma = 90°$ 时，由图 10.17 可得传动比为

$$i = \frac{n_1}{n_2} = \frac{z_1}{z_2} = \frac{d_2}{d_1} = \tan\delta_2 = \cot\delta_1 \tag{6.13}$$

圆锥齿轮有直齿、曲齿等形式，直齿圆锥齿轮的设计、制造和安装均较简便，故应用广。曲齿圆锥齿轮传动平稳、承载能力强，但设计和制造方法复杂。这里只介绍轴交角 $\Sigma = 90°$ 的标准直齿圆锥齿轮传动。

2) 标准直齿圆锥齿轮传动的主要参数和几何尺寸计算

为了反映锥齿轮的结构尺寸，便于测量和计算，圆锥齿轮的参数和尺寸均以大端为标准，即规定锥齿轮的大端模数 m 为标准值，压力角 $\alpha = 20°$，齿顶高系数 $h_a^* = 1$，顶隙系数 $c^* = 0.1$。锥齿轮的标准模数系列常用值见表 6.3。

表 6.3　锥齿轮的标准模数系列常用值（摘自 GB 12368—1990）

1∶1.125，1.25，1.375，1.5，1.75，2，2.25，2.5，2.75，3，3.25，3.5，3.75.4，4.5，5.5，5，6，6.5，7，8，9，10，11，12，14，16，18，20，22，25，28，30，32，36，40，45，50

标准直齿锥齿轮传动的顶隙有两种，分别称为等顶隙收缩齿和不等顶隙收缩齿，如图6.11(a)、(b)所示。前者两齿轮啮合时，齿顶间隙由大端到小端逐渐减小；后者两齿轮啮合时，齿顶间隙由大端到小端保持不变，都等于大端顶隙 $0.2m$。显然，等顶隙收缩齿与分度圆锥的锥顶不再重合。这样，可避免小端齿顶过尖，从而提高小端轮齿的强度，同时小端齿顶隙增大可改善润滑条件。因此，等顶隙收缩齿现在推荐应用。标准直内锥齿轮传动的各部分名称及几何尺寸计算见图 6.11 及表 6.4。

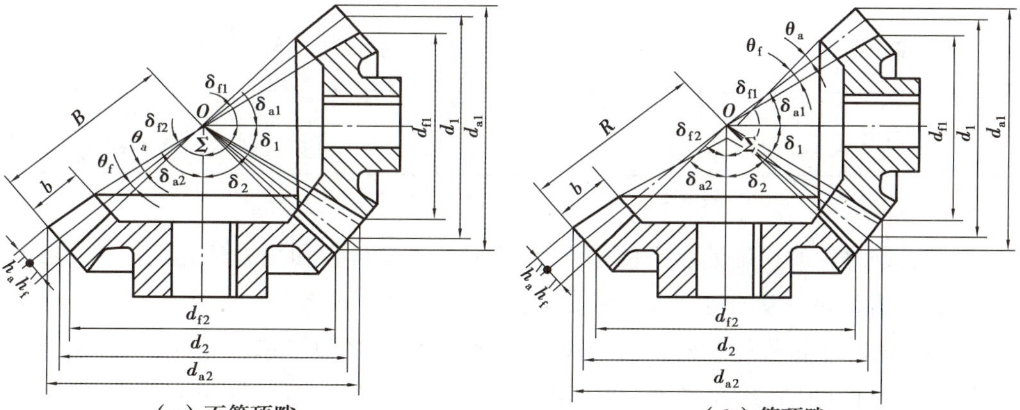

（a）不等顶隙　　（b）等顶隙

图 6.11　直齿锥齿轮的几何尺寸

为了便于能齿轮的加工及保证小端轮齿有足够的刚度，锥齿轮的齿宽 b 一般不大于 $0.35R$。取齿宽因数 $R = b/R$，常取 $\psi_R = 0.25 \sim 0.3$。

表 6.4　$\Sigma=90°$的标准直齿锥齿轮传动的几何尺寸

名称	代号	公　式
分度圆锥角	δ	$\delta_1=\arctan\frac{z_1}{z_2}$ $\delta_2=90°-\delta_1$
齿顶高	h_a	$h_a=h_a^* m$
顶隙	c	$c=c^* m$
齿根高	h_f	$h_f=(h_n^*+c^*)m$
分度圆直径	d	$d=zm$
分度圆齿厚	s	$s=\frac{\pi m}{2}$
顶圆直径	d_a	$d_a=d+2h_a\cos\delta$
根圆直径	d_f	$d_f=d-2h_f\cos\delta$
齿顶角	θ_a	$\theta_a=\arctan\frac{h_a}{R}$
齿根角	θ_f	$\theta_f=\arctan\frac{h_f}{R}$
顶锥角	δ_a	不等间隙收缩齿 $\delta_a=\delta+\theta_a$ 等间隙收缩齿 $\delta_a=\delta+\theta_f$
根锥角	δ_f	$\delta_f=\delta-\theta_f$
锥距	R	$R=\frac{1}{2}\sqrt{d_1^2+d_2^2}=\frac{m}{2}\sqrt{z_1^2+z_2^2}$
齿宽	b	$b=\psi_R R$ $\psi\approx0.25\sim0.3$

一对直齿锥火轮的正确啮合条件是:两维齿轮的大端模数和压力角分别相等,锥距相等。

3)直齿锥齿轮的当量齿轮

当用仿形法加工锥齿轮和对锥齿轮进行强度计算时,必须知道锥齿轮的大端齿形。锥齿轮大端齿廓所在的圆锥,称为背锥,背锥母线与锥齿轮的分度圆锥母线相垂直,如图 6.12 所示。将锥齿轮大端齿廓随背锥展开得一扇形齿轮,将上述扇形齿轮补充完整,则得一模数和压力角均与锥齿轮大端模数和压力角相同的直齿圆柱齿轮。显然,这一直齿圆柱齿轮的齿廓形状与锥齿轮的大端齿廓形状相当,称该直齿圆柱齿轮为原锥齿轮的当量齿轮。由图 6.12 可知,当量齿轮的分度圆半径$r_v=O_1C=r/\cos\delta=mz_v/2$,故

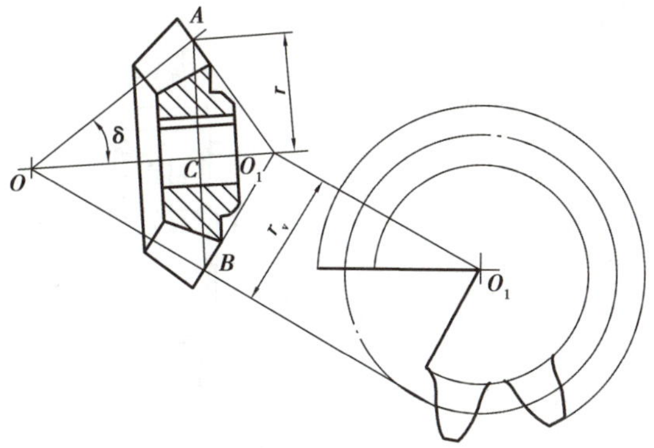

图 6.12　直齿锥齿轮的当量齿轮

$$z_v = \frac{z}{\cos \delta} \tag{6.14}$$

z_v 称为维齿轮的当量齿数。若 $z_v = 17$，则 $z = 17 \cos \delta$，可知维齿轮不根切的最少齿数少于直齿圆柱齿轮。

6.4　齿轮的设计

齿轮的结构设计通常是首先按齿轮的直径大小选定合适的结构形式，然后根据推荐的经验公式和数据进行结构设计。齿轮常用的结构形式有以下 3 种：

1）齿轮轴

对直径较小的钢制齿轮，当齿轮的顶圆直径 d_a 小于轴孔直径的 2 倍，或圆柱齿轮齿根圆至键槽底部的距离 $\delta \leqslant 2.5$ m（斜齿轮为 m_n）、圆锥齿轮的小端齿根圆至键槽底部的距离 $\delta \leqslant 1.6m$（m 为大端模数）时，将齿轮与轴做成一整体，称为齿轮轴，如图 6.13 所示。

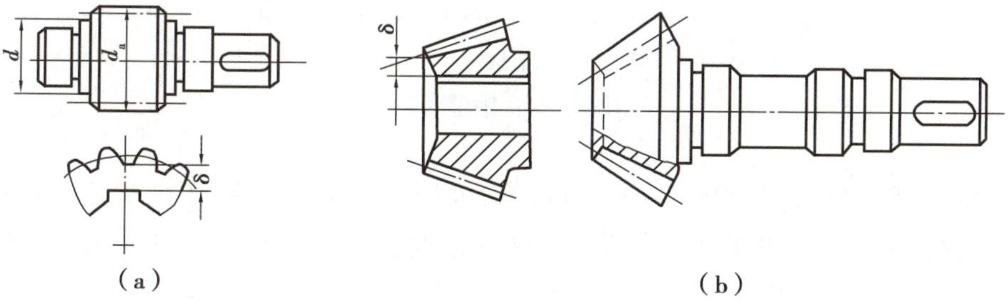

图 6.13　齿轮轴

2）锻造齿轮

齿轮与轴分开制造时，齿轮采用锻造结构，如图 6.14 所示。当 $d_a \leqslant 200$ mm 时，圆柱齿轮采用如图 6.14（a）所示的形式；当 $d_a \leqslant 500$ mm 时，圆柱齿轮采用如图 6.14（b）所示的形式。锥齿轮结构形式如图 6.14（c）所示。

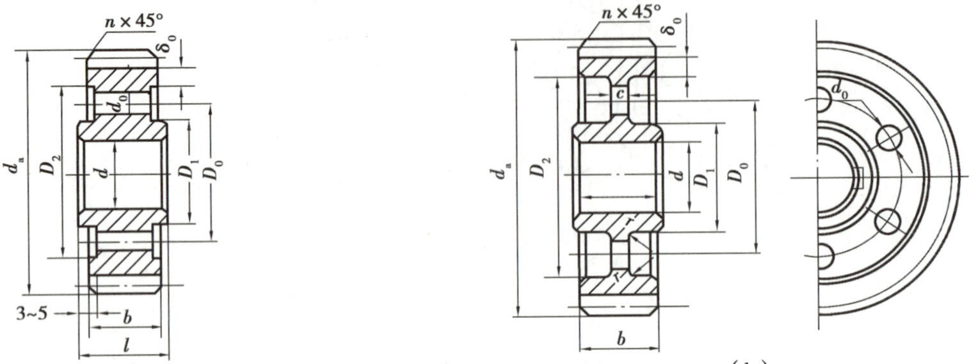

$D_1=1.6d_1$　$d_0=0.2(D_2-D_1)$　　$1.5d>l\geqslant b$

$\delta_0=2.5m_n$，但不小于 8　　$D_0=0.5(D_2+D_1)$

当 $d_0<10$ 时，可不必做孔　　$n=0.5m_n$

$1.5d>l\geqslant b$　　$\delta_0=2.5\sim4m_n$，但不小于 8

$d_0=0.25(D_2-D_1)$　　$D_0=0.5(D_2+D_1)$

$c=0.3b$（自由锻）　　$c=0.2b$（模锻），但不小于 8

$r=0.5c$　　$n=0.5m_n$

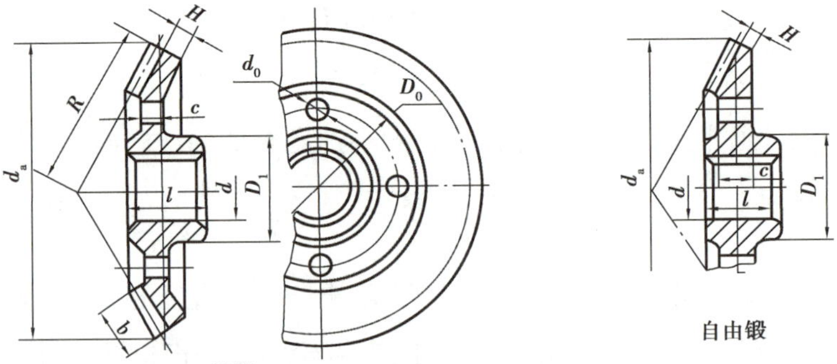

$D_1=1.6d$　　$l=(1-1.2)d$　　$H=(3\sim4)m$，但不小于 10 mm

$c=(0.1-0.17)$（R—大端锥距）　　d_0 和按结构而定

图 6.14　锻造齿轮

3）铸造齿轮

当齿轮的顶圆直径 d_a 为 400 ~ 500 mm 时，因齿轮尺寸大且重，不便锻造，故齿轮采用铸造结构，如图 6.15 所示。当 400 mm $<d_a<$ 500 mm 时，用图 6.15（a）、（b）的形式均可；当 d_a 为 500 ~ 1 000 mm 时，用图 6.15（b）形式的结构。锥齿轮的顶圆直径 $d_a>$ 300 mm 时，也用铸造结构，锥齿轮可铸成带加强肋的腹板式结构，如图 6.15（c）所示。

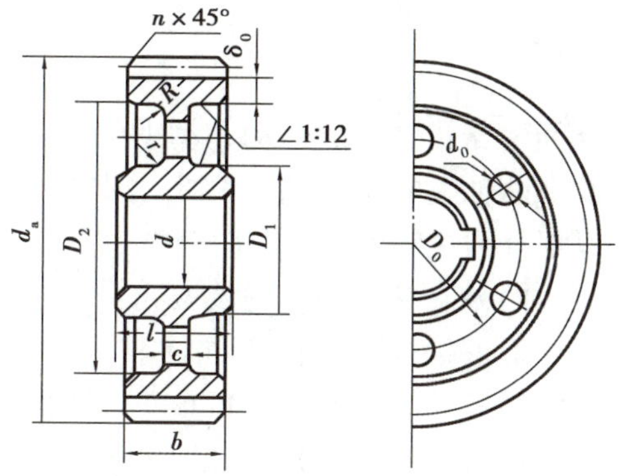

（a）

$D_1=1.6d$（铸钢）　$r\approx 0.5c$

$D_1=1.8d$（铸铁）　$n=0.5m_n$

$\delta_0=(2.5\sim4)m_n$，但不小于 8

$D_0=0.5(D_2+D_1)$

$c=0.2b$，但不小于 10

$d_0=(0.25\sim0.35)(D_2-D_1)$

$5d>l\geqslant b$

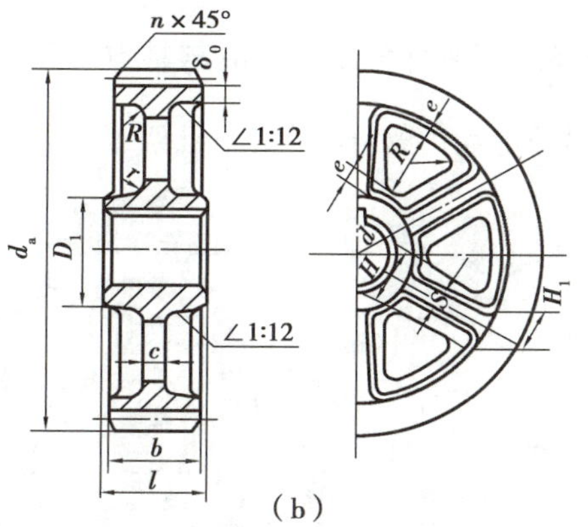

（b）

$D_1=1.6d$（铸钢）

$D_1=1.8d$（铸铁）

$1.5d>l\geqslant b$

$\delta_0=(2.5\sim4)m_n$，但不小于 8

$H=0.8d$（铸钢）

$H=0.9d$（铸铁）

$H_1=0.8H$

$c=0.2H$，但不小于 10

$e=(0.8\sim1)\delta_0$

$S=0.8c$，但不小于 10

$n=0.5m_n$

$r\approx 0.5c$

R—由结构确定

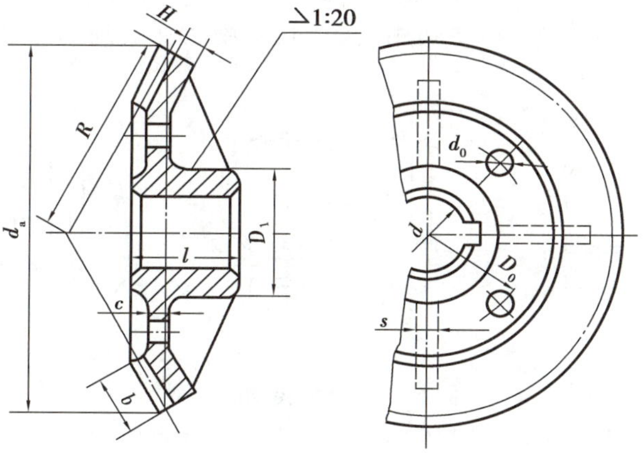

（c）

$D_1=1.6d$（铸钢）　$D_1=1.8d$（铸铁）　$l=(1\sim1.2)d$

$H=(3\sim4)m$，但不小于 10 mm　$c=(0.1\sim0.17)R$，但不小于 10 mm　$s=0.8c$，但不小于 10 mm

D_0 和 d_0 按结构而定

图 6.15　铸造齿轮

6.5　蜗杆传动与螺旋传动

本节主要研究蜗杆传动的类型、特点、功用、主要参数及失效形式等。同时，还讨论螺旋传动的类型及功用。

6.5.1 蜗杆传动的组成与特点

蜗杆传动由蜗杆、蜗轮和机架组成,用于传递空间两交错轴间的运动和动力(见图 6.16)。通常两轴线的交错角为 90°。蜗杆传动一般以蜗杆为主动件,作减速传动。

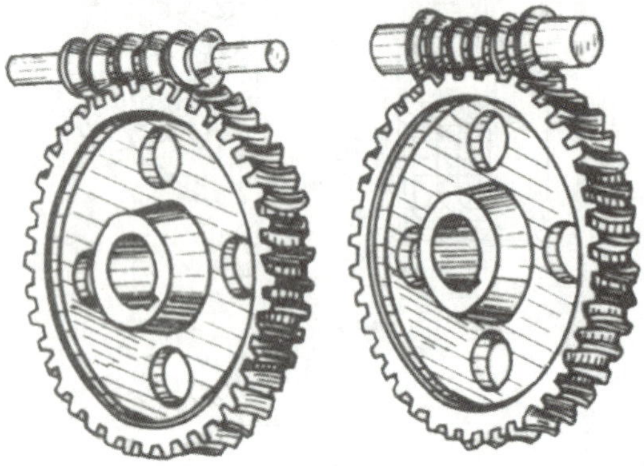

(a) (b)

图 6.16 蜗杆传动

1)蜗杆传动的类型及应用

根据蜗杆形状的不同,蜗杆传动可分为圆柱蜗杆传动(见图 6.17(a))、环面蜗杆传动(见图 6.17(b))和锥蜗杆传动(见图 6.17(c))三大类。圆柱蜗杆传动又分为普通圆柱蜗杆传动和圆弧圆柱蜗杆传动。

(1)普通圆柱蜗杆传动

按照蜗杆齿廓曲线的形状,普通圆柱蜗杆传动有以下 4 种:

①阿基米德圆柱蜗杆(ZA 蜗杆)传动

如图 6.18(a)所示,在垂直于蜗杆轴线的截面内齿廓为阿基米德螺旋线。这种蜗杆的加工与用梯形车刀在车床上加工普通梯形螺纹的螺旋类似,加工方便。但导程角 γ 较大($\gamma>15°$)时,加工困难,且难以磨齿,不便采用硬齿面,精度较低。阿基米德蜗杆一般用于头数较少、载荷较小、不太重要的传动。

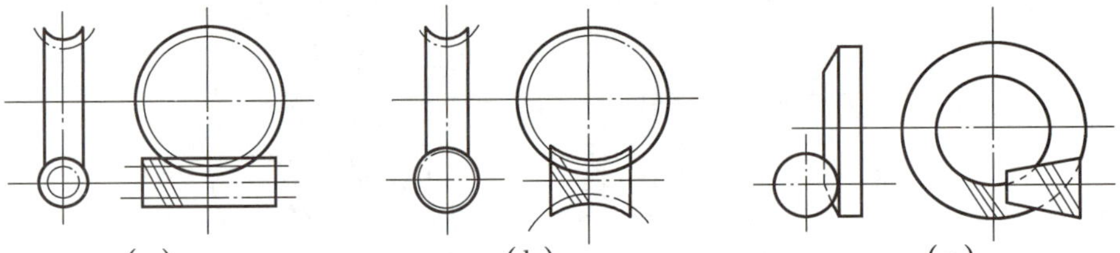

(a) (b) (c)

图 6.17 蜗杆传动的类型

②法向直廓圆柱蜗杆(ZN 蜗杆)传动

如图 6.18(b)所示,蜗杆的法向齿廓为直廓,端面齿廓为延伸渐开线。车削时,刀具法向放置,有利于切削出导程角 $\gamma>15°$的多头蜗杆。蜗杆也可铣削和磨削。这种蜗杆常用于机床多头精密蜗杆传动。

③渐开线圆柱蜗杆(ZI 蜗杆)传动

蜗杆齿面为渐开螺旋面,端面齿廓为渐开线,如图 6.18(c)所示。通常蜗杆车制。加工时,车刀刃顶面应与基圆柱相切。可以磨削,易保证精度。渐开线蜗杆传动适用于功率较大、转速较高和较精密的传动。

④锥面包络圆柱蜗杆(ZK 蜗杆)传动

如图 6.18(d)所示,蜗杆齿面是由锥面盘形铣刀或砂轮包络而成的螺旋面,端面齿廓近似为阿基米德螺旋线。这种蜗杆不能在车床上车制,只能在铣床上铣制并在磨床上磨削,易获得高精度,应用日益广泛。

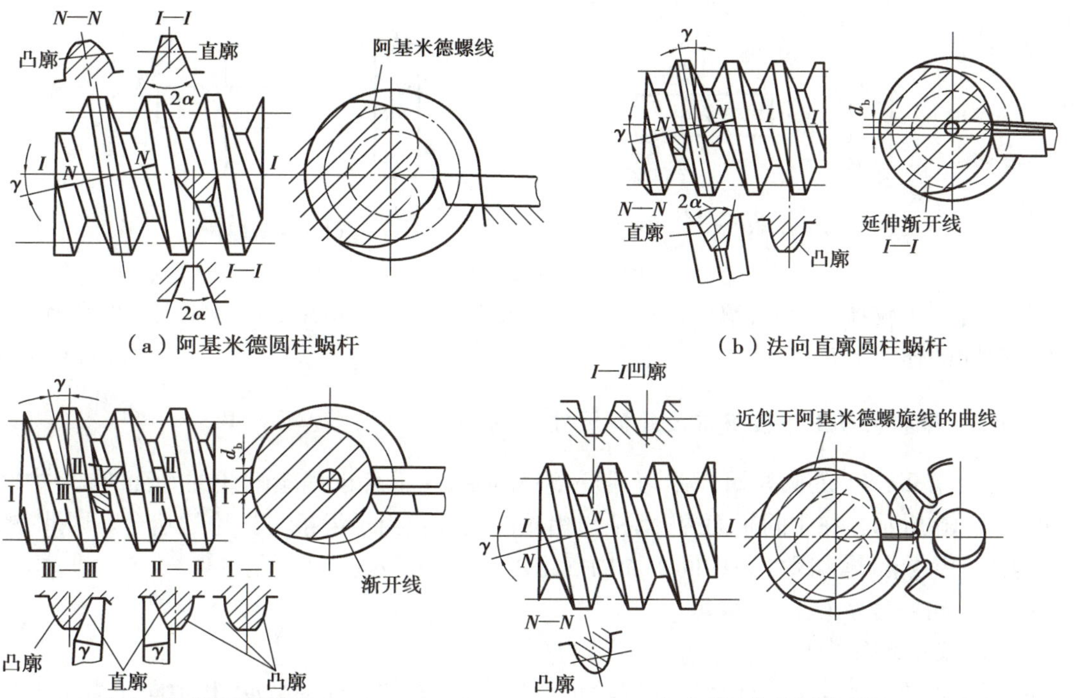

（a）阿基米德圆柱蜗杆　（b）法向直廓圆柱蜗杆

（c）渐开线圆柱蜗杆　（d）锥面包络圆柱蜗杆

图 6.18　普通圆柱蜗杆的类型

(2)圆弧圆柱蜗杆(ZC 蜗杆)传动

圆弧圆柱蜗杆在中间平面内的齿廓为内凹弧形,与之相配的蜗轮齿廓为凸弧形(见图 6.19)。传动时,凹凸弧齿廓相啮合,综合曲率半径大,承载能力强,较普通圆柱蜗杆传动高出 50% ~150%;效率高,一般可达 90% 以上;质量小,结构紧凑。这种蜗杆传动已广泛应用于冶金、矿山、建筑、起重运输等机械中。

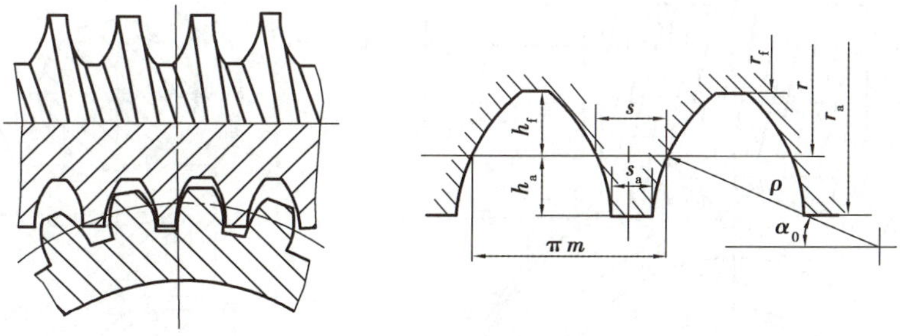

图 6.19　圆弧圆柱蜗杆传动

根据蜗杆螺纹的旋向,可分为右旋蜗杆和左旋蜗杆两种。将蜗杆竖直面对观察者,若所见螺纹自左向右升高,则为右旋;反之,则为左旋,如图 6.20 所示。除特殊要求外,均应采用右旋蜗杆。

2)蜗杆传动的特点

蜗杆传动具有传动比大(在一般动力传动中,$i=5\sim80$;在分度机构中,i 可达 1 000 以上)、传动平稳、噪声小,以及可实现自锁等优点。但其传动中的摩擦损失大,发热重入传动效率较低(一般为 0.7 ~0.9,反行程自锁时,效率 <0.5); 蜗轮齿圈常用青铜制造,价格高;制造

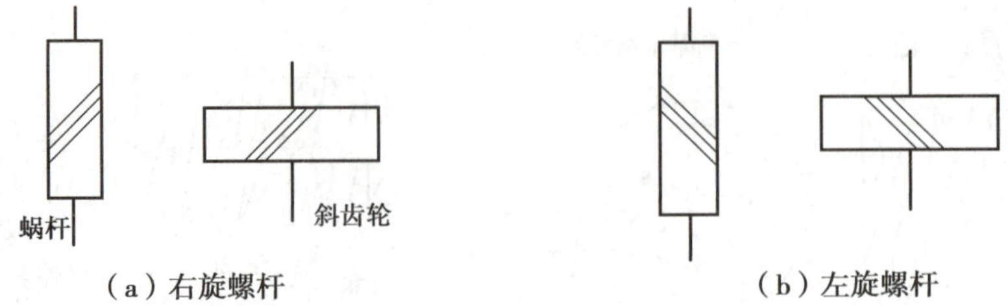

图 6.20　蜗杆的旋向

和安装精度要求较高。因此,蜗杆传动适用于传动比大、中小功率(50 kW 以下)的传动,且不宜作长时间的连续运转。

6.5.2　蜗杆传动的主要参数及几何尺寸

对轴交角 $\Sigma=90°$的圆柱蜗杆传动,通过蜗杆轴线并垂直于蜗轮轴线的平面,称为中间平面,如图 11.6 所示。在中间平面内,蜗杆与蜗轮的啮合相当于齿条与齿轮的啮合。因此,蜗杆传动的标准参数和基本尺寸在中间平面内确定。

1) 圆柱蜗杆传动的主要参数

(1) 模数 m 和压力角 α

如图 6.21 所示,为了保证蜗杆与蜗轮正确啮合,蜗杆的轴向模数m_x 和轴向压力角α_x 应分别等于蜗轮的端面模数m_t 和端面压力角α_t 且均等于标准值,即

$$m_x = m_t = m \tag{6.15}$$

$$\alpha_x = \alpha_t = \alpha \tag{6.16}$$

模数的标准值见表 6.5。ZA 蜗杆的轴向压力角为标准值,$\alpha_x=20°$;ZN,Z1,ZK 蜗杆的法向压力角为标准值,$\alpha_n=20°$;ZC 蜗杆$\alpha_n=23°$。

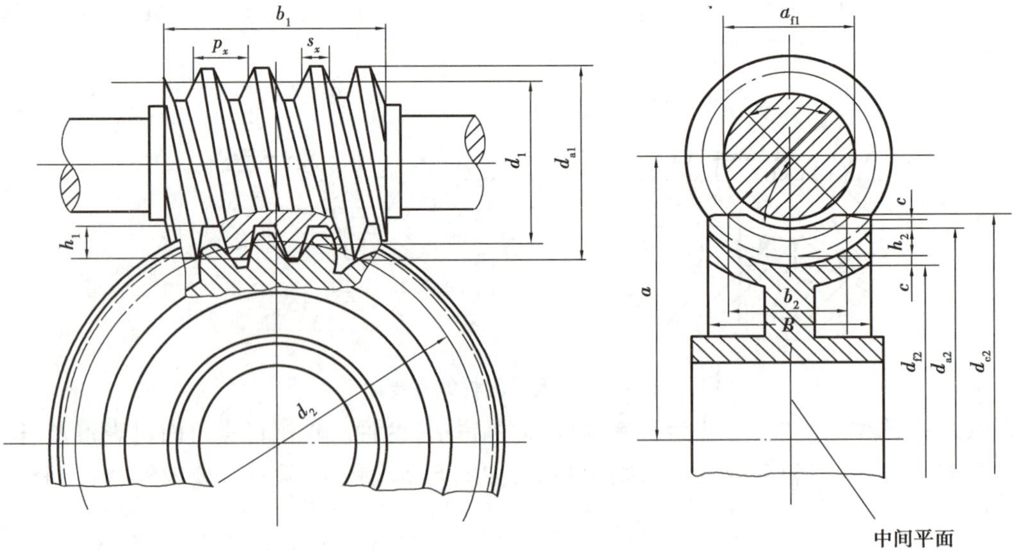

图 6.21　圆柱蜗杆传动的几何尺寸

表6.5　普通圆柱蜗杆传动的主要参数常用值及其匹配(摘自GB/T 10085—2018)

模数 m /mm	分度圆直径 d_1/mm	蜗杆头数 z_1	直径系数 q	m^2d_1 /mm^3	模数 m /mm	分度圆直径 d_1/mm	蜗杆头数 z_1	直径系数 q	m^2d_1 /mm^3
1	18	1	18.000	18	3.6	63	1,2,4,6	10.000	2 500
1.25	20	1	16.000	31.25		112	1	17.778	4 445
	22.4	1	17.920	35	8	80	1,2,4,6	10.000	5 120
1.6	20	1,2,4	12.500	51.2		140	1	17.500	8 960
	28	1	17.500	71.68	10	90	1,2,4,6	9.000	9 000
2	22.4	1,2,4,6	11.200	89.6		160	1	16.000	16 000
	35.5	1	17.750	142	12.5	112	1,2,4	8.960	17 500
2.5	28	1,2,4,6	11.200	175		200	1	16.000	31 250
	45	1	18.000	281	16	140	1,2,4	8.750	35 840
3.15	35.5	1,2,4,6	11.270	352		250	1	15.625	64 000
	56	1	17.778	556	20	160	1,2,4	8.000	64 000
4	40	1,2,4,6	10.000	640		315	1	15.750	126 000
	71	1	17.750	1 136	25	200	1,2,4	8.000	125 000
5	50	1,2,4,6	10.000	1 250		400	1	16.00	250 000
	90	1	18.000	2 250					

注：1. 本表所列 d_1 数值为国家标准规定的优先使用值。
2. 表中同模数有两个 d_1 值，当选取其中较大的 d_1 值时，蜗杆导程角 γ 小于330′，有较好的自锁性。

(2)蜗杆分度圆直径 d_1 和导程角 γ

蜗杆类似一螺杆。如图6.22(a)所示，蜗杆有3条螺旋线，即 $z_1=3$，螺旋线的导程角为 γ，蜗杆的轴向齿距为 p_{x1}，导程 $P_h=z_1P_{x1}$；如图6.22(b)所示为蜗杆分度圆螺旋线展开图。由图6.22可得蜗杆的导程角为

$$\tan\gamma=\frac{z_1P_{x1}}{\pi d_1}=\frac{z_1m}{d_1} \tag{6.17}$$

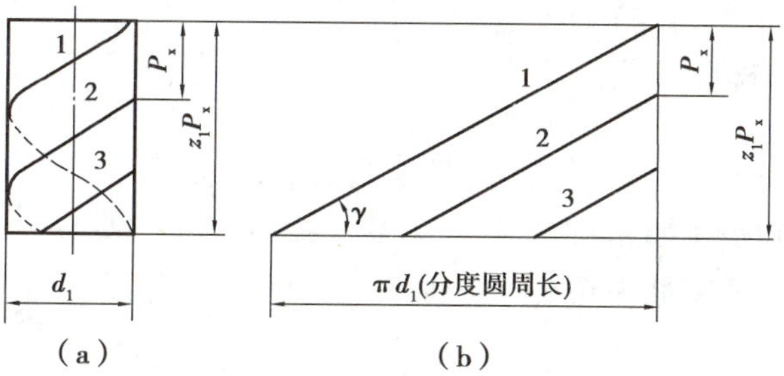

图6.22　蜗杆导程角与齿距

导程角 γ 的范围为3°~33.35°。不同 z_1 时，所用的 γ 值见表6.6。

表 6.6　z_1 与 γ，i 的荐用范围

蜗杆头数 z_1	1	2	3	4
导程角 γ	3°～8°	8°～16°	16°～30°	28°～33.5°
传动比 i	29～83	14.5～31.5	7.25～15.75	4.83，5.17
蜗轮齿数 z_2	29～83	29～63	29～63	29，31

当传递动力时，应取较大的 γ 值，即应选用多头数的蜗杆。若要求蜗杆传动具有自锁性，则应采用 γ 小于3.5°的蜗杆传动。

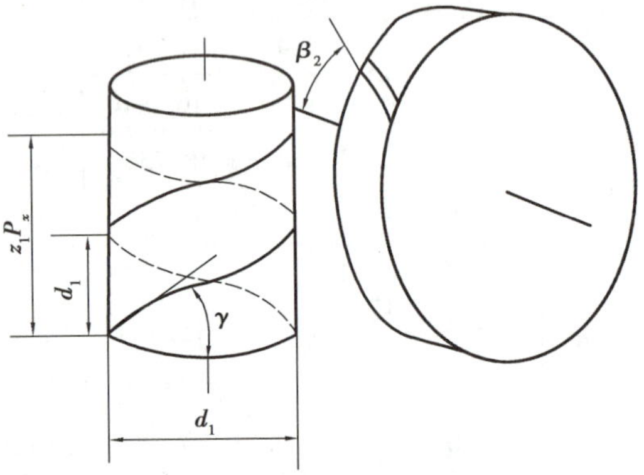

图 6.23　蜗杆导程角与蜗轮齿的螺旋角

对轴交角为90°的蜗杆传动，除模数和压力角应分别相等外，蜗杆分度圆柱面上的导程角 γ 应等于蜗轮分度圆柱面上的螺旋角 β，且旋向相同（见图 6.23），可得

$$d_1 = \frac{mz_1}{\tan \gamma} \tag{6.18}$$

通常蜗轮的轮齿是用蜗轮滚刀切制，滚刀的尺寸与蜗杆的尺寸基本相同（为保持蜗杆传动的径向间隙，滚刀顶圆直径比蜗杆顶圆直径大1个顶隙）。分析式（6.18）可知，蜗杆分度圆直径 d_1 不仅与模数有关，而且还随 $z_1/\tan \gamma$ 的比值而改变。这样，就需要无数多的刀具，很不经济。为了减少滚刀的型号，便于刀具标准化，国家标准规定了蜗杆直径系列，见表 6.5。

蜗杆分度圆直径 d_1 与模数 m 之比，称为蜗杆直径系数，用 q 表示，即 $q = d_1/m$，由此可得

$$d_1 = qm \tag{6.19}$$

因 m，d_1 均为标准值，导出的 q 值不一定为整数。其值见表 6.5。

（3）蜗杆头数 z_1 和蜗轮齿数 z_2

蜗杆头数 z_1 常取为1，2，4，6。要求传动效率高时，取 $x_1 \geqslant 2$；当传动比大时，取 $z_1 = 1$。蜗轮的齿数 $z_2 = iz_1$，z_2 过少时产生切齿干涉，一般取 $z_2 = 29 \sim 80$。

（4）传动比 i

对减速蜗杆传动，传动比 i 为

$$i = \frac{n_1}{n_2} = \frac{z_2}{z_1} = \frac{d_2}{d_1 \tan \gamma} \tag{6.20}$$

式中　n_1，n_2——蜗杆和蜗轮的转速。

不同 z_1 时，i 的荐用范围见表 6.6。

（5）中心距 a

蜗杆传动的标准中心距为

$$a = \frac{1}{2}(d_1 + d_2) = \frac{m}{2}(q + z_2) \tag{6.21}$$

式中　d_2——蜗轮分度圆直径，$d_2 = mz_2$。

国家标准规定了中心距的标准系列值。其值为 40,50,63,80,100,125,160,(180),200,250,(280),315,355,400,450,500 mm。为了配凑成标准规定的中心距值,蜗杆传动通常需变位。其变位方法与齿轮传动相同。但在变位蜗杆传动中,蜗杆尺寸不变,蜗轮的顶圆直径 d_2、齿根圆直径 d_{f2}等尺寸改变。

2)圆柱蜗杆传动的几何尺寸计算

圆柱蜗杆传动($\Sigma=90°$)的主要几何尺寸计算见表 6.7(见图 6.21)。

表 6.7　圆柱蜗杆传动主要几何尺寸的计算公式

名称	符号	计算公式	
		蜗　杆	蜗　轮
标准中心距	a	$a=\frac{1}{2}(d_1+d_2)=\frac{m}{2}(q+z_2)$	
变位中心距	a'	$a'=\frac{1}{2}(d_1+d_2+2x_2m)=\frac{m}{2}(q+z_2+2x_2)$	
顶隙	c	$c=c^*m$ 顶隙因数 $c^*=0.2$(普通圆柱蜗杆),$c^*=0.16$(圆弧圆柱蜗杆)	
齿顶高	h_a	$h_{a1}=h_a^*m,\ h_a^*=1$	$h_{a2}=(h_a^*+x_2)m$,若$x_2=0,h_{a1}=h_{a2}$
齿根高	h_f	$h_{f1}=(h_a^*+c^*)m$	$h_{f2}=(h_a^*+c^*-x_2)m$
齿高	h	$h=h_a+h_f$	
分度圆直径	d	$d_1=mq=\frac{mz_1}{\tan\gamma}$	$d_1=mz_2$
齿顶圆直径	d_a	$d_{a1}=d_1+2h_{a1}$	$d_{a2}=d_2+2h_{a2}$
齿根圆直径	d_f	$d_{f1}=d_1-2h_{f1}$	$d_{f2}=d_2-2h_{f2}$
蜗杆外圆直径	d_{e2}		$d_{e2}\leqslant d_{a2}+2m(z_1=1)$ $d_{e2}\leqslant d_{a2}+1.5m(z_1=2\sim3)$ $d_{e2}\leqslant d_{a2}+m(z_1=4\sim6)$
齿宽	b	$b_1(11+0.06z_2)m(z_1=1,2)$ $b_1(12.5+0.09z_2)m(z_1=3,4)$	$b_2\leqslant0.75d_{a1}(z_1\leqslant3)$ $b_2\leqslant0.67d_{a1}(z_1\leqslant4\sim6)$ 轮缘宽度 $B=b_2+(1\sim2)m$
螺杆导程角	γ	$\gamma=\arctan\frac{mz_1}{d_1}$	蜗轮齿宽角 $\theta=90°\sim130°$

例 6.1　普通圆柱蜗杆传动,已知中心距为 200 mm,传动比 $i=40$。测得右旋单头蜗杆的轴向齿距$P_x=5.13$ mm,蜗杆齿齿顶圆直径 $d_{a1}=96$ mm。试计算蜗杆与蜗轮的分度圆直径、蜗轮螺旋角和蜗轮的齿顶圆直径。

解　(1)计算蜗杆分度圆直径 d_1

据$P_x=\pi m$,则

$$m=\frac{P_x}{\pi}=\frac{25.13}{\pi}\text{ mm}=8\text{ mm}$$

由 $d_a=d_1+2h_{a1}$,得

$$d_1 = d_{a1} - 2h_{a1} = d_{a1} - 2h_a m$$
$$= (96 - 2 \times 18)\ \text{mm} = 80\ \text{mm}$$

(2)计算蜗轮分度圆直径 d_2

蜗轮齿数

$$z_2 = iz_1 = 40 \times 1 = 40$$

则

$$d_2 = mz_2 \times 8 \times 40\ \text{mm} = 320\ \text{mm}$$

(3)计算蜗轮螺旋角 β

由 $d_1 = mq$,得

$$q = \frac{d_1}{m} = \frac{80}{8} = 10$$

则

$$\beta = \gamma = \arctan\frac{z_1}{q} = \arctan\frac{1}{10} = 5°42'38''(\text{右旋})$$

(4)计算蜗轮的齿顶圆直径

由 $a' = \frac{m}{2}(q + z_2 + 2x_2)$,得

$$x_2 = \frac{a'}{2} - \frac{q}{2} - \frac{z_2}{2} = \frac{200}{8} - \frac{10}{2} - \frac{40}{2} = 0$$

蜗轮的齿顶圆直径为

$$d_{a2} = d_2 + 2h_{a2} = d_2 + 2h_a^* m$$
$$= (320 + 2 \times 1 \times 8)\text{mm} = 336\ \text{mm}$$

6.5.3 蜗杆传动的失效、材料、散热与润滑

1)失效形式

闭式蜗杆传动的主要失效形式是轮齿齿面的点蚀、磨损和胶合。开式传动中,主要是轮齿的磨损和弯曲折断。由于蜗杆齿为连续的螺旋齿,且材料强度通常高于蜗轮材料强度,因而失效总是发生在蜗轮轮齿上。因此,只需作蜗轮轮齿的强度计算,详见机械设计手册。

2)材料的选择

根据蜗杆传动的失效形式,对蜗杆传动副材料组合的要求是:有良好的减摩性、导热性和抗胶合性;有足够的强度。

蜗杆多采用调质钢、渗碳钢和表面淬火钢制造,如 45,20CT,42SiMn,40CNi 等。常经热处理提高齿面硬度,增加耐磨性。

蜗轮常用铸造锡青铜 ZCuSn10P1,ZCuSn6Pb6Zn3,以及铸造铝铁青铜 ZCuAl10Fe3;低速和不重要的传动,可采用铸铁材料。

3)散热与润滑

由于蜗杆传动的滑动速度大,效率较低,在工作时产生大量的热,若散热条件差,润滑不良,箱体温度上升,润滑失效,则会导致齿面的胶合。因此,为了延长蜗杆传动的使用寿命和提高其传动效率,应高度重视蜗杆传动的散热和润滑。

（1）散热

当蜗杆传动的工作温度超过 90 ℃时，通常使用的散热措施为：

①箱体上设散热片。

②蜗杆轴端加装风扇（见图 6.24（a））。

③箱内设置冷却水管（见图 6.24（b））。

④采用压力喷油循环润滑（见图 6.24（c））。

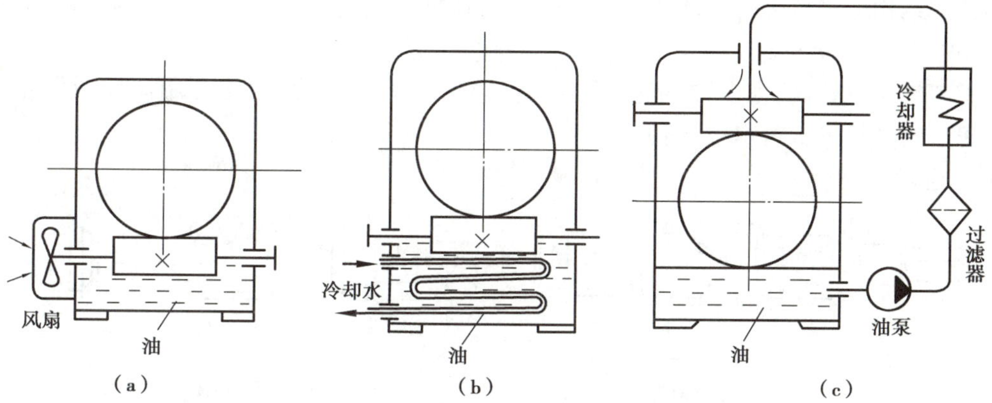

图 6.24　蜗杆传动的冷却方式

普通圆柱蜗杆传动的散热计算，详见机械设计手册。

（2）润滑

蜗杆传动一般用油润滑。润滑方式有油浴润滑和喷油润滑两种。根据齿面滑动速度 v_s 选定，即

$$v_s = \frac{v_1}{\cos\gamma} = \frac{\pi d_1 n_1}{60 \times 1\,000 \times \cos\gamma} \tag{6.22}$$

式中　v_s——齿面滑动速度，m/s；

d_1——蜗杆分度圆直径，mm；

n_1——蜗杆转速，r/min；

γ——蜗杆导程角，（°）。

对 $v_s < 10$ m/s 的中低速蜗杆传动，大多采用油浴润滑；$v_s > 10$ m/s 的蜗杆传动，采用喷油润滑。对闭式蜗杆传动，常用润滑油黏度牌号及润滑方式见表 6.8。

表 6.8　蜗杆传动润滑油牌号和润滑方式

滑动速度 v_s/(m·s^{-1})	≤2	2～5	5～10	>10
润滑油牌号	680	460	320	220
润滑方式	油浴润滑		油浴或喷油润滑	喷油润滑

6.5.4 蜗杆与蜗轮的结构

1）蜗杆的结构

蜗杆通常与轴做成一体，如图 6. 25 所示。图 6. 25（a）为铣制蜗杆，图 6. 25（b）为车制蜗杆。

2）蜗轮的结构

蜗轮的结构形式可分为整体式和组合式。铸铁蜗轮或直径小于 100 mm 的青铜蜗轮做成整体式（见图 6. 26（a））。

为了节约贵重金属，大多数蜗轮采用组合结构，齿圈用青铜，而轮芯用铸铁或铸钢制造。齿圈与轮芯的联接方式有以下 3 种：

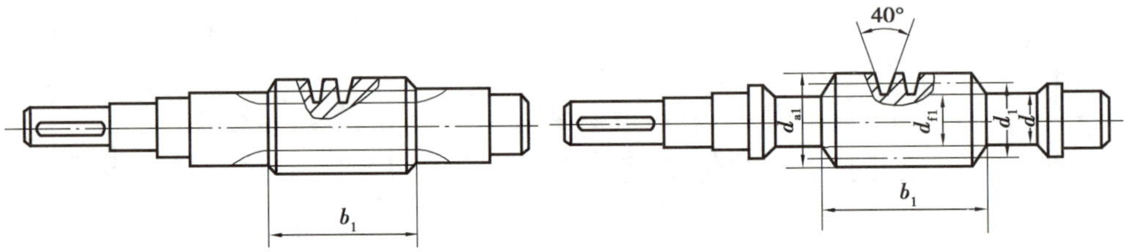

（a）铣制蜗杆　（b）车制蜗杆

图 6. 25　蜗杆的结构

①压配式（见图 6. 26（b））

齿圈与轮芯采用过盈配合联接。配合面处制有定位凸肩。为使联接更为可靠，加装 4 ~6 个螺钉，拧紧后切去螺钉头部。由于青铜较软，为避免将孔钻偏，应将螺孔中心线向较硬的轮芯偏移 2 ~3 mm。因此，这种结构多用于尺寸不大或工作温度变化较小的场合。

②螺栓联接式（见图 6. 26（c））

蜗轮齿圈与轮芯之间常用铰制孔用螺栓联接。其装拆方便，用于尺寸较大或磨损后需要更换齿圈的蜗轮。

③组合浇注式（见图 6. 26（d））

在轮芯上预制出榫槽，浇注上青铜轮缘后切齿。该结构适用于大批生产。

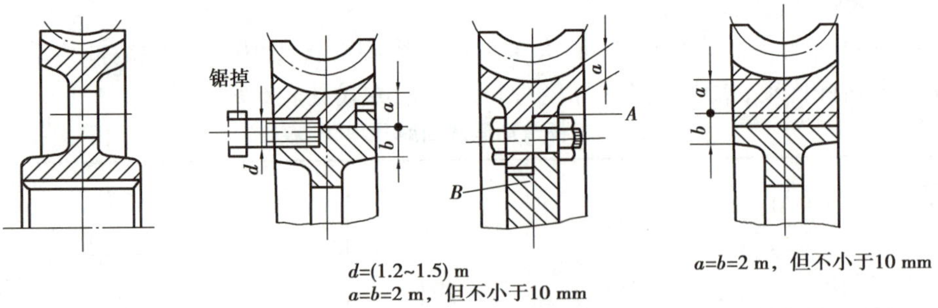

（a）整体式　（b）压配式　（c）螺栓联接式　（d）组合浇注式

图 6. 26　蜗杆的结构

思考题与习题

6.1 分度圆与节圆、压力角与啮合角的区别是什么?

6.2 一对标准直齿轮,安装中心距比标准值略大,试定性说明以下各对量的变化:

(1) 齿侧间隙和顶隙;

(2) 节圆直径和分度圆;

(3) 啮合角和压力角。

6.3 试分别解释标准齿轮和标准安装。

6.4 与标准齿轮相比,标准齿条有什么结构特点?

6.5 试述一对标准直齿轮、斜齿轮、锥齿轮的正确啮合条件。

6.6 已知一正常齿制的渐开线直齿圆柱齿轮的 $m=2.5$ mm, $z=65$, $\alpha=20°$。试求该齿轮齿廓在分度圆上的曲率半径,以及渐开线齿廓在齿顶圆上的压力角。

6.7 有一对正常齿制外啮合标准直齿圆柱齿轮机构,实测两轮轴孔中心距 $\alpha=132$ mm,小齿轮 $z_1=38$,齿顶圆直径 $d_{a1}=120$ mm。现拟配一大齿轮,试确定大齿轮的齿数 z_2、模数 m 及其他主要尺寸(d_2, d_{a2}, d_{f2}, d_{b2})。

6.8 一对正常齿制的标准直齿圆柱齿轮机构,已知 $m=2$ mm, $z_1=17$, $z_2=37$,标准安装,要求:

(1)绘制两轮的齿顶圆、分度圆、节圆、齿根圆及基圆;

(2)作出理论啮合线、实际啮合线和啮合角;

(3)检验是否满足连续传动条件。

6.9 一对外啮合标准直齿圆柱齿轮传动,已知 $z_1=30$, $z_2=43$, $m=20$ mm, $\alpha=20°$,正常齿制,当实际中心距 $a'=705$ mm 时,试求啮合角 α'。

6.10 一平行轴标准斜齿轮机构,已知两轮齿数 $z_1=21$, $z_2=27$,模数 $m=2$ mm,压力角 $\alpha_n=20°$,若实际中心距 $a'=55$ mm,试求螺旋角 β。

6.11 一对标准斜齿圆柱齿轮传动,已知两轮齿数 $z_1=22$, $z_2=43$,模数 $m_n=4$ mm,压力角 $\alpha=20°$,螺旋角 $\beta=12°30'$,正常齿制。试求:

(1)计算这对斜齿轮的主要几何尺寸;

(2)两斜齿轮的当量齿数 z_{v1}, z_{v2}。

6.12 在标准直齿圆锥齿轮机构中,已知齿数 $z_1=17$, $z_2=39$,大端模数 $m=5$ mm,大端压力角 $\alpha=20°$,齿顶高系数 $h_a^*=1$,顶隙系数 $c^*=0.2$,齿宽系数 $\psi_R=0.3$,轴交角 $\Sigma=90°$。试求:

(1)确定这对锥齿轮的主要几何尺寸;

(2)两锥齿轮的当量齿数 z_{v1}, z_{v2}。

6.13 有一阿基米德蜗杆蜗轮机构,已知 $m=8$ mm, $z_1=1$, $q=10$, $\alpha=20°$,以及 $h_a^*=1$, $c^*=0.2$, $z_2=48$。试求该机构的主要尺寸。

第 7 章 轮系

本章主要研究轮系的类型、传动比的计算和轮系的功用。

7.1 轮系及其分类

由多对相互啮合的齿轮或蜗轮蜗杆所组成的传动系统，称为轮系。

轮系若按几何轴线是否固定分类，可分为定轴轮系和周转轮系两大类。

1)定轴轮系

轮系中，所有齿轮的几何轴线都相对于机架固定的轮系，称为定轴轮系。如图 7.1 所示的轮系就是定轴轮系的一个实例。

2)周转轮系

轮系中，至少有一个齿轮的几何轴线不固定而绕其他齿轮的固定轴线转动的轮系，称为周转轮系。在如图 7.2 所示的轮系中，齿轮 2 的几何轴线没有固定，它随 H 杆绕着齿轮 1,3 的固定轴线在转动，这样的轮系就是周转轮系。

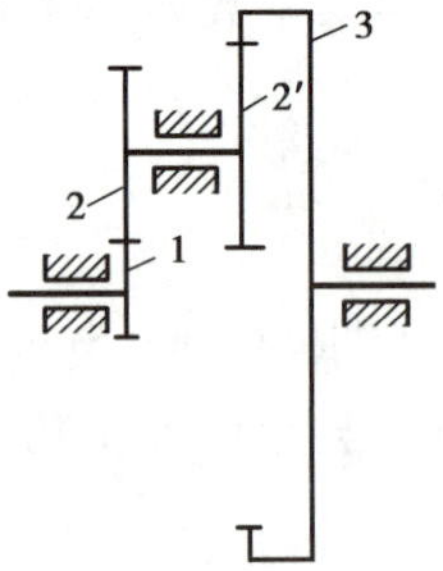

图 7.1 定轴轮系

1,2,3—齿轮

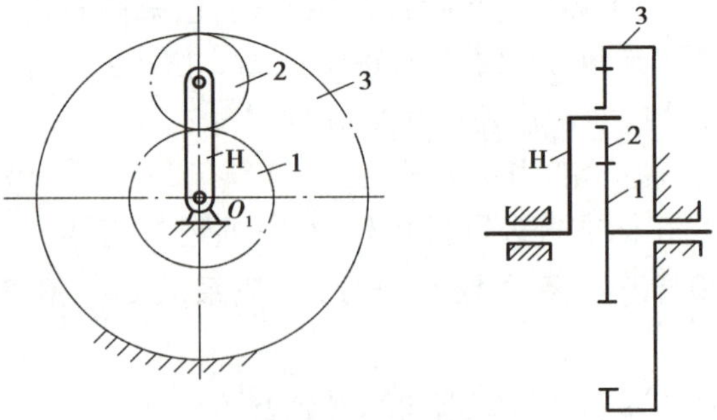

图 7.2 周转轮系

1,2,3—齿轮

7.2 定轴轮系传动比的计算

由第 3 章可知,一对平行轴圆柱齿轮的传动比为

$$i_{12}=\frac{\omega_1}{\omega_2}=\frac{n_1}{n_2}=\pm\frac{z_1}{z_2} \tag{7.1}$$

外啮合时两轮转向相反,其传动比定为负值;内啮合时两轮转向相同,其传动比定为正值。

在轮系中,首末两轮的角速度或转速之比,称为轮系的传动比。若以 1 和 k 代表首、末两轮的标号,则轮系的传动比的大小为

$$i_{1k}=\frac{\omega_1}{\omega_k}=\frac{n_1}{n_k} \tag{7.2}$$

下面通过一平行轴定轴轮系的传动比来分析定轴轮系传动比计算的方法。

在如图 7.3 所示的定轴轮系中,轴 1 为第一主动轴,轴 5 为最末从动轴,z_1,z_2,z_3,z_4,z_5 为各轮的齿数。轮系中各对相互啮合齿轮的传动比为

$$i_{12}=\frac{\omega_1}{\omega_2}=\frac{n_1}{n_2},\quad i_{2'3}=\frac{\omega_{2'}}{\omega_3}=\frac{z_3}{z_{2'}} \tag{7.3}$$

$$i_{3'4}=\frac{\omega_{3'}}{\omega_4}=\frac{z_4}{z_{3'}},\quad i_{45}=\frac{\omega_4}{\omega_5}=-\frac{z_5}{z_4} \tag{7.4}$$

将上述各式分别连乘

$$i_{12}i_{2'3}i_{3'4}i_{45}=\frac{\omega_1}{\omega_2}\frac{\omega_{2'}}{\omega_3}\frac{\omega_{3'}}{\omega_4}\frac{\omega_4}{\omega_5}=\frac{\omega_1}{\omega_5}=\frac{n_1}{n_5} \tag{7.5}$$

$$\left(-\frac{z_2}{z_1}\right)\left(\frac{z_3}{z_{2'}}\right)\left(-\frac{z_4}{z_{3'}}\right)\left(-\frac{z_5}{z_4}\right)=(-1)^3\frac{z_2z_3z_4z_5}{z_1z_{2'}z_{3'}z_4}=(-1)^3\frac{z_2z_3z_5}{z_1z_{2'}z_{3'}} \tag{7.6}$$

故

$$i_{15}=\frac{\omega_1}{\omega_5}=\frac{n_1}{n_5}=(-1)^3\frac{z_2z_3z_5}{z_1z_{2'}z_{3'}} \tag{7.7}$$

注意,在如图 7.3 所示的轮系中,齿轮 4 同时与齿轮 3′和齿轮 5 啮合,它既是前一对齿轮的从动轮,又是后一对齿轮的主动轮,故在计算式中分子、分母同时出现故而被约去。因此,齿轮 4 的齿数不影响其轮系传动比的大小,但改变了齿轮外啮合的齿数,从而改变了传动比的正负号。这种齿轮称为惰轮或过桥齿轮。

由上述分析可得定轴轮系传动比的规律及一般计算方法如下:

①定轴轮系的传动比等于轮系中各对啮合齿轮传动比的连乘积,也等于首末两轮的角速度或转速之比,即

$$i_{1k}=i_{12}i_{23}i_{(k-1)k}\frac{\omega_1}{\omega_k}=\frac{n_1}{n_k} \tag{7.8}$$

②定轴轮系传动比的大小等于各对啮合齿轮中所有从动轮齿数的连乘积与所有主动轮齿数的连乘积之比,即

$$i_{1k}=\frac{\omega_1}{\omega_k}=\frac{n_1}{n_k}=\frac{\text{所有从动轮齿数的连乘积}}{\text{所有主动轮齿数的连乘积}} \tag{7.9}$$

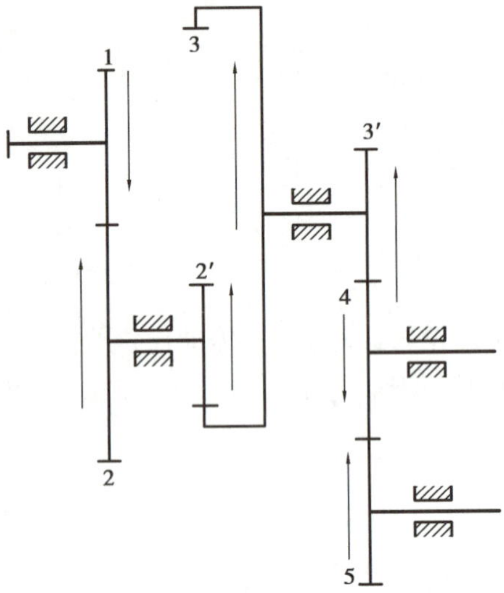

图 7.3　定轴轮系传动比分析

③定轴轮系各轮(轴)转向的判定。

a. 平行轴定轴轮系。当有一对外啮合齿轮时两轴的转向即改变一次,而内啮合齿轮不改变轮轴的转向。因此,轮系中传动比的正负决定于外啮合齿轮的对数 m,可用 $(-1)^m$ 来判定,即可直接由下式确定平行轴定轴轮系的传动比与首末两轮的转向,即

$$i_{1k}=\frac{\omega_1}{\omega_k}=\frac{n_1}{n_k}=(-1)^m\frac{\text{所有从动轮齿数的连乘积}}{\text{所有主动轮齿数的连乘积}}\tag{7.10}$$

b. 非平行轴轴定轴轮系。在空间问题中,因角速度是矢量,故不能用正负号来表示其矢量关系。因此,在非平行轴定轴轮系中,按式(7.2)计算传动比大小,用画箭头的方法来确定各轮轴的转向(见图7.4)。这种用画箭头来确定转向的方法也适用于平行轴定轴轮系(见图 7.3)。

例 7.1　在如图 7.5 所示的轮系中,各齿轮的齿数为 $z_1=15$,$z_2=25$,$z_{2}=20$,$z_3=40$,$z_{3'}=12$,$z_4=30$ 及 $z_{5'}=20$,蜗轮齿数 $z_5=60$,蜗杆头数 $z_{4'}=2$(左旋),齿条模数 $m=4$ mm。运动由齿轮 1 传入,齿条 6 输出。若齿轮 1 的转速 $n_1=500$ r/min,转向如图 7.5 所示的箭头,试定轮系的传动比以及齿条 6 移动速度的大小和方向。

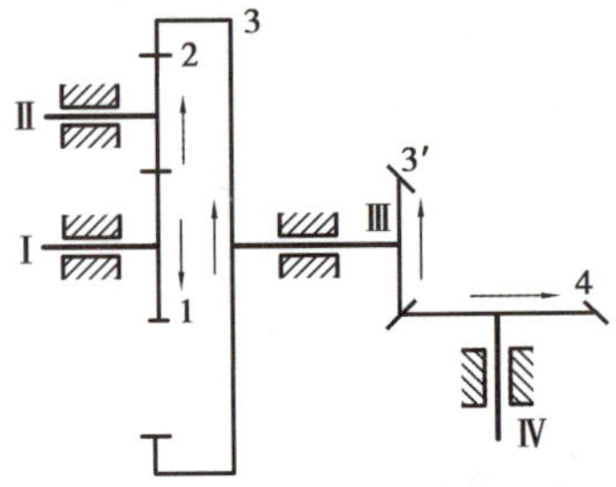

图 7.4　空间定轴轮系轮轴转向的确定

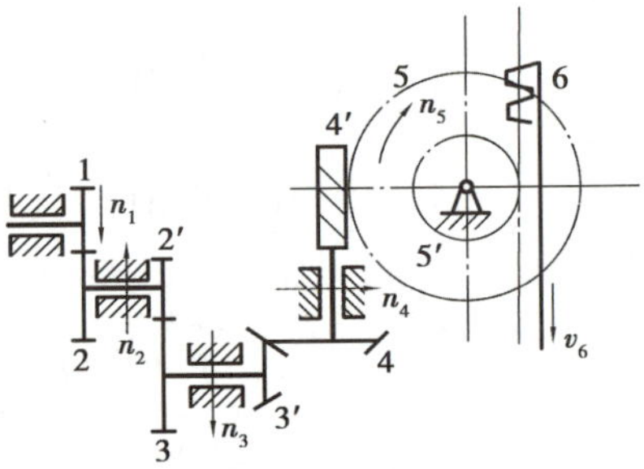

图 7.5　定轴轮系传动比计算

解　该轮系为一空间定轴轮系,其轮系的传动线路为:由齿轮 1 输入运动,经过一系列齿轮和蜗轮,蜗杆的啮合后,由齿轮 5 把运动传递给齿条 6。根据式(7.2)即可得轮系的传动比为

$$i_{15}=\frac{n_1}{n_5}=\frac{z_2z_3z_4z_5}{z_1z_{2'}z_{3'}z_4}=\frac{25\times40\times30\times60}{15\times20\times12\times2}=250$$

而

$$n_{5'}=n_5=\frac{n_1}{i_{15}}=\frac{500}{250}\text{ r/min}$$

由于齿轮 5′与蜗轮 5 同在转轴上,因此有$n_{5'}=n_5$。由齿轮与齿条啮合的特点可知,齿轮 5′上与齿条 6 啮合点的线速度即齿条移动的速度,即

$$v_{5'}=v_6=2\pi r_{5'}n_{5'}=2\pi\frac{mz_{5'}}{2}\times n_{5'}$$

$$=2\pi\frac{4\times20}{2}\times2\ \text{mm/min}=502.6\ \text{mm/min}=0.506\ \text{m/min}$$

齿条移动的方向如图7.5所示的箭头。

7.3 周转轮系传动比的计算

7.3.1 周转轮系的组成及其分类

1)周转轮系的组成

在如图7.2所示的周转轮系中,齿轮1和齿轮3均绕固定几何轴线 O_1 转动。这种绕固定几何轴线转动或不动的齿轮,称为太阳轮。齿轮2空套在构件H上,它既可绕自身几何轴线转动,又随构件H绕太阳轮的几何轴线转动。这种既有自转又有公转的齿轮,称为行星轮。而绕固定几何轴线转动的构件H,则称行星架或转臂。由此可知,周转轮系一般由太阳轮、行星轮和行星架所组成。

注意,在简单的周转轮系中,太阳轮和行星架的几何轴线必须重合。

2)周转轮系的分类

周转轮系按轮系的自由度进行分类,可分为即行星轮系和差动轮系两类。

如图7.2所示的周转轮系,其自由度数为1。这种周转轮系称为行星轮系。在如图7.6(a)所示的周转轮系中,两个太阳轮均作转动,该轮系的自由度数为2。这种周转轮系称为差动轮系。

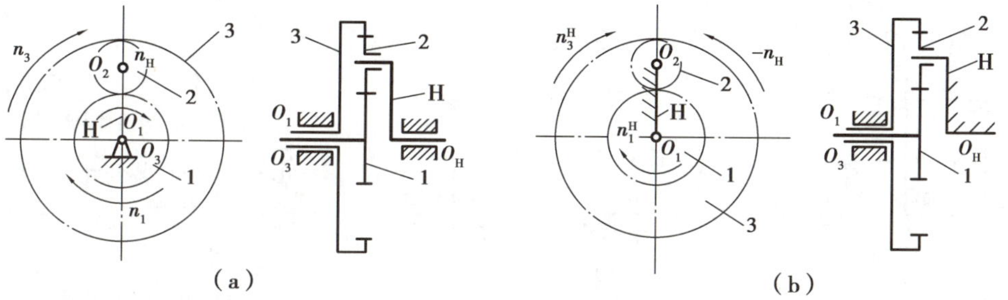

图7.6 周转轮系及其转化轮系

1,2,3—齿轮

由此可知,行星轮系只需一个原动件,轮系就具有确定的运动,而差动轮系则需两个原动件,运动才能确定。

7.3.2 周转轮系传动比的计算

在周转轮系中,由于行星架的转动而使行星轮的几何轴线是运动的。因此,不能用定轴轮系传动比的计算公式来计算周转轮系的传动比。但是,根据相对运动原理,可把周转轮系转化为定轴轮系,这样就可用讨论定轴轮系传动比计算的方法来讨论周转轮系的传动比计算。

在如图7.6(a)所示的周转轮系中,设行星架H的转速为 n_H,若给整个轮系一个"$-n_H$"(见图7.6(b)),仍保证各构件之间的相对运动不变,但行星架的角速度则变为零,即原来运动的行星架转化为静止。这样一来,轮系中所有齿轮的几何轴线都被固定,其周转轮系就转化为了定轴轮系。这种经过一定条件转化所得的定轴轮系,称为周转轮系的转化轮系。

表 7.1 给出了如图 7.6(b)所示的周转轮系转化前、转化后各构件的转速关系。

表 7.1　周转轮系与其转化轮系各构件转速之间的关系

件代号	周转轮系中的转速	转化轮系中的转速
1	n_1	$n_1^H = n_1 - n_H$
2	n_2	$n_2^H = n_2 - n_H$
3	n_3	$n_3^H = n_3 - n_H$
H	n_H	$n_H^H = n_H - n_H = 0$

表 7.1 中,转化轮系中各构件的转速 $n_1^H, n_2^H, n_3^H, n_H^H$ 表示这些转速是各构件相对于行星架 H 的相对转速。

根据定轴轮系传动比计算公式,有转化轮系中齿轮 1 对齿轮 3 的传动比的计算公式为

$$i_{13}^H = \frac{n_1^H}{n_3^H} = \frac{n_1 - n_H}{n_3 - n_H} = (-1)^1 \frac{z_2 z_3}{z_1 z_2} = -\frac{z_3}{z_1} \tag{7.11}$$

将式(7.11)推广到一般的周转轮系中,可得周转轮系的转化轮系传动比计算的基本公式。设 n_G 和 n_K 为周转轮系中任意两个齿轮 G 和 K 的转速,它们与行星架 n_H 的转速之间的关系为

$$i_{GK}^H = \frac{n_G^H}{n_K^H} = \frac{n_G - n_H}{n_K - n_H} (-1)^m \frac{\text{从齿轮 G 到 K 所有从动轮齿数的连乘积}}{\text{从齿轮 G 到 K 所有主动轮齿数的连乘积}} \tag{7.12}$$

应用式(7.12)可计算周转轮系的传动比,但应注意以下 3 个方面的问题:

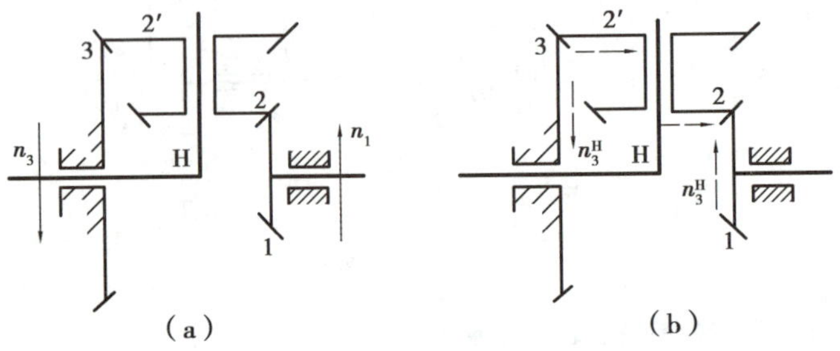

图 7.7　空间周转轮系的转化轮系相对转向的确定

①式(7.12)只适用于齿轮 G,K 和行星架 H 相互平行的周转轮系,因轴线不平行时,其转速不能进行代数运算,而必须进行矢量运算。

②对平行轴的周转轮系,仍用 $(-1)^m$ 来确定转化轮系中的转向关系。其中,m 为由齿轮 G 到齿轮 K 之间外啮合齿轮的对数。但对轴线不平行的周转轮系(见图 7.7(a)),不能用 $(-1)^m$ 来表示转化轮系中的转向关系,而只能用标箭头的方法来表示转化轮系的关系(见图 7.7(b))。

③将已知转速代入公式求解未知转速时,应特别注意转速的正负号。当假定了某一转向的转速为正以后,与其相反方向的转动即为负,必须将转速的大小连同它的符号一同代入公式中进行计算。

例 7.2　在如图 7.7 所示的行星轮系中,各轮的齿数分别为 $z_1 = 27, z_2 = 17, z_3 = 61$。已知 $n_1 = 6\ 000$ r/min,求传动比 i_{1H} 和行星架 H 的转速 n_H

解　由式(7.12)得

$$i_{13}^{H}=\frac{n_1-n_H}{n_3-n_H}=\frac{n_1-n_H}{0-n_H}=-\frac{z_3}{z_1}=\frac{61}{27}$$

由上式可解得

$$i_{1H}=\frac{n_1}{n_H}=1+\frac{61}{27}\approx 3.26$$

设n_1的转向为正，则

$$n_H=\frac{n_1}{i_{1H}}=\frac{6\ 000}{3.26}\ \text{r/min}\approx 1\ 840\ \text{r/min}$$

因n_H的值为正，故n_H的转向与n_1相同。

应用式(7.12)还可计算出行星轮的转速，请读者按上述方法自行分析。

例 7.3　在如图 7.7(a)所示的由锥齿轮组成的周转轮系中，已知各轮的齿数为$z_1=48$，$z_2=42$，$z_{2'}=18$，$z_3=21$，$n_1=100$ r/min，$n_3=80$ r/min，n_1与n_3的转动方向如图示。试求行星架 H 的转速n_H。

解　如图 7.7(a)所示的周转轮系为差动轮系，又称差速器。2—2′为一双联行星轮，轮 1、轮 3 为太阳轮，其几何轴线与行星架 H 的几何轴线重合。因此，可用式(7.12)来求解。但传动比的正负号必须在如图 7.7(b)所示的转化轮系中用画箭头的方法来确定。假设n_1的转向向上，则其他齿轮的转向如图示。另外，在计算中取n_1为正值，则n_3应代入负值进行计算。

通过上述分析，并由式(7.11)得

$$\frac{n_1-n_H}{n_3-n_H}=-\frac{z_2z_3}{z_1z_{2'}}$$

即

$$\frac{100-n_H}{-80-n_H}=\frac{42\times 21}{48\times 18}=\frac{49}{48}$$

由上式可解得

$$n_H=9.07\ \text{r/min}$$

求出的n_H为正值，表示n_1与n_H的转向相同。

例 7.4　如图 7.8 所示某花键磨床的读数机构为一行星轮系。通过刻度盘转过的格数，记录手轮的转速(即丝杠的转速)。已知各轮的齿数分别为$z_1=60$，$z_2=20$，$z_3=20$，$z_4=59$，丝杠齿轮 4 固定。试计算手轮与刻度盘(即齿轮 1)的传动比。

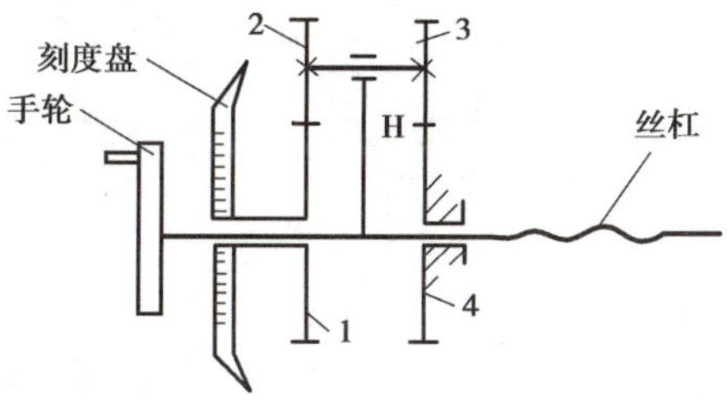

图 7.8　花键磨床读数机构
1,2,3—齿轮;4—丝杠齿轮

解　由图 7.8 可知，该行星轮系的行星架为手轮，此题要求解的传动比即i_{H1}。

由式(7.12)得

$$\frac{n_1-n_H}{n_4-n_H}=(-1)^2\frac{z_2z_4}{z_1z_3}$$

因齿轮 4 固定，有$n_4=0$。化简上式，得

$$i_{1H} = \frac{n_1}{n_H} = 1 - \frac{z_4}{z_1} = \frac{1}{60}$$

i_{H1}与i_{1H}互为倒数,即

$$i_{H1} = \frac{1}{i_{1H}} = 60$$

若改变上述行星轮系的齿数,使 $z_1 = 100$, $z_2 = 99$, $z_3 = 100$, $z_4 = 101$,则有传动比$i_{H1} = 10\,000$,即手轮转过 10 000 转,刻度盘才转过一转。由此可知,这种少齿差的行星轮系可获得较大的传动比。但是,这种轮系的效率很低,只适用于传递运动,不宜于传递动力。

7.4 混合轮系传动比的计算

由定轴轮系和周转轮系组成的轮系,称为混合轮系。

混合轮系传动比的计算方法是:

①确定轮系中的行星轮与行星架,以此为线索分解轮系为周转轮系和定轴轮系。

②分别列出各自轮系的传动比计算式。

③根据轮系之间共用轴上的齿轮与构件,建立相互的定量关系。

④联立求解,使所求问题得到结果。

例 7.5 电动卷扬机的轮系如图 7.9 所示。已知各齿轮的齿数分别为 $z_1 = 16$, $z_2 = 29$, $z_3 = 74$, $z_4 = 18$, $z_5 = 27$, $z_6 = 72$。试求轮 1 对轮 3 的传动比。

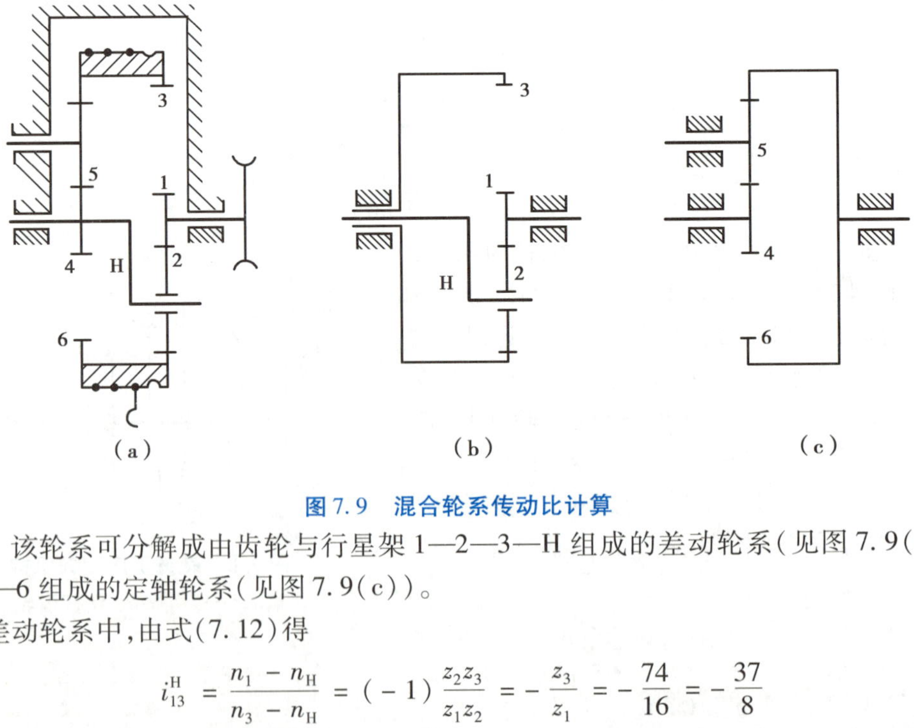

图 7.9 混合轮系传动比计算

解 该轮系可分解成由齿轮与行星架 1—2—3—H 组成的差动轮系(见图 7.9(b))和齿轮 4—5—6 组成的定轴轮系(见图 7.9(c))。

在差动轮系中,由式(7.12)得

$$i_{13}^{H} = \frac{n_1 - n_H}{n_3 - n_H} = (-1)\frac{z_2 z_3}{z_1 z_2} = -\frac{z_3}{z_1} = -\frac{74}{16} = -\frac{37}{8} \tag{7.13}$$

在定轴轮系中,由式(7.11)得

$$i_{46} = \frac{n_4}{n_6} = (-1)\frac{z_5 z_6}{z_4 z_5} = -\frac{z_6}{z_4} = -\frac{72}{18} = -4 \tag{7.14}$$

从图 7.9(a)可知，$n_H = n_4$，$n_3 = n_6$，故

$$\frac{n_4}{n_6} = \frac{n_H}{n_3} = -4,\quad n_H = -4n_3$$

将上述关系代入式(7.13)，则

$$\frac{n_1 + 4n_3}{n_3 + 4n_3} = -\frac{37}{8}$$

化简上式，得

$$n_1 = -27.125n_3$$

由此解得

$$i_{13} = \frac{n_1}{n_3} = -27.125$$

负号表示n_1 与n_3 转向相反。

7.5　轮系的功用

轮系的主要功用大致可归纳为以下 3 个方面：

1)能实现变速与换向的传动

主动轴为一种转速与转向，通过轮系中不同的齿轮啮合，可使从动轴获得不同的转速或转向。如图 7.10 所示为汽车变速机构。该机构为一定轴轮系。其中，轴Ⅰ为主动轴，轴Ⅱ为从动轴，C，B 为滑移齿轮，括号内的数字为各轮的齿数。该轮系通过不同的齿轮啮合，可得到不同的运行挡级(见表 7.2)。

2)能实现大的传动比

定轴轮系和周转轮系均可获得较大的传动比。例如，例 7.1 中的定轴轮系，其中$i_{15} = 250$；又如，例 7.4 中的行星轮系，其$i_{H1} = 10\,000$。在传递功率与传动比相同的情况下，一般来说，周转轮系的体积与质量远比定轴轮系小。

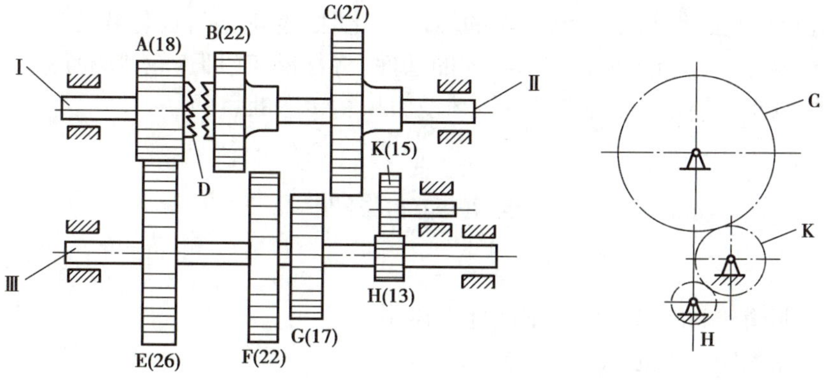

图 7.10　汽车变速结构

表 7.2　汽车变速表

	滑动齿轮啮合状况	齿轮啮合线路	传动 $n_{\mathrm{I}}/n_{\mathrm{II}}$
一挡	C 与 G 啮合	A—E—G—C	2.294
二挡	B 与 F 啮合	A—E—F—B	1.444
三挡	牙嵌离合器 D 接合	Ⅰ—Ⅱ	1
倒挡(换向)	C 与 K 啮合	A—E—H—K—C	-3

3)能实现运动的合成与分解

在如图 7.11 所示的差动轮系中,齿轮 1,3 的齿数相同。由式(7.12)可得出齿轮 1、齿轮 3 和行星架 H 3 个构件转速之间的关系为

$$2n_H = n_1 + n_3$$

此式表明,由外部输入的n_1 和n_3 可合成为n_H 而实现运动的合成;同样,若将行星架 H 的转速按一定的比例分配到左右齿轮上,又可实现运动的分解。

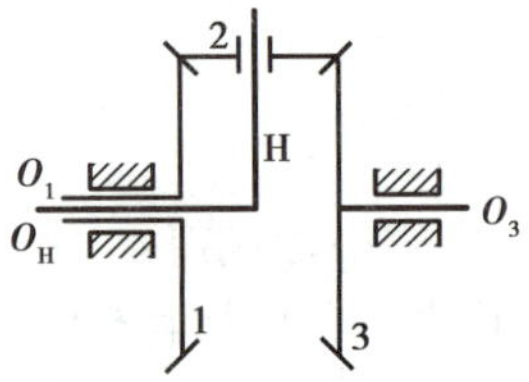

图 7.11　实现运动合成与分解的差动轮系

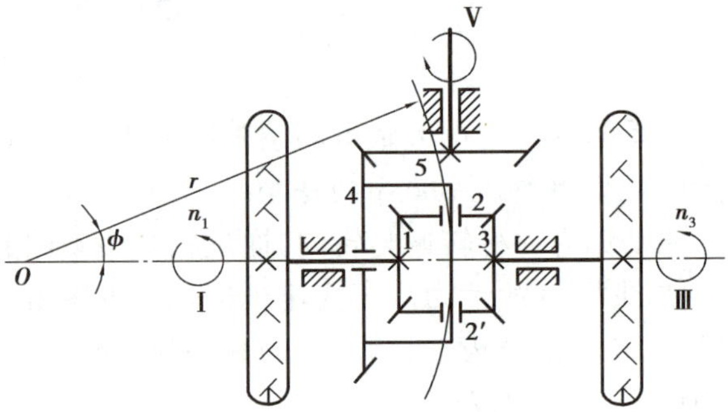

图 7.12　汽车后矫差速器

如图 7.12 所示的汽车后桥差速器,就是用差动轮系来实现运动的分解而达到汽车转弯的目的。当汽车直线行驶时,左右车轮转速相同,差动轮系中的齿轮 1,2,2′,3 之间没有相对运动而构成一个整体;当汽车转弯时,其外侧车轮的转弯半径大于内侧车轮的转弯半径,这就要求外侧车轮的转速必须高于内侧车轮的转速。此时,齿轮 1 与齿轮 3 之间产生差动效果。于是,可按 $2n_H = n_1 + n_3$ 和两车轮转弯半径的条件,将行星架(即齿轮 4)的转速分配到左右车轮上,以实现外侧车轮转动快、内侧车轮转动慢而顺利转弯的目的。

思考题与习题

7.1　什么叫惰轮?惰轮在轮系中起什么作用?

7.2　差动轮系与行星轮系有何特点?

7.3　如图 7.13 所示,已知 n_1 转向。试用箭头表示出图中其他各齿轮的转向。

7.4　在如图 7.14 所示的轮系中,已知各轮的齿数 $z_1 = 18, z_2 = 50, z_{2'} = 20, z_3 = 30, z_{3'} =$

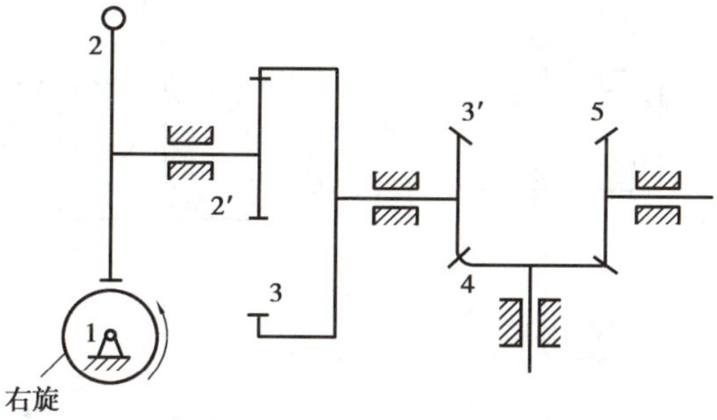

图 7.13　题 7.3 图

45，$z_4=40$，轮 1 的转向如图示。试求传动比 i_{14}，并确定齿轮 4 的转向。

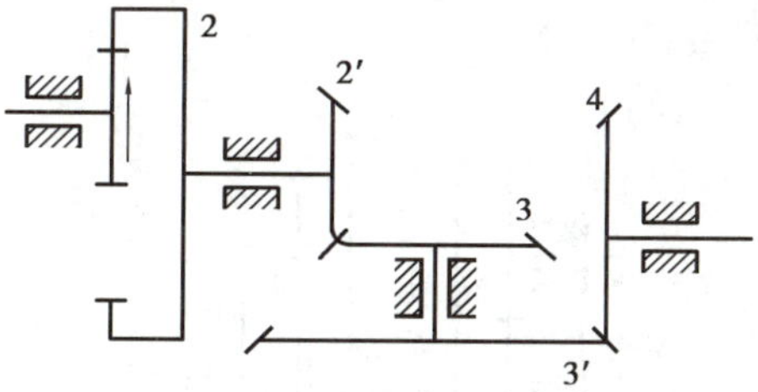

图 7.14　题 7.4 图

7.5　在如图 7.15 所示的分度头机构中，顶针装在蜗轮 6 的轴上。已知各齿轮的齿数 $z_1=30$，$z_2=18$，$z_3=20$，$z_4=50$，$z_5=1$，$z_6=40$，求齿轮 1 按图示箭头方向转动一圈时，顶针的转角和回转方向。

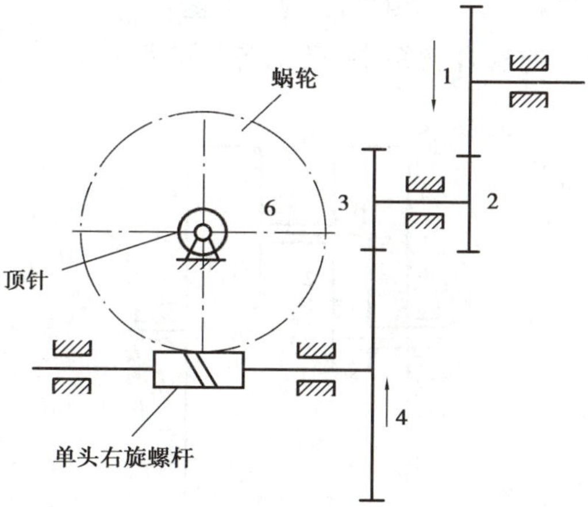

图 7.15　题 7.5 图

7.6　在如图 7.16 所示的周转轮系中，已知各轮的齿数 $z_1=40$，$z_2=25$，$z_{2'}=16$，$z_3=76$。当 $n_1=200$ r/min，$n_3=100$ r/min 时（n_1，n_3 转向如图示），试求：

（1）行星架 H 的转速 n_H 及转向；

（2）传动比 i_{1H}。

7.7　在如图 7.17 所示的周转轮系中，已知各轮的齿数 $z_1=20$，$z_2=30$，$z_{2'}=50$，$z_3=80$，$n_1=150$ r/min（逆时针转动），试求 n_H 的大小和转向。

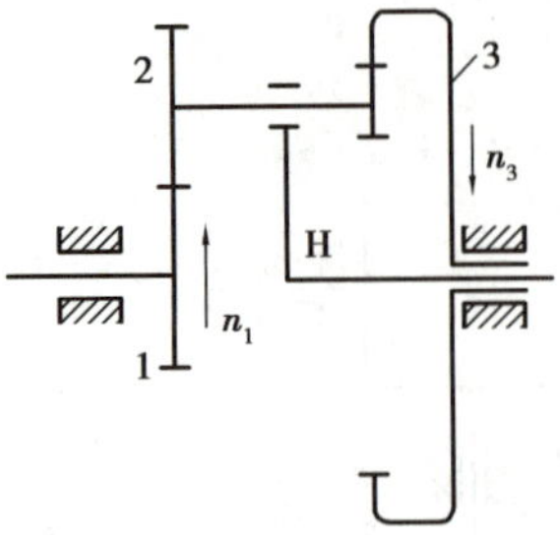

图 7.16　题 7.6 图

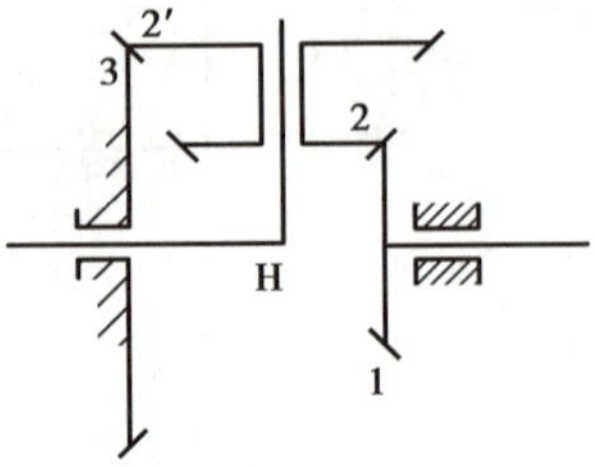

图 7.17　题 7.7 图

7.8　在如图 7.18 所示的复合轮系中,各齿轮均为标准齿轮、标准安装,现已知齿数 $z_1 = z_{3'} = 40$, $z_3 = z_5 = 100$,试求:

(1)标准齿轮 2,4 的齿数 z_1, z_4;

(2)传动比 i_{1H}。

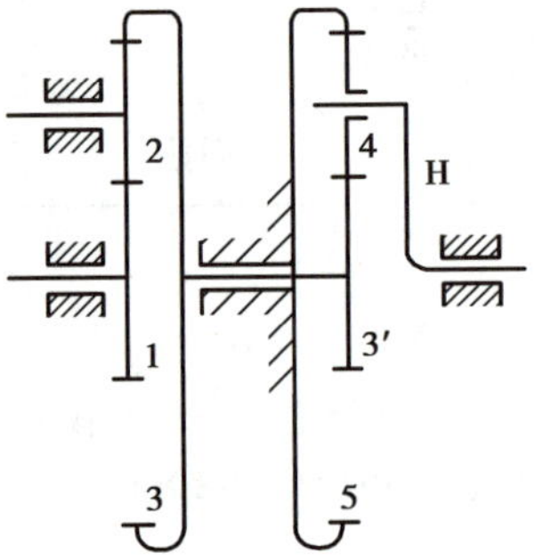

图 7.18　题 7.8 图

7.9　在如图 7.19 所示的复合轮系中,已知各轮的齿数 $z_1 = 15$, $z_2 = 33$, $z_{2'} = 30$, $z_3 = 81$, $z_4 = 78$,试求传动比 i_{1H}。

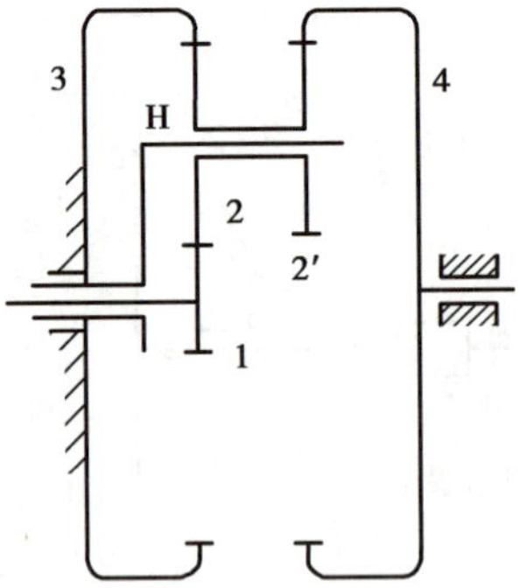

图 7.19　题 7.9 图

第8章 联接

常见的机械联接有两大类:一类是在机器工作时,被联接的各零部件之间可以有相对位置的变化,这种联接统称机械动联接,即前面已讨论过的运动副,本章不再赘述;另一类是在机器工作时,被联接的各零部件之间的相对位置固定不变,不允许有相对运动,这类联接统称机械静联接。机械静联接按拆卸的情况不同分为两种:一种是不可拆联接,如焊接、铆接、黏结等,这些联接在拆开时必须破坏或成损伤联接中的零件;另一种联接是可拆卸联接型,如键联接、螺纹联接、销联接、楔联接、成形联接等,这些联接装拆方便,在拆开时不需要损坏联接件中的任一零件。

8.1 螺纹联接

用螺纹和螺纹联接件来实现的联接,称为螺纹联接。这类联接结构简单,装拆方便,工作可靠,故在生产实际中应用广泛。

8.1.1 常用螺纹的类型和主要参数

常用螺纹的类型主要有普通螺纹、管螺纹、矩形螺纹、梯形螺纹及锯齿形螺纹。其牙型如图8.1所示。其中,前两种主要用于联接,后3种主要用于传动。除矩形螺纹外,其他螺纹一般用单线。为制造方便起见,螺纹按螺旋可分为右旋螺纹和左旋螺纹。一般多用右旋螺纹。螺纹按螺纹线的数目,可分为单线螺纹和多线螺纹。多线螺纹一般不超过4线。

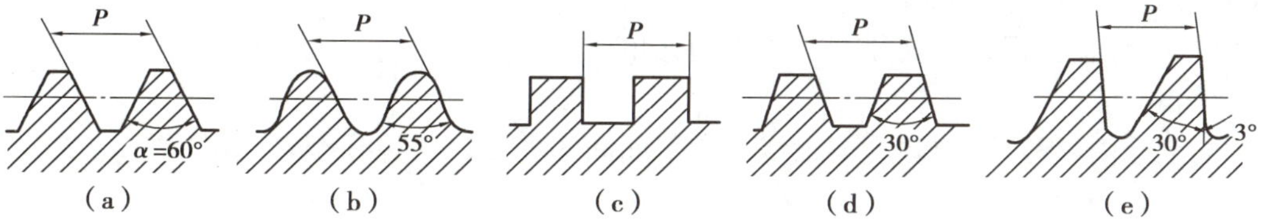

图8.1 常用螺纹的牙型

现以普通螺纹为例说明螺纹的主要参数,如图8.2所示。

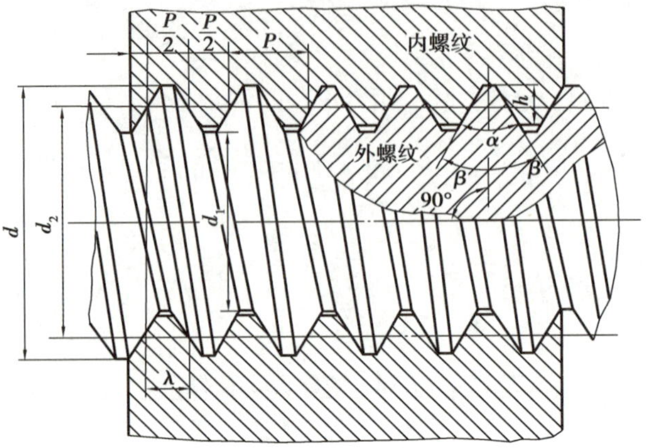

图 8.2　螺纹的主要参数

1）大径 d（或 D）

螺纹的最大直径，它是与外螺纹牙顶或内螺纹牙底相重合的假想圆柱的直径，此直径为公称直径。

2）小径 d_1（或 D_1）

螺纹的最小直径，它是与外螺纹牙底或内螺纹牙顶相重合的假想圆柱的直径，一般为外螺纹危险心剖面的直径。

3）中径 d_2（或 D_2）

在轴向剖面内，牙厚等于牙间距的假想圆柱的直径。

4）螺距 P

相邻两螺纹牙上对应点间的轴向距离。

5）线数 n

螺旋线的数目，一般 $n \leqslant 4$。

6）导程 P_h

螺纹上任一点沿同一条螺旋线转一周所移动的轴向距离。单线螺纹 $P_h = P$；多线螺纹 $P_h = nP$。

7）升角 λ

在中径圆柱面上，螺旋线的切线与垂直于螺纹轴线平面间的夹角，即

$$\lambda = \arctan\left(\frac{P_h}{d^2}\right) = \arctan\left(\frac{np}{d^2}\right)$$

8）牙型斜角 α

在轴向剖面内，相邻螺纹牙型两侧边间夹角。

9）牙型角 β

轴向剖面内，螺纹牙型侧边与轴线垂直平面间的夹角。对称牙型 $\beta = \alpha/2$。

10）工作高度 h

内外螺纹旋合后的径向接触高度。

8.1.2　常用螺纹的特点和应用

1) 普通螺纹

普通螺纹即米制三角形螺纹，牙型角 $\alpha=60°$，同直径可以有多种螺距。其中，螺距最大的一种是粗牙，其余的均为细牙，如图 8.3 所示。一般联接多用粗牙螺纹。细牙螺纹的牙浅，升角小，自锁性能好，但牙的工作高度小，不耐磨、易带扣，故多用于薄壁或细小零件，以及受冲击，振动和变载荷的联接中，也可用作微调机构的调整螺纹。

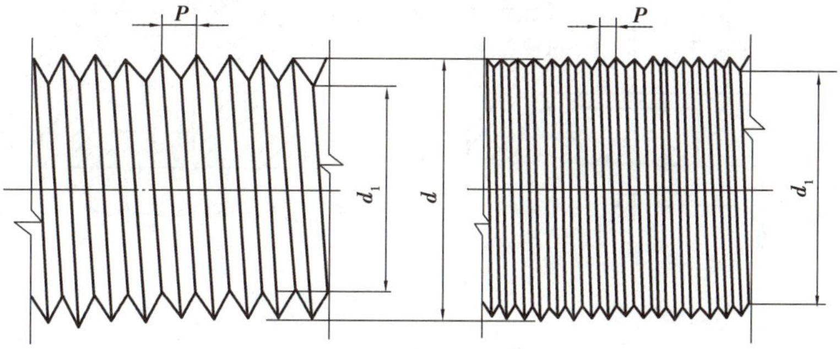

图 8.3　螺纹的主要参数

2) 管螺纹

最常用的管螺纹是英制细牙三角形螺纹，牙型角 $\alpha=55°$。它是用于管件联接的紧密螺纹，牙顶有较大的圆角，内外螺纹旋合后牙型之间无径向间隙，公称直径近似为管子内径。管螺纹分为非螺纹密封的管螺纹和用螺纹密封的管螺纹。前者本身不具备密封性，如果联接有密封要求时，需在密封面间加上密封措施；后者其螺纹分布在锥度 1∶16 的圆锥管壁上，不用另加密封措施即可保证联接的密封性。

3) 矩形螺纹

牙型为正方形，牙型角 $\alpha=0°$。传动效率高，常用于传力或传导螺旋。但牙根强度弱，精加工困难，对中精度低，螺纹副磨损后的间隙难以补偿或修复。工程中已逐渐被梯形螺纹所替代。

4) 梯形螺纹

牙型为等腰梯形，牙型角 $\alpha=30°$。其传动效率略低于矩形螺纹，但牙根强度高，工艺性好，螺纹对中性好，应用较广，常用于传动，尤其用于机床丝杠等。

5) 锯齿形螺纹

牙型角 $\alpha=33°$，工作面的牙型斜角为 3°，非工作面的牙型斜角为 30°。它综合了矩形螺纹传动效率高和梯形螺纹牙根强度高的特点，且对中性好，多用于单向受力的传力螺旋。

8.1.3　螺纹联接的主要类型、应用及螺纹联接件

螺纹联接的主要类型有螺栓联接、双头螺柱联接、螺钉联接及紧定螺钉联接 4 种。

1) 螺栓联接

螺栓联接可分为普通螺栓联接和铰制孔用螺栓联接两种。用普通螺栓联接(见图 8.4(a))时，被联接件的通孔与螺栓杆之间有一定间隙，无论联接传递的载荷是何种形式，螺栓都受拉力。由于这种联接的通孔加工精度低，结构简单，装拆方便，故应用广泛。用铰制孔螺栓

联接(见图 8.4(b))时,螺栓的光杆和被联接件的孔多采用基孔制过渡配合(H7/m6 或 H7/n6),这种联接的螺栓杆工作时受到剪切和挤压作用,主要用来承受横向载荷,用于载荷大、冲击严重、要求良好对中的场合。

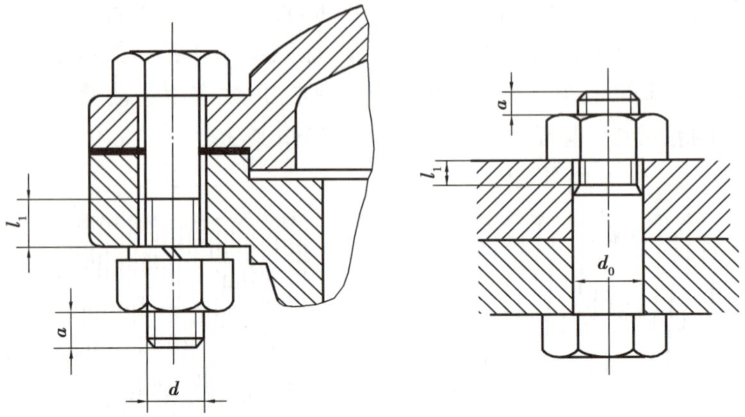

(a)　　(b)

图 8.4　螺栓联接

2)双头螺柱联接

如图 8.5(a)所示,当被联接件之一较厚而不宜加工成通孔且需要经常拆卸时,可用双头螺柱联接。

3)螺钉联接

如图 8.5(b)所示,这种联接不需用螺母,其用途和双头螺柱相似,多用于受力不大且不需要经常拆卸的场合。

4)紧定螺钉联接

如图 8.6 所示,将紧定螺钉旋入一零件的螺纹孔中,并以其末端顶住另一零件的表面或嵌入相应的凹坑中,以固定两个零件的相对位置,并传递不大的力或转矩。

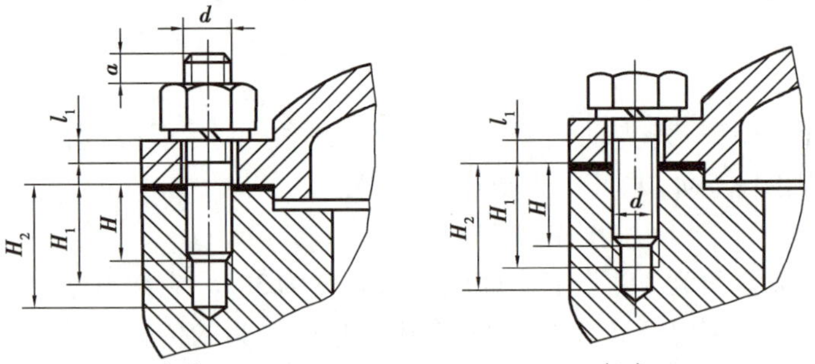

(a)　　(b)

座端拧入深度 H:螺纹材料为钢或青铜 $H=d$;铸铁 $H\approx(1.25\sim1.5)d$;

铝合金 $H\approx(1.5\sim2.5)d$;螺孔深度 $H=H+(2-2.5)P$,

钻孔深度 $H_2\approx d+(0.5\sim1.0)d$;$l_1$,$a$ 值同螺栓联接

图 8.5　双头螺柱联接和螺钉联接

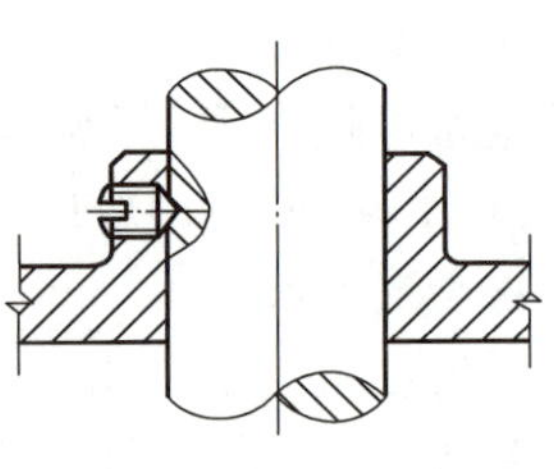

图 8.6　紧定螺钉联接

由于使用的场合及要求各不相同,螺纹联接件的结构形式也有多种类型。常用的有螺栓、双头螺柱、螺钉、地脚螺栓、吊环螺栓、螺母及垫圈等,如图 8.7 所示。螺栓、螺钉的头部和

尾部的结构也因使用场合不同而具有多样性,如图 8.8 所示。螺纹联接件大多已标准化,设计时应结合实际,根据有关标准合理选用。

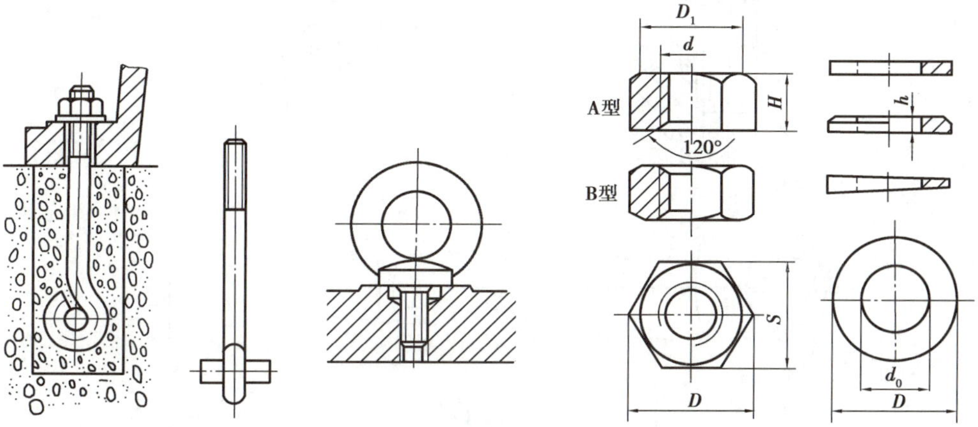

(a) 地脚螺栓　(b) 吊环螺栓　(c) 螺母　(d) 垫圈

图 8.7　螺纹联接件的结构形式

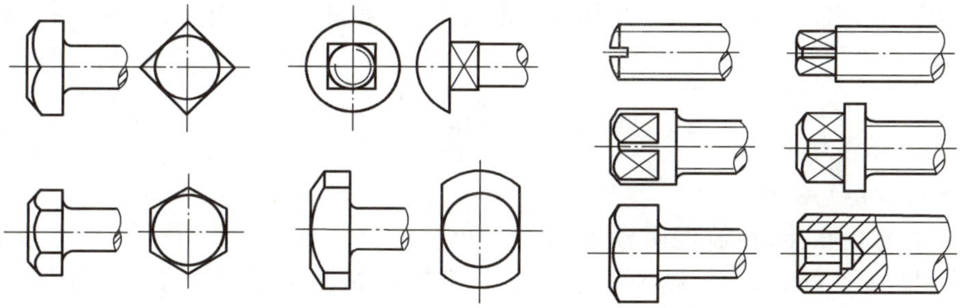

(a) 螺栓头形状　(b) 螺钉头形状

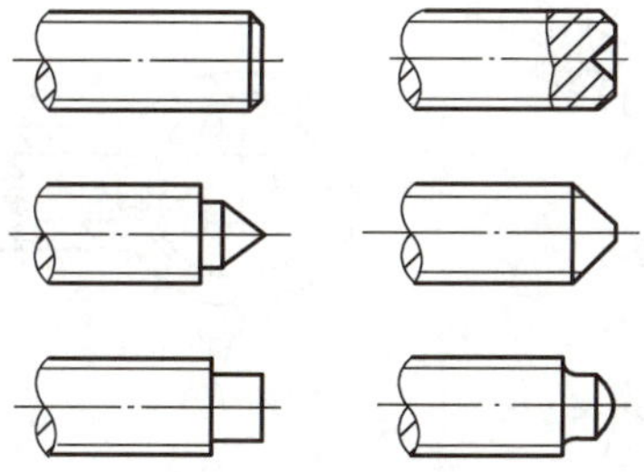

(c) 螺钉尾形状

图 8.8　螺栓、螺钉的头部和尾部结构

8.1.4　螺纹联接的预紧与防松

1) 螺纹联接的预紧

大多螺纹联接在装配时需要拧紧,使联接在承受工作载荷之前,各联接件已预先受到了用力,此即预紧。这个预加的作用力,称为预紧力。预紧的目的是增强联接的刚性、紧密性及防松能力。预紧力的大小根据链接工作的需要而确定。

装配时,预紧力的大小是通过拧紧力矩来控制的。如图 8.9 所示,在拧紧螺母时,拧紧力矩 T 需要克服螺纹副的阻力矩 T_1 和螺母环形支承面上摩擦力矩 T_2,即 $T = T_1 + T_2$。对 M10—

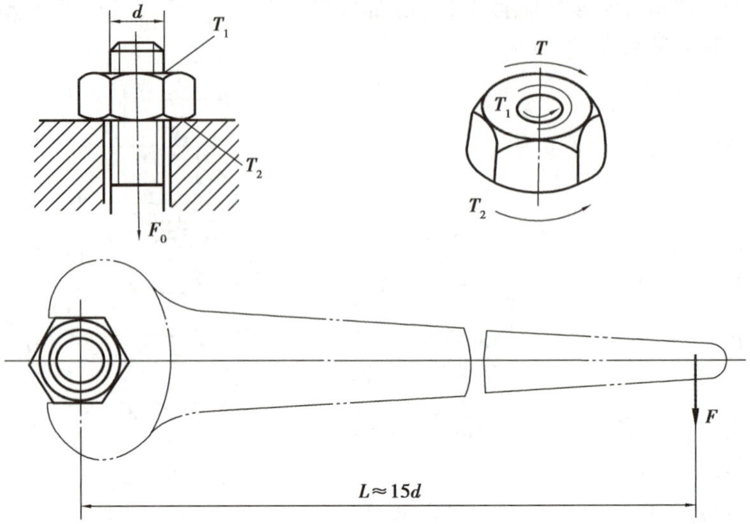

图 8.9　拧紧力矩

M68 的粗牙普通钢制螺栓，拧紧时采用标准扳手。在无润滑的情况下，可导出拧紧力矩的近似计算式为

$$T \approx 0.2\, F_0 d \times 10^{-3} \tag{8.1}$$

式中　F_0——预紧力，N；

　　d——螺栓直径，mm。

对重要的螺栓联接，在装配时预紧力的大小要严格控制。生产中，常用扭力扳手（见图 8.10）来控制拧紧力矩，从而控制预紧力。此外，还有通过测量拧紧螺母后螺栓的伸量等方法来控制预紧力。

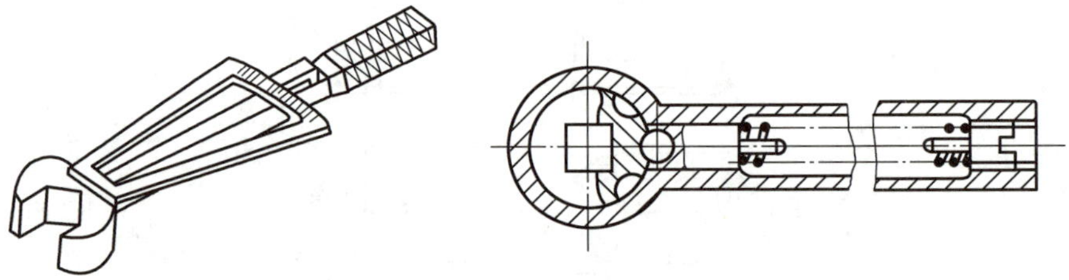

（a）指针式扭力扳手　　（b）定力矩扭力扳手

图 8.10　控制拧紧力矩的扳手

2）螺纹联接的防松

联接螺纹一般都具有自锁性，即螺纹联接不会自行松脱。但是，在冲击、振动及变载荷作用或温度变化较大时，螺母支承面上的摩擦力可能减小或瞬时消失而失去自锁能力，经多次重复后，会使联接松动。因此，在机器的设计中必须考虑螺纹的防松问题。

防松的方法按其工作原理，可将其分为摩擦防松、机械防松和不可拆卸防松三大类。

（1）摩擦防松

摩擦防松是使螺纹副之间总有正压力存在，当螺母有松动趋势时，产生一定的摩擦力矩来阻止反向转动。这种正压力可通过螺纹副沿轴向或横向压紧而产生，如图 8.11 所示。

（a）双螺母　（b）弹簧垫片　（c）自锁螺母

图 8.11　摩擦防松

①弹簧垫圈

弹簧垫圈是一个具有斜切口而两端上下错开的环形垫圈，经热处理后具有弹性，当拧紧螺母后，垫圈被压平，此时垫圈产生弹性反力，使螺纹之间总保持一定的摩擦阻力，从而防止螺母松动。垫圈的斜口尖角也可阻止螺母松动。

②双螺母

当两螺母对顶拧紧后，旋合段内螺栓受拉而螺母受压，这一压力几乎不受外力的影响，从而使螺旋副保持一定的摩擦力，以防止螺纹联接松动。此种方法多用于低速、载荷平稳的联接。

③自锁螺母

螺母一端制成非圆形收口，当螺母拧紧后，非圆形收口箍紧螺栓，但旋合螺纹之间横向压紧。

（2）机械防松

机械防松是利用附加机械装置，约束螺母与螺栓之间的相对转动，因而防松可靠，应用很广，适用于高速、冲击、振动的场合，如开口销、止动垫片、带翅垫片、串联钢丝等，如图 8.12 所示。

①开口销与槽形螺母

开口销穿过螺母上的槽和螺栓的孔后，将尾端掰开，以实现防松。

②止动垫片防松

将垫片的边缘翻起，分别紧贴在螺母与被联接零件的侧面（或插入被联接零件的槽中），以实现防松。

③带翅垫片与圆螺母

将带翅垫片的内翅嵌入螺栓（或轴）的槽内，拧紧螺母后将垫片外翅之一折嵌于螺母对应槽内，以实现防松。

（3）不可拆卸防松

螺母拧紧后，利用冲头在螺栓末端与螺母的旋合缝处打点，或把螺栓末端伸出部分铆死，或用点焊、金属胶接等方法，将螺旋副变为不可拆联接，如图 8.13 所示。这种方法防松可靠，但仅适用于装配后不再拆卸的特殊联接场合。

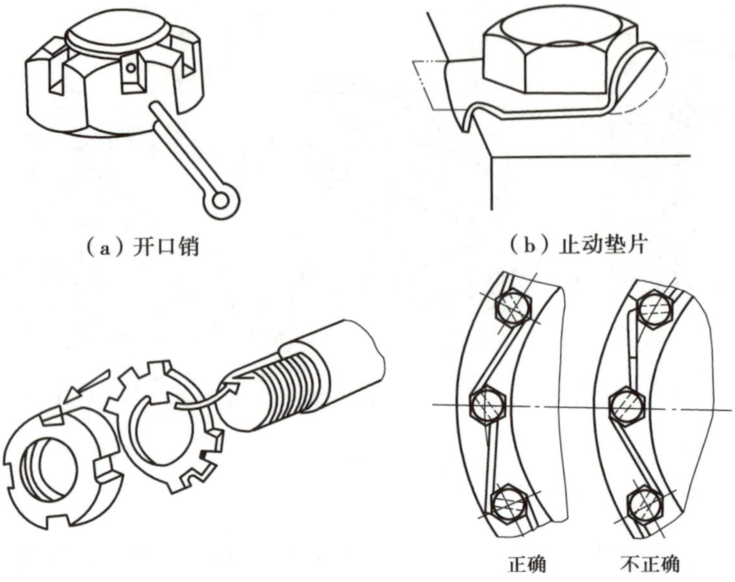

(a) 开口销　(b) 止动垫片　(c) 带翅垫片　(d) 串联钢丝

图 8.12　机械防松

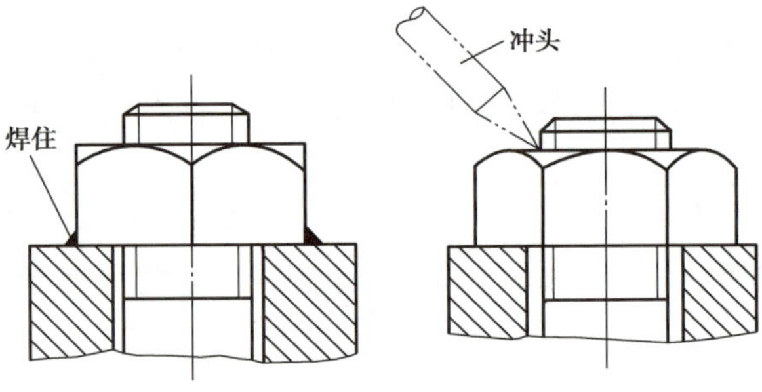

(a) 焊接　(b) 冲点

图 8.13　不可拆卸防松

3) 单个螺栓联接的强度计算

螺栓联接的主要失效形式有螺栓杆断裂、螺纹牙压溃或剪断以及因经常拆卸使螺纹牙之间相互磨损而发生滑扣。据螺栓失效统计分析，普通螺栓在轴向变载荷作用下，其失效形式多为螺杆部分的疲劳断裂。因此，普通螺栓联接的设计准则是保证螺栓有足够的拉伸强度。配合螺栓主要承受横向剪力，其可能的失效形式是螺栓杆被剪断、螺纹牙被压溃。其设计准则是保证联接有足够的挤压强度和螺栓的剪切强度。因此，螺栓联接的计算主要是确定螺纹小径 d_1，再根据 d_1 查标准选定螺纹的大径（公称直径）d 及螺距 P。

(1) 松螺栓联接

在装配螺栓联接时，螺母无须拧紧，故在工作载荷未作用以前，联接件并不受力，这种联接称为松螺栓联接。松螺栓联接一般只承受轴向拉力。

如图 8.14 所示为起重滑轮联接螺栓。装配时不拧紧，无负载时，螺栓不受力，工作时受轴向拉力 F 的作用。

螺栓的抗拉强度条件为

$$\sigma = \frac{F}{A} = \frac{F}{\frac{\pi d_1^2}{4}} \leqslant [\sigma] \tag{8.2}$$

式中　F——轴向拉力，N；

A——螺栓危险剖面的面积近似，mm^2，取 $A = \frac{\pi d_1^2}{4}$；

d_1——螺纹的小径，mm；

$[\sigma]$——联接螺栓的许用拉应力，MPa。

设计公式为

$$d_1 \geqslant \sqrt{\frac{4F}{\pi[\sigma]}} \tag{8.3}$$

如给出外载荷 F 值，即可由式(8.3)求出螺纹小径 d_1，再从机械设计手册中查出公称直径 d 以及螺母、垫圈等尺寸。

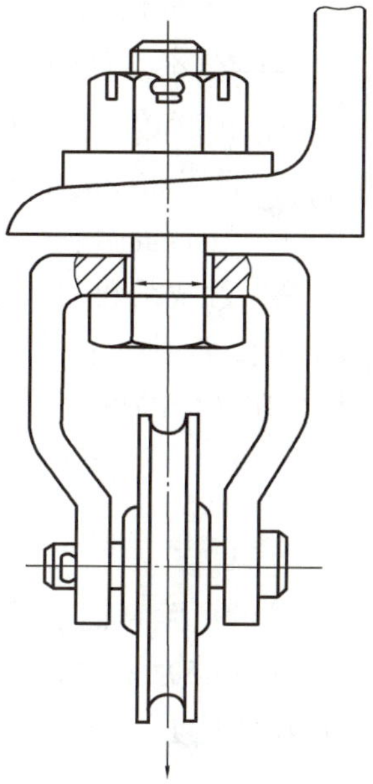

图 8.14　起重滑轮的松螺栓联接

(2)受横向外载荷的紧螺栓联接

在未受工作载荷前，螺栓及被联接件之间就受到预紧力的作用，这种螺栓联接称为紧螺栓联接。

如图 8.15(a)所示为普通螺钉联接，被联接件承受垂直于轴线的横向载荷 F。因螺栓杆与螺栓孔之间有间隙，故螺栓不承受横向载荷 F，而是预先拧紧螺栓，使被联接零件表面间产生压力 F，从而使被联接件接合面间产生摩擦力来承受横向载荷。根据力的平衡条件，有

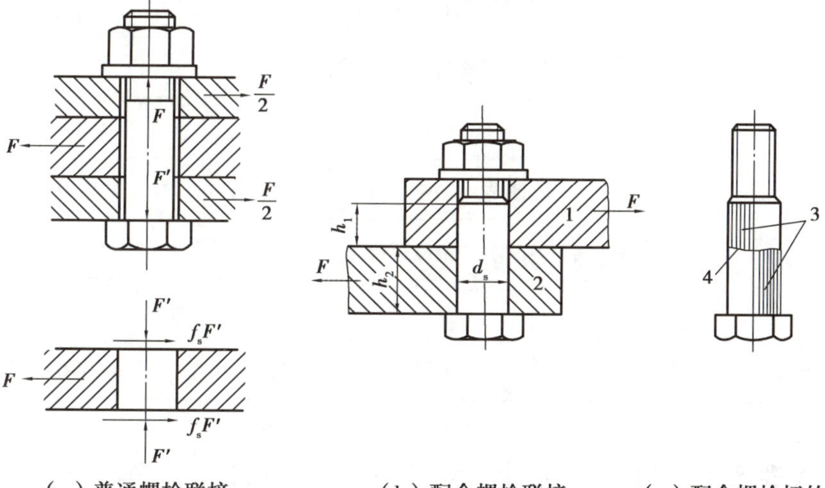

(a) 普通螺栓联接　　(b) 配合螺栓联接　　(c) 配合螺栓杆的受力

图 8.15　受横向外载荷的紧螺栓联接

1,2—被联接件；3—螺杆受挤压面；4—螺杆受剪面

$$F' f_s z m \geqslant KF$$

或

$$F' \geqslant \frac{KF}{f_s z m} \tag{8.4}$$

式中 F——横向载荷；

F'——每个螺栓的预紧力；

F——被联接零件表面的摩擦因数，见表 8.1；

z——联接螺栓的个数；

m——接合面数；

K——过载系数，通常取 $K=1.2$。

如给定值 F，则可由式(8.4)求出预紧力 F'。F'对被联接零件是压力，而对螺栓则是拉力。因此，在螺栓的危险截面上产生拉应力 σ，其值为

$$\sigma = \frac{F'}{\frac{\pi d_1^2}{4}}$$

在螺栓的危险截面上，不仅有由 F'引起的拉伸应力 σ，还受到在预紧螺栓时由螺纹力矩 T 产生的扭转切应力 τ 的联合作用。对常用的 M10—M68 的普通钢制螺栓，由计算可得 $\tau \approx 0.5\sigma$。按第四强度理论，当量应力 σ_e为

$$\begin{aligned}\sigma_e &= \sqrt{\sigma^2 + 3\tau^2}\\ &= \sqrt{\sigma^2 + 3(0.5\sigma)^2}\\ &\approx 1.3\sigma\end{aligned}$$

表 8.1　联接接合面间的摩擦因数 f_S

被联接件	接合面的表面状态	摩擦因数
铜或铸铁零件	干燥的加工表面	0.10 ~ 0.16
	有油的加工表面	0.06 ~ 0.10
钢结构件	轧制表面，钢丝刷清理浮锈	0.30 ~ 0.35
	涂覆锌漆	0.35 ~ 0.40
	喷砂处理	0.45 ~ 0.55
铸铁对砖料、混凝土或木材	干燥表面	0.40 ~ 0.45

由此可知，紧螺栓联接在预紧时虽同时承受拉伸与扭转的复合作用，但在计算时，可只按拉伸强度来计算，不过要将所受的拉力增大 30% 来考虑扭转切应力的影响。因此，螺栓螺纹部分的强度条件为

$$\sigma_e = \frac{1.3F'}{\frac{\pi d_1^2}{4}} \leqslant [\sigma] \tag{8.5}$$

设计公式为

$$d_1 \geqslant \sqrt{\frac{4 \times 1.3F'}{\pi[\sigma]}} \tag{8.6}$$

8.2　键和花键联接

8.2.1　键联结的类型、特点和应用

键主要用于轴与轴上零件的联接，并对轴上零件作周向固定，以传递扭矩。有的键也有轴向固定或实现轴上零件轴向移动的导向作用。键的类型很多，且大多是标准件。

1)平键联接

平键是应用最广泛的键。按照用途，可分为普通平键、导向平键和滑键。平键以两侧面为工作面，工作时通过轴上键槽和轮毂键槽与键的侧面接触传递扭矩。键的上表面与轮毂槽底面留有间隙。平键联接具有易于制造，装拆方便，以及轴与轴上零件的对中性好等特点，故应用广泛，多用于传动精度要求较高的场合。但是，它不能实现轴上零件的轴向固定。

普通平键联接如图 8.16 所示，一般用于轴毂间无相对移动的静联接。按端部形状，可分为圆头(A 型)、方头(B 型)和单圆头(C 型)3 种。A 型用于端铣刀加工的键槽，键在槽中固定良好，但轴上键槽引起的应力集中较大；B 型用于盘铣刀加工的键槽，轴的应力集中较小；C 型用于轴端，但应用较少。

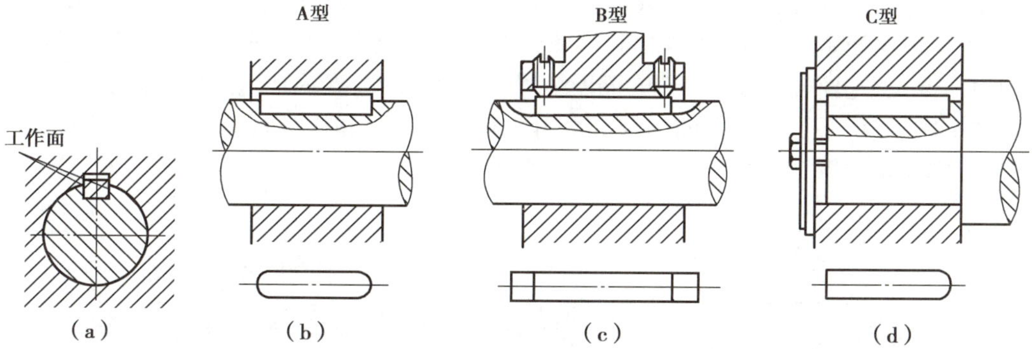

图 8.16　平键联接

导向平键联接如图 8.17(a)所示。它是加长的普通平键，用螺钉固定在轴上。一般用于除了使轮毂周向固定外还需作轴向移动的场合。为了拆卸方便，键上设有起键螺纹孔。

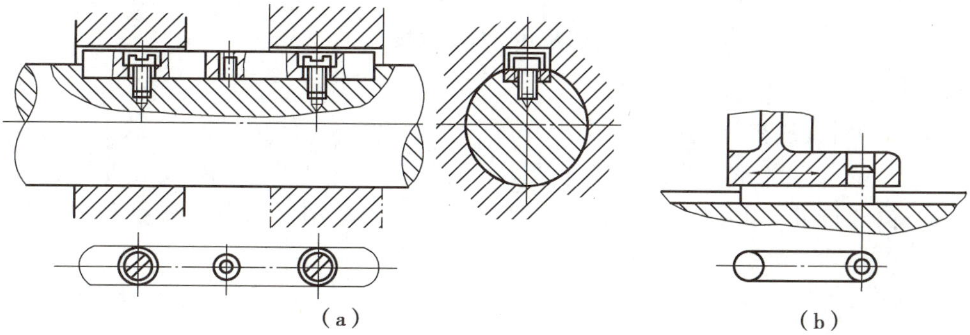

图 8.17　导向平键和滑键联接

当轴向移动距离较大时,可采用滑键联接,如图 8.17(b)所示。键固定在轮毂上,轴上零件带着键在轴上的键槽中作轴向移动。

2)半圆键联接

半圆键联接的工作情况与平键相同,不同的是半圆键能在轴槽中摆动,以自动适应轮毂中键槽的斜度。它装配方便,尤其适用于锥形轴端的联接(见图 8.18)。但是,其键槽较深,对轴的强度削弱较大。

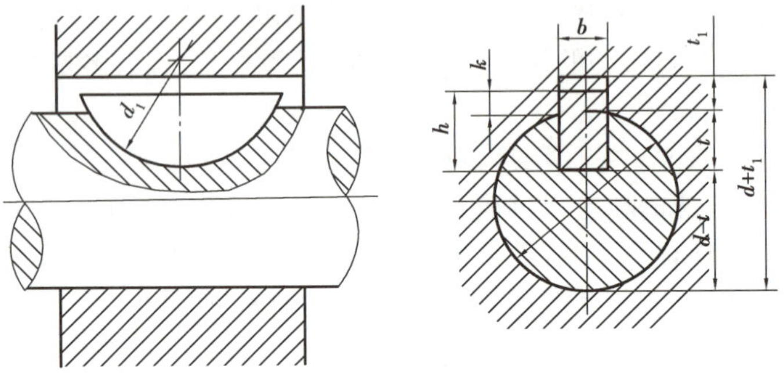

图 8.18　半圆键联接

3)楔键联接

楔键上表面和轮毂键槽具有 1∶100 的斜度,键的上下面是工作表面(见图 8.19)。装配时,键的上下表面楔紧在轴和轮毂之间,靠楔紧作用传递扭矩,并能轴向固定零件和传递单向的轴向力。但是,它使轴上零件与轴的配合产生偏心与偏斜,在高速、振动下易松动,故多用于对中要求不高、载荷平稳和低速的场合。常用的有普通楔键和钩头斜键。钩头斜键便于拆卸。为了安全,应加防护罩。

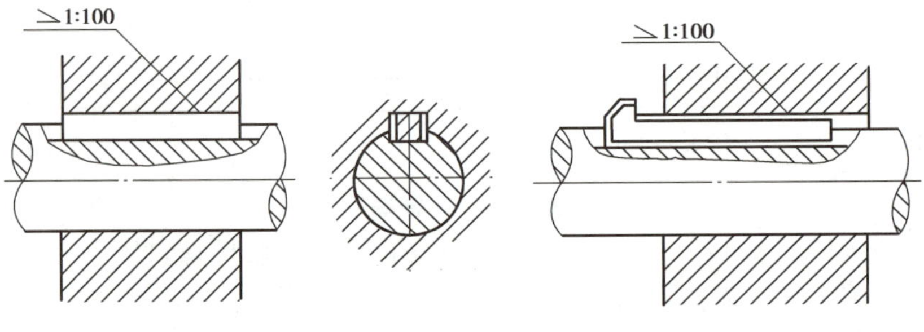

图 8.19　楔键联接

4)切向键

切向键由一对普通楔键组成(见图 8.20(a)),装配时,将两键楔紧。它的上下平行的两窄面为工作面,依靠与轴和轮毂的挤压传递扭矩。若轴正反转工作时,需采用两个互成 120°~130°的切向键(见图 8.20(b))。切向键联接传递扭矩大,常用于重型机械且对中性要求不高的场合。

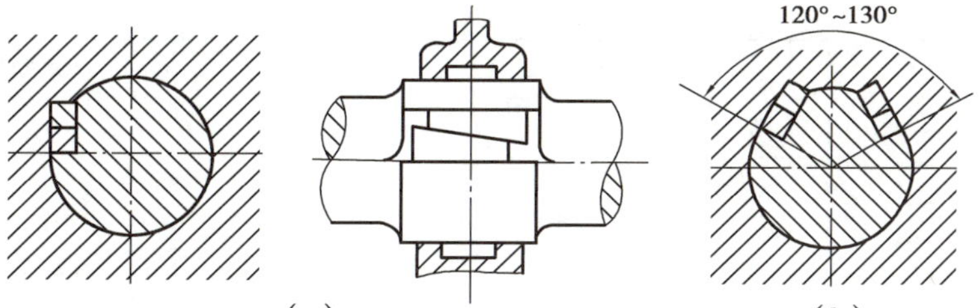

(a)　　　　　　　　(b)

图 8.20　切向楔联接

8.2.2　平键联接的选择与强度校核

1) 平键的选择

平键是标准件。根据键的工作情况,确定平键类型。平键的主要尺寸为宽度 b、高度 h 和长度 L,键的剖面尺寸 $b \times h$ 按轴的直径 d 由标准中选定,见表 8.2。键的 L 可按轮毂宽度 B 选取,一般 $L=B-(5\sim10)$ mm,并须符合标准中规定的长度系列。

2) 平键联接的强度校核

平键联接工作时的受力情况如图 8.21 所示。当轴传递扭矩 T 时,键的两个侧面上受到一对剪力 F_Q 的作用,使键的上下两部分沿 a—a 截面产生剪切变形,同时在键的两侧面上分别受到轮廓键槽和轴上键槽的挤压,使传力接触面产生挤压变形。可知,键联接既可能以剪切的形式破坏,还可能因挤压而破坏。因此,需对键进行剪切和挤压强度的校核。

但是,通常情况下,普通平键的主要失效形式是键、轮毂槽、轴槽三者中强度最弱的工作面被压溃,除非严重过载,一般很少出现键被剪断。因此,对普通平键联接一般只需校核其挤压强度。

对导向平键联接和滑键联接,主要失效形式为磨损。因此,应对其进行耐磨性计算,限制压强。对此类动联接则以压强 p 和许用比压 $[p]$ 代替式中的 σ_p 和 $[\sigma]_p$。

表 8.2　普通平键和键槽尺寸(摘自 GB/T 1095—2003)

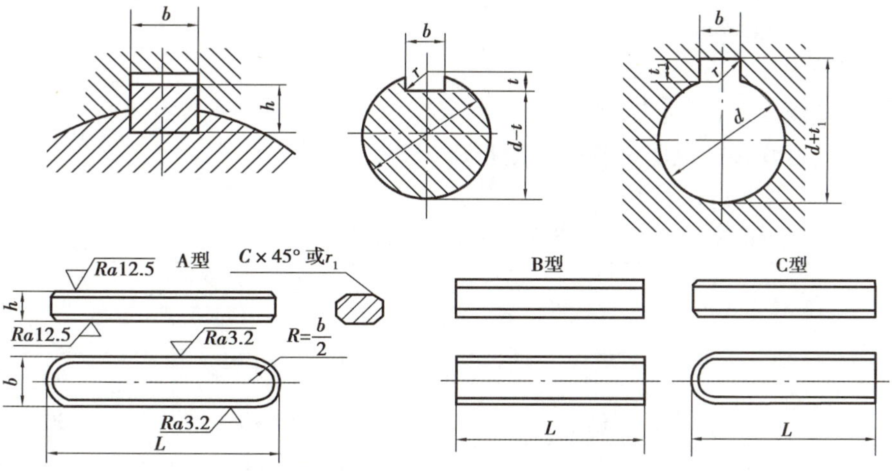

标记示例:

圆头普通平键(A 型),$b=16$ mm,$h=10$ mm,$L=100$ mm:键 16×100　GB/T 1096—2003

平头普通平键(B 型),$b=16$ mm,$h=10$ mm,$L=100$ mm:键 B16×100　GB/T 1096—2003

单圆头普通平键(C 型),$b=16$ mm,$h=10$ mm,$L=100$ mm:键 C16×100　GB/T 1096—2003

续表

轴的直径 d	键的尺寸				键槽尺寸		
	b	h	C 或 r	L	t	t_1	半径 r
自 6 ~ 8	2	2	0. 16 ~ 0. 25	6 ~ 20	1. 2	1	0. 08 ~ 0. 16
>8 ~ 10	3	3		6 ~ 36	1. 8	1. 4	
>10 ~ 12	4	4		8 ~ 45	2. 5	1. 8	
>12 ~ 17	5	5	0. 25 ~ 0. 4	10 ~ 56	3. 0	2. 3	0. 16 ~ 0. 25
>17 ~ 22	6	6		14 ~ 70	3. 5	2. 8	
>22 ~ 30	8	7		18 ~ 90	4. 0	3. 3	

注:1. 在工作图中,轴槽深用 $d-t$ 或 t 标注。

2. 键长 L 系列:6, 8, 12,14,16,18,20,22,25, 28, 32,36,40,45,50,56,63,70,80,90,100,125,140,160,180,200,220,250 mm等。

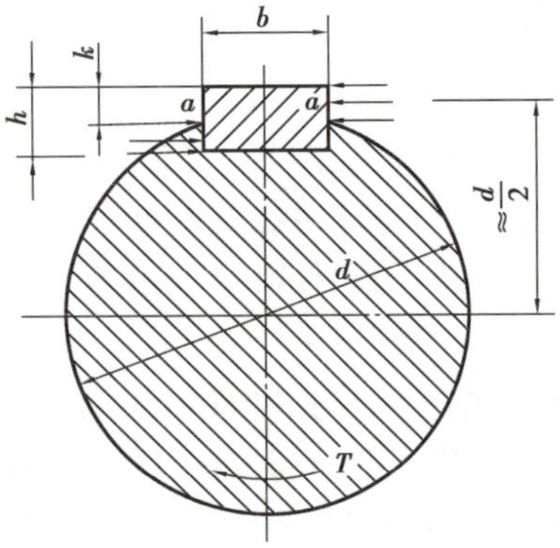

图 8.21　平键联接时的受力

如果校核结果表明强度不够,可适当增大键和轮毂的长度,但键长不宜超过 2. 5d,否则载荷沿键长的分布将很不均匀;或用两个键相隔 180°布置,考虑载荷在两个键上分布的不均匀性,双键联接的强度只按 1. 5 个键计算。

键的剪切强度条件为

$$\tau = \frac{2T}{dhl} \leqslant [\tau] \tag{8.7}$$

键联接的挤压强度条件为

$$\sigma_p = \frac{4T}{dhl} \leqslant [\sigma]_p \tag{8.8}$$

式中　T——轴传递的扭矩,N · mm;

d——轴的直径,mm;

h——键的高度,mm;

l——键的工作长度,mm;

$[\tau]$——键的许用切应力,MPa;

$[\sigma]_p$——键联接中最弱材料的许用挤压应力,MPa;

$[\tau]$,$[\sigma]_p$ 见表 8. 3。

表 8. 3　键联接的许用应力

应力种类	联接方式	零件材料	载荷性质		
			静载	轻微冲击	冲击
$[\sigma]_p$	静联接	钢	125 ~ 150	100 ~ 120	60 ~ 90
		铸铁	70 ~ 80	50 ~ 60	30 ~ 45
$[p]$	动联接	钢	50	40	30
$[\tau]$			120	90	60

注:1. $[\sigma]_p$ 应按联接中材料力学性能较弱的零件选取。

2. 有相对滑动的被联接件,其表面经过淬火,则动联接的$[\sigma]_p$可提高 2 ~ 3 倍。

例 8.1　某减速器直径为 $\phi 60$ mm 的主动轴和轮毂宽度为 80 mm 的齿轮采用平键联接，传递的扭矩为 $T=5\times10^5$ N·mm，试选择平键的类型和尺寸。

解　(1)平键类型和尺寸选择

选 A 型平键，根据轴直径 $d=60$ mm 和轮毂宽度 80 mm，由设计手册查得键的截面尺寸 $b=18$ mm，$h=11$ mm，$L=70$ mm。此键的标记为

$$18\times70\quad \text{GB/T 1096—2003}$$

(2)校核挤压强度

由式(8.8)得

$$[\sigma]_p = \frac{4T}{dhl} \leqslant [\sigma]_p$$

键的工作长度(扣除圆头部分)为

$$l = L - b = (70-18)\ \text{mm} = 52\ \text{mm}$$

由 $T=5\times10^5$ N·mm，查表 8.3 得 $[\sigma]_p=100\sim200$ MPa，则

$$[\sigma]_p = \frac{4\times5\times10^5}{60\times11\times52}\ \text{MPa} = 58\ \text{MPa} < [\sigma]_p$$

故挤压强度足够。

8.2.3　花键联接

由前述可知，当用一个平键不能满足轴所传递的扭矩时，可沿圆周均布两个或 3 个平键。但键槽越多，对轴的削弱就越大。如果把键和轴制作成一体，便可避免上述缺点。多个键做成一体就成了花键，如图 8.22 所示。花键联接工作时，依靠齿侧的挤压传递转矩。因花键齿多，故承载能力强；因齿槽浅，故应力集中小，对轴削弱小，且对中性和导向性均较好。但是，需专用设备加工，故成本较高。

花键联接适用于载荷较大、定心精度要求较高的静联接和动联接中。

花键联接已标准化，按其齿形不同，可分为以下 3 种：

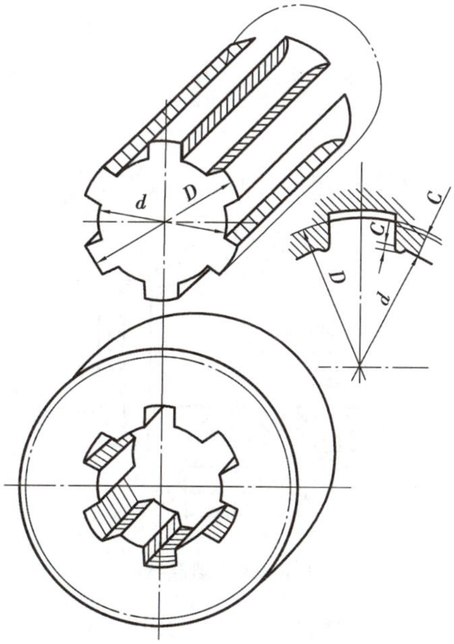

图 8.22　花键

1)矩形齿花键(见图 8.23(a))

它制造方便，应用最为广泛。

2)渐开线花键(见图 8.23(b))

它的键齿根宽，强度高，可用加工渐开线齿的方法加工，故工艺性好，易获得高精度，适用于重载、轴直径较大的联接。

3)三角形花键(见图 8.23(c))

它的齿数多，齿形小，适用于轻载、直径小或薄壁联接。

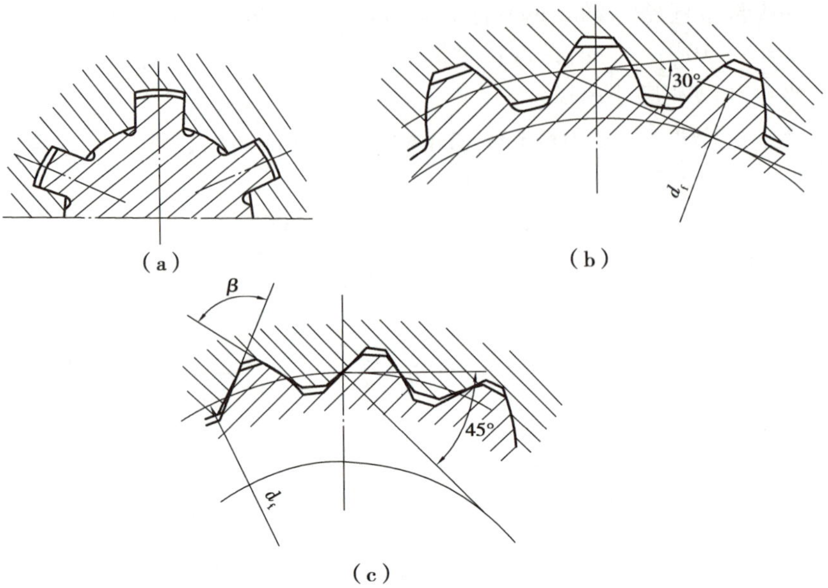

图 8.23　花键类型

8.3　销联接

销联接一般多用于传递不大的载荷,有时主要用于支承与定位,或作为安全装置(见图8.24)。但销对轴的削弱较大,故一般多用在不重要场合。

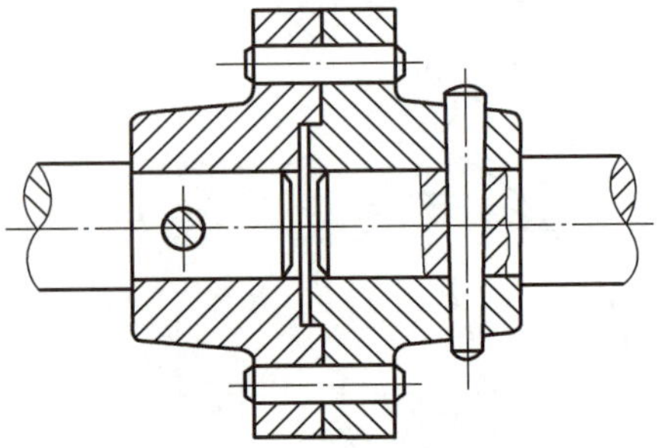

图 8.24　销联接

其他联接还有:

1)过盈配合联接(见图8.25(a))

过盈配合联接是借助轴和毂孔之间的过盈来实现联接的。这种联接结构简单,对中精度较高,承载能力较大,并能承受变载荷和冲击。近年来,应用液压装拆过盈联接,使装拆时配合面不受损坏,因而可实现多次装拆。

2)无键联接(见图8.25(b))

无键联接是借助非圆剖面的轴和相应的毂孔来实现联接。这种联接对中性比键联接好,应力集中小,故可传递大扭矩,拆装方便。但配合面需要在专用的机床上进行磨削加工,因此加工较复杂。

3)弹性环联接(见图8.25(c))

弹性环联接也是一种无键联接。如图8.25(c)所示,在轴4和毂孔1之间放置一对(或数对)以内外锥面3,2贴合的弹性环。当拧紧螺母时,在轴向力作用下,内环缩小,外环胀大,形成过盈配合联接。这种联接的对中性好,装拆方便,有一定的承载能力,可避免零件因键槽而强度被削弱,但结构较复杂。

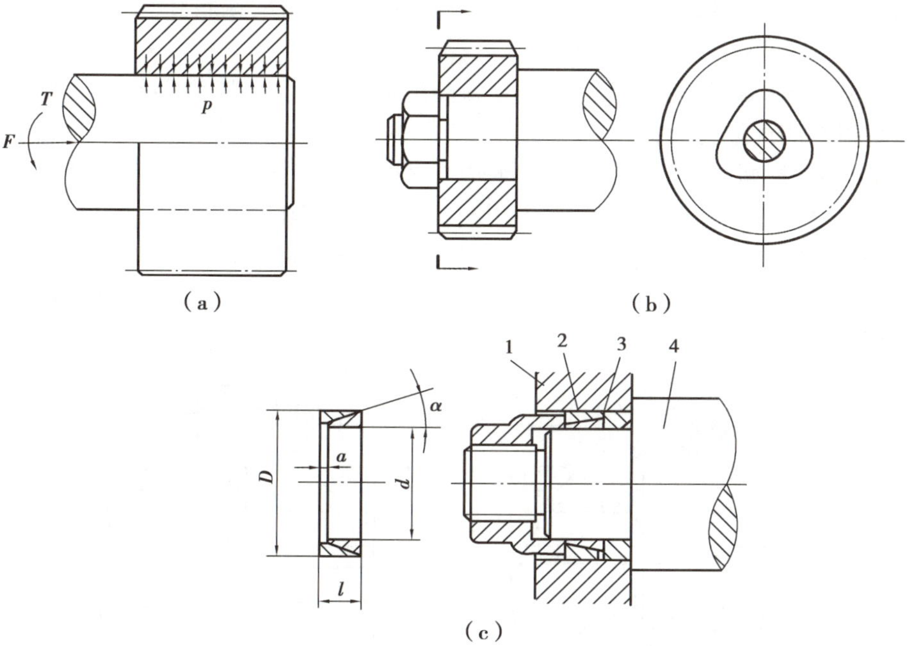

图 8.25　其他联接

1—毂孔;2—外锥面;3—内锥面;4—轴

8.4　联轴器和离合器

联轴器和离合器都是用来联接两轴,使其一起转动并传递扭矩的部件。用联轴器联接的两轴,只有在机器停车后,经过拆卸才能使两轴分开;用离合器联接的两轴,可在机器工作时方便地使两轴结合或分离。

联轴器、离合器大多已标准化、系列化。本节主要介绍联轴器和离合器的结构、性能、适用场合及选用等方面的内容。

8.4.1　联轴器

联轴器一般由两个半联轴器构成,半联轴器分别与主动轴、从动轴用键联楼,再用螺栓将两个半联轴器联接起来(见图 8.26)。联轴器所联接的两轴,由于因制造和安装的误差、承载后的变形和温度变化,以及转动零件的不平衡和轴承的磨损等原因,都可能使两轴不能严格对中,而出现一定程度的相对位移或偏斜等误差。因此,要求联轴器从结构上具有一定范围内补偿两轴间相对位置误差的性能,以避免机器运转时在轴、联轴器和轴承中引起附加载荷而导致出现振动,甚至损坏机器零件。

联轴器的类型很多,根据内部是否具有弹性元件,可分为刚性联轴器和弹性联轴器。

1)固定式刚性联轴器

固定式刚性联轴器将两轴刚性联接,不具有补偿两轴相对误差的能力。为了减小由于两轴的相对偏移产生的附加载荷而影响传动性能和寿命,被联接的两轴应采用刚度大而且稳固的轴承，同时应使两轴的相对径向偏移小于 0.05 mm，相对角度偏斜在 0.05 mm/m 以内且适用于平稳载荷。

固定式刚性联轴器按其结构不同，可分为凸缘联轴器、套筒联轴器和夹壳联轴器等。其中，凸缘联轴器的应用最为广泛。

凸缘联轴器是把两个带有凸缘的半联轴器分别用键与两轴联接，然后用普通螺栓把两个半联轴器联成一体，靠联轴器两圆盘间的摩擦传递扭矩（见图 8.26）。凸缘联轴器的对中可用一个半联轴器上的凸肩与另一个半联轴器上的凹槽相配合而对中（见图 8.26(a)），也可采用配合螺栓对中（见图 8.26(b)），靠螺栓承受剪切和挤压来传递扭矩。凸缘联轴器结构简单，刚性好，使用方便，可传递较大扭矩。

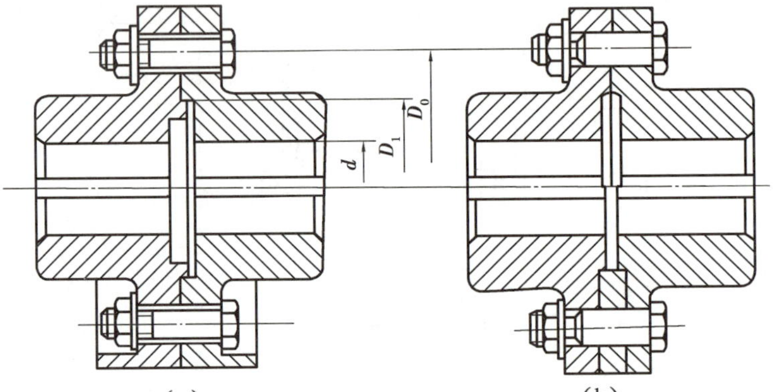

图 8.26　凸缘联轴器

2）可移式刚性联轴器

可移式刚性联轴器由于其元件之间的相对滑动，故可补偿两轴间的相对偏移。但因无弹性元件，故不能缓冲、减振。为了减轻滑动元件间的摩擦，应使联轴器的润滑良好。可移式刚性联轴器的种类较多，如十字滑块联轴器、万向联轴器、齿轮联轴器、挠性爪联轴器等。现仅以十字滑块联轴器和万向联轴器为例加以说明。

(1)十字滑块联轴器

如图 8.27 所示，十字滑块联轴器由两个半联轴器 1 与 3 和十字滑块 2 组成。十字滑块两侧面相互垂直的凸榫分别嵌在两半联轴器的凹槽中组成移动副。联轴器工作时，十字滑块随两轴转动，利用其相对滑动来补偿两轴之间的偏移。其所允许的偏角位移 $\alpha \leqslant 30°$ 和径向位移 $y \leqslant 0.04d$（d 为轴的直径）。因十字滑块偏心回转产生离心力，故不宜用于高速场合。为了减少十字滑块相对移动时的磨损，提高其寿命和效率，需要对联轴器进行定期润滑。

(2)万向联轴器

万向联轴器由两个叉形接头 1 与 3、一个十字形接头 2 和轴销 4 与 5 组成，如图 8.28(a)所示。万向联轴器允许两轴间有较大的角度偏斜，两轴夹角 α 可达 45°，但其主动轴、从动轴的角速度不同步，当主动轴以等角速度 ω_1 转动时，从动轴角速度 ω_2 将在一定范围内周期性变化，因而在传动中将引起附加动载荷。为避免这种现象，常将两个万向联轴器联在一起成双使用（见图 8.28(b)）。万向联轴器结构紧凑，维护方便，能补偿较大的综合位移，且传递转矩较大，故在汽车、机床等机械中应用广泛。万向联轴器的结构形式很多，其中小型万向联轴器已标准化，设计时可按标准选用。

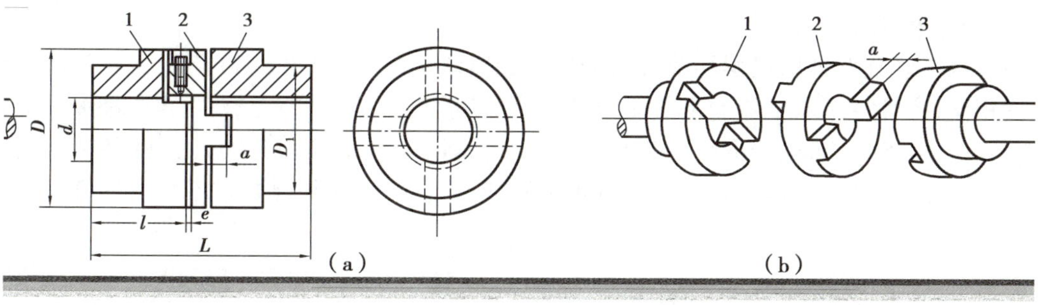

图 8.27　十字滑块联轴器

1,3—半联轴器;2—十字滑块

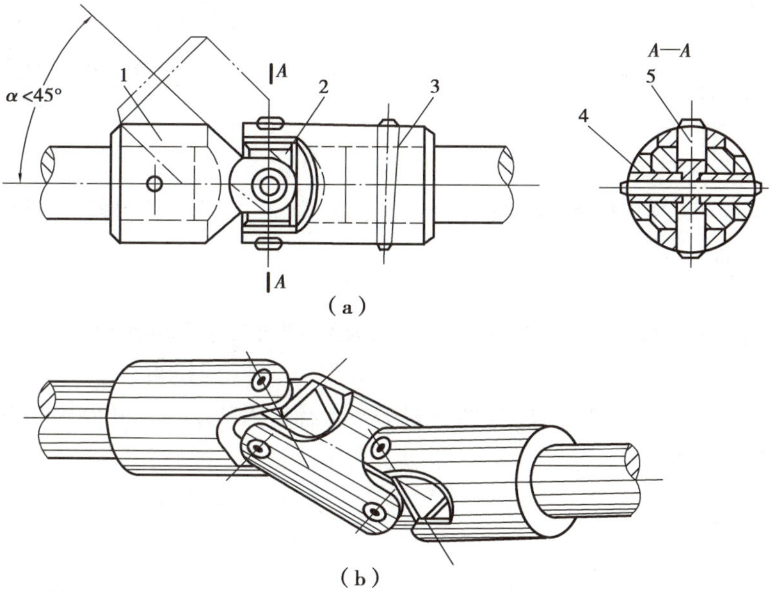

图 8.28　万象联轴器

1,3—叉形接头;2—十字形接头;4,5—轴销

3)弹性联轴器

这类联轴器因装有弹性元件,不仅可补偿两轴之间的偏移,而且具有缓冲振动的能力,故弹性联轴器广泛用于正反转、启动频繁的场合。弹性联轴器的类型很多,弹性元件的材料有金属和非金属两种。采用金属弹性元件的弹性联轴器有蛇形弹簧联轴器、簧片联轴器等。其特点是强度高、尺寸小而寿命较长。采用非金属弹性元件的弹性联轴器有弹性套柱销联轴器、弹性柱销联轴器、弹性柱销齿式联轴器及轮胎联轴器等。其特点为质量小、价格较低、缓冲及减振性能较好。但是,它的强度较低,承载能力较小,易老化,寿命较短。下面仅介绍两种最常用的非金属弹性元件的联轴器。

(1)弹性套柱销联轴器

弹性套柱销联轴器的结构与凸缘联轴器相似,只是用套有弹性套的柱销代替了联接螺栓,如图 8.29 所示。弹性套的变形可补偿两轴的径向位移,并有缓冲和吸振作用。允许轴向位移 2 ~7.5 mm;径向位移为 0.2 ~0.7 mm,角度位移为 30′ ~1°30′。该联轴器主要用于中小功率或较高转速的场合。

(2)弹性柱销联轴器

弹性柱销联轴器是用尼龙柱销将两个半联轴器联接起来,如图8.30所示。与弹性套柱销联轴器相比,弹性柱销联轴器的承载能力较大,但其适应转速较低、允许的误差偏移量也较小(轴向位移为0.5~3 mm,径向位移为0.15~0.25 mm,角度位移为30′)。这种联轴器结构简单,柱销耐磨性好,维修方便,主要用于有正反转或启动频繁、对缓冲要求不高的场合。

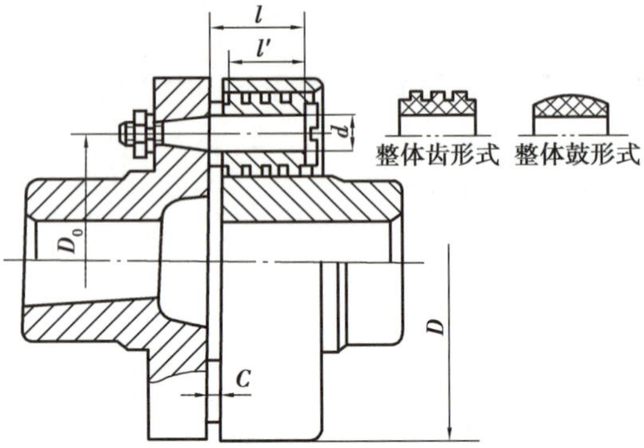

图8.29 弹性套柱销联轴器

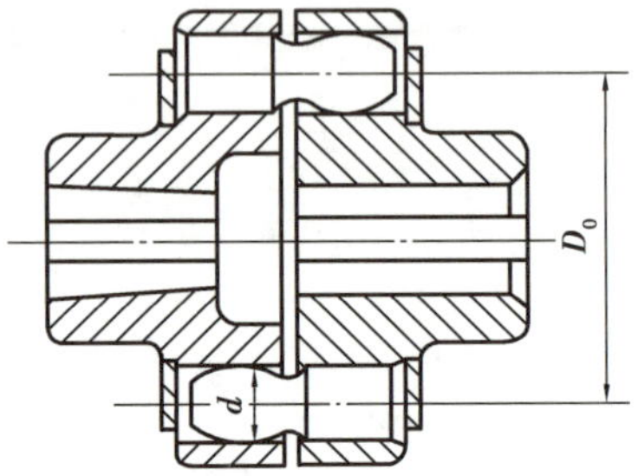

图8.30 弹性柱销联轴器

8.4.2 离合器

离合器一般由主动部分(与主动轴相联接)、从动部分(与从动轴相联接)、接合元件(用以将主动部分和从动部分结合在一起及操纵部分等组成。根据接合元件之间相互作用力的形式,可分为嵌入式离合器和摩擦式离合器;根据离合器的操纵方式,可分为机械式、气压式、液压式及电磁式离合器等。

1)嵌入式离合器

嵌入式离合器有牙嵌式、销嵌式和键嵌式等。下面主要介绍牙嵌式离合器。牙嵌式离合器主要由两个半离合器组成。如图8.31所示,半离合器1(主动部分)用平键与主动轴联接,半离合器2(从动部分)用导向平键3或花键与从动轴联接,并可用拨叉操纵使其轴向移动,以实现离合器的接合和分离,依靠两个半离合器接触端的凸牙和凹槽(接合元件)相互嵌入来传递转矩。在半离合器1上用螺钉固定一个对中环4,以实现两个半离合器的对中。

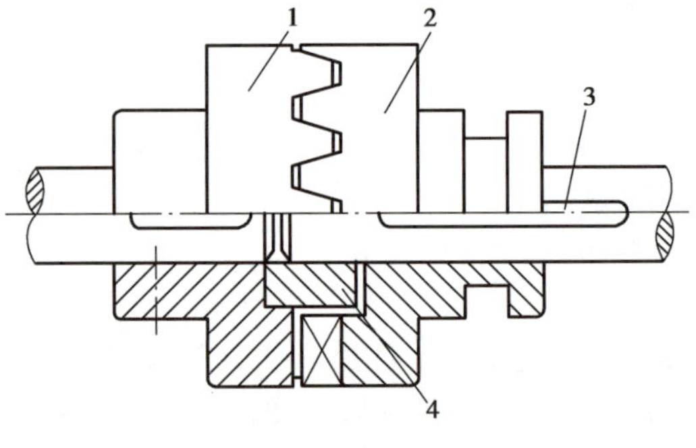

图8.31 牙嵌离合器

1,2—半离合器;3—导向平键;4—对中环

常用牙嵌离合器的牙型有三角形、梯形和锯齿形等。三角形齿接合和分离容易,但齿强度弱,多用于传递小转矩;梯形牙强度较高,能传递较大转矩,应用较广;锯齿形牙根强度更高,但仅能传递单方向的转矩。

牙嵌离合器结构简单,尺寸紧凑,工作可靠,承载较大,传动准确,只能在低速或静止状态下接合,否则会在齿与齿间引起大的冲击,影响齿的寿命。

2)摩擦离合器

摩擦离合器是靠接合元件之间产生的摩擦力来传递扭矩的。因此,它能在不停车或两轴有较大转速差的情况下进行平稳接合。过载时,摩擦面之间将发生打滑,从而保护传动系统中的其他零件不致损坏。

摩擦离合器的种类很多,下面仅介绍应用最多的机械摩擦离合器。如图 8.32 所示的机械摩擦离合器又称多片摩擦离合器。它有两排交错排列的摩擦片,外摩擦片 5 通过外圆周上的花键与外壳 2 相联,外壳 2 与主动轴 1 固联,内摩擦片 6 利用内圆周上的花键与套筒 4 相联(套筒 4 与从动轴 3 固联)。移动滑环 7 可通过曲臂杠杆 8 使压块 9 压紧或放松摩擦片,从而使离合器接合或分离。

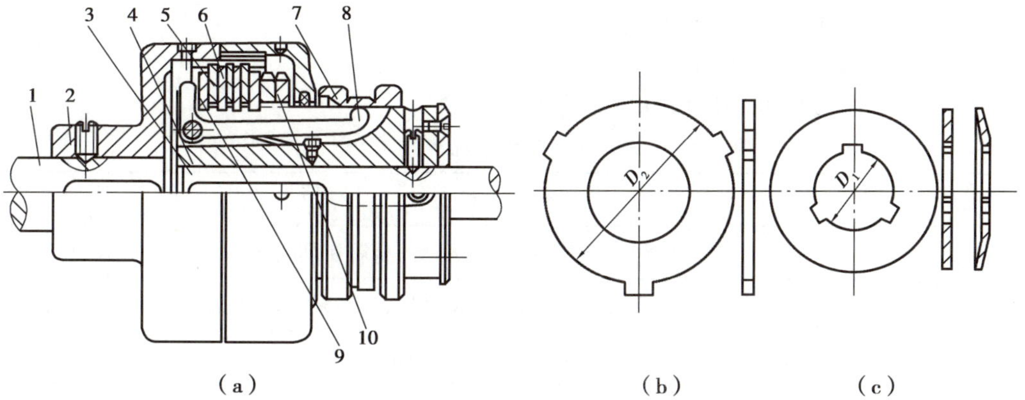

图 8.32　摩擦离合器

1—主动轴;2—外壳;3—从动轴;4—套筒;5—外摩擦片;6—内摩擦片;
7—滑环;8—曲臂杠杆;9—压块;10—圆螺母

机械摩擦离合器的优点是:两轴能在任何转速下接合或分离,接合或分离过程平稳,过载时会发生打滑,适用载荷范围大。其缺点是:结构复杂,成本较高。

8.4.3　联轴器、离合器的选择

1)类型选择

根据联轴器、离合器的工作条件和使用要求,结合各类型联轴器的结构特点,选择联轴器、离合器的类型。通常对低速刚性大的轴,选用固定式联轴器;对低速刚性小或长轴,选用可移式刚性联轴器;对高速且有冲击或振动的轴,选用弹性联轴器;对轴线相交的两轴,选用万向联轴器;对有严重冲击或要求减振的传动,选用轮胎联轴器。

2)联轴器的型号选择

联轴器、离合器的类型确定后,应根据轴端直径、转矩大小、转速及空间尺寸等要求确定联轴器、离合器型号。具体步骤如下:

①计算名义转矩 T

$$T = 9550\frac{P}{n}$$

式中　T——名义转矩,N · m;

P——传递功率,kW;

n——轴的转速,r/min。

②计算转矩T_0

$$T_0 = KT$$

式中　K——工作情况系数，由表8.4查取。

③选择联轴器、离合器型号。根据轴端直径、转速n、计算T_0等参数，在标准中选择适当型号，并用规定代号标出。所选型号应满足

$$T_0 \leqslant [T] \tag{8.9}$$

$$n \leqslant [n] \tag{8.10}$$

式中　$[T]$——许用最大转矩，N·m；

$[n]$——许用最高转速，r/min。

$[T]$与$[n]$由机械设计手册或标准中查出。

表8.4　工作情况系数K

原动机	工作机	K
电动机	带式运输机，鼓风机，连续运动的金属切削机床	1.25～1.5
	链式运输机，刮板运输机，螺旋运输机，离心泵，木工机床	1.5～2.0
	往复运动的金属切削机床	1.5～2.5
	往复泵，往复式压缩机，球磨机，破碎机，冲剪机	2.0～3.0
	起重机，升降机，轧钢机，压延机	3.0～4.0
涡轮机	发电机，离心泵，鼓风机	1.2～1.5
往复式发动机	发电机	1.5～2.0
	离心泵	4
	往复式工作机，如压缩机、泵	4～5

注：1. 固定式、刚性可移式联轴器，选用较大K值；弹性联轴器，选用较小K值。

2. 嵌合式离合器，取$K=2～3$；摩擦式离合器，取$K=1.2～1.5$；安全离合器，取$K=1.25$。

3. 被带动的转动惯量小，载荷平稳，K取较小值。

8.4.4　联轴器、离合器的使用与维护

①联轴器与离合器的安装误差应严格控制，对固定式刚性联轴器更应注意。由于所联接轴的相对位移在负载后还可能增大。因此，通常要求安装误差不大于许用补偿量的1/2。

②联轴器在工作后，应检查两轴对中情况，其相对位移应不大于许用补偿量。应定期检查传力零件是否有损坏，以便及时更换。如齿轮联轴器等，要定期检查润滑情况。

③对转速较高的联轴器，要进行动平衡试验。

④多片式摩擦离合器在工作时，不应有打滑或分离不彻底现象。应经常检查作用在摩擦片上的压力是否足够，摩擦片磨损情况是否正常，回位弹簧是否灵敏，主动片、从动片之间的间隙应注意调整。

⑤应定期检查离合器的操纵系统是否操作灵活、工作可靠。

思考题与习题

8.1　联接用螺栓应采用何种牙型的螺纹？为什么？

8.2　常见联接螺栓是左旋还是右旋？是单线还是多线？为什么？

8.3　螺纹联接预紧力的大小怎样确定？为什么在重要的紧螺栓联接中不宜用小于 M12—M16 的螺栓？

8.4　在螺栓联接中，螺栓受力和联接受力是否相同？联接件受横向载荷时，螺栓是否一定受剪？

8.5　在受预紧力和工作拉力的螺栓联接中为什么螺栓承受的总拉力不等于预紧力与工作拉力之和？

8.6　承受横向载荷的普通螺栓联接和配合螺栓联接各有何特点？如何进行强度计算？

8.7　固定式联轴器能否代替可移式联轴器？为什么？

8.8　用离合器联接的两轴，改用联轴器联接会出现什么问题？

8.9　可移式刚性联轴器与弹性联轴器的异同点是什么？

8.10　如图 8.33 所示为一拉杆螺纹联接。已知拉杆所受载荷为 $F=23$ kN，拉杆材料为 Q235，试设计拉杆螺纹的直径。

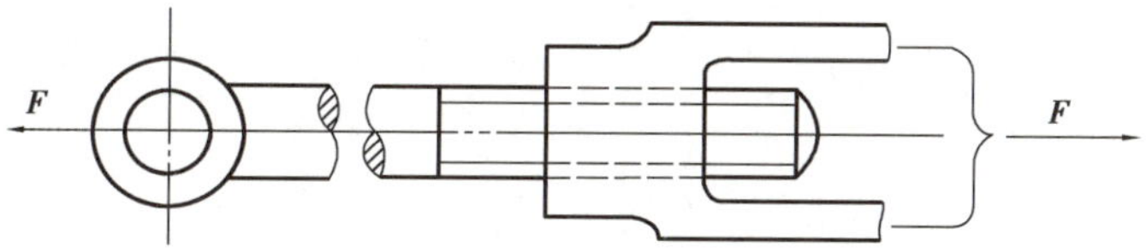

图 8.33　题 8.10 图

8.11　图 8.34 所示为一由 4 个螺栓组成的承受横向载荷的螺栓组联接。4 个 M16 的普通螺栓，其许用应力$[\sigma]=160$ MPa，接合面的摩擦因数$f_S=0.15$，求该螺栓组能承受的横向载荷 F_R。

8.12　如图 8.35 所示螺栓联接中有两个 M16 的螺栓，材料为 35 钢，如$f_S=0.15$，$K=1.20$，试计算允许承受的最大载荷。

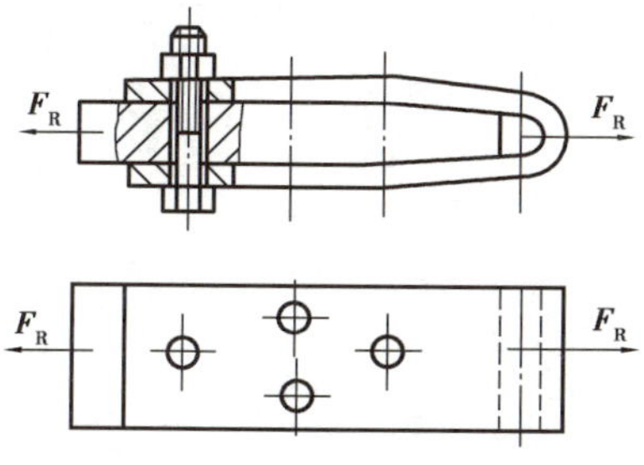

图 8.34　题 8.11 图

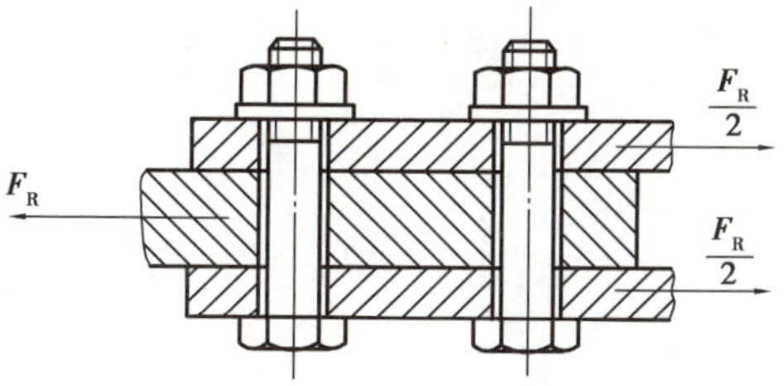

图 8.35　题 8.12 图

8.13　电动机与离心泵之间用联轴器相联。已知电动机功率 $P=11$ kW，转速 $n=90$ r/min，电动机外伸端直径为 42 mm，水泵轴直径为 38 mm，试选择联轴器型号。

8.14　离心水泵与驱动电动机用柱销联轴器联接，传递功率 $P=38$ kW，转速 $n=960$ r/mim，两端被联接轴直径 $d_1=60$ mm，$d_2=55$ mm。试选择联轴器的型号。问如原动机改为双缸柴油机时，其型号有无改变？

第9章

轴

轴的功用是支承转动零件(如凸轮、带轮、齿轮等)及传递运动和动力。它的结构和尺寸是由被支承的零件和支承它的轴承的结构决定的。轴是机械传动中的重要零件。

本章主要介绍轴的分类、轴设计的基本准则、轴的结构设计、轴的强度计算与刚度计算及临界转速。

9.1 轴的分类、轴设计的基本准则

9.1.1 轴的分类

轴按几何轴线形状,可分为直轴(见图9.1)、曲轴(见图9.2)和挠性轴(见图9.3)。曲轴常用于往复式机械(如内燃机、空压机等)中,实现运动形式的变换。挠性轴的挠性好,其轴线可按使用要求随意变化,可把运动灵活地传递到指定位置,常用于混凝土振动器、医疗器械等

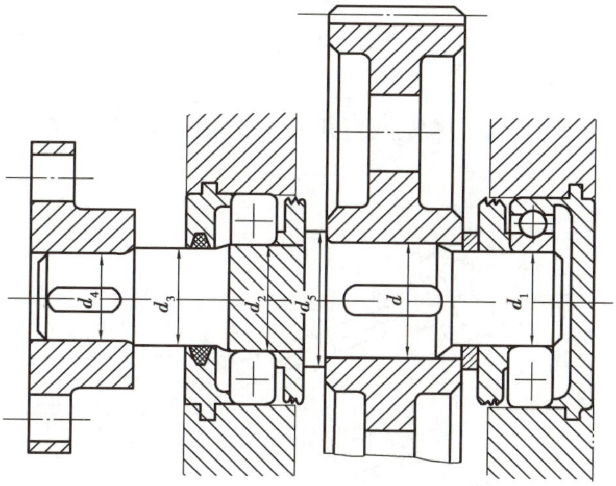

图9.1 直轴

传动中。直轴在一般机械中应用广泛。本章只讨论直轴。

根据承载情况,直轴可分为以下 3 种:

1)转轴

工作时既承受弯矩又传递转矩的轴,称为转轴(见图 9.1)。转轴是机器中一种最常用的轴。一般机械传动的轴大都属于这种轴。

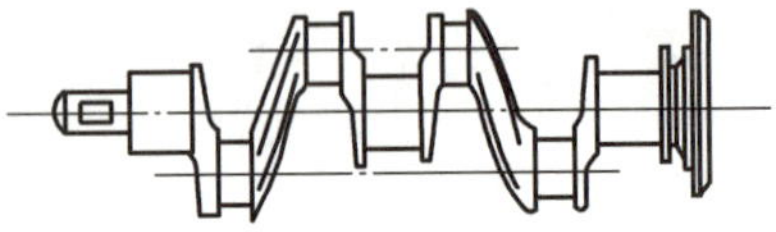

图 9.2　曲轴

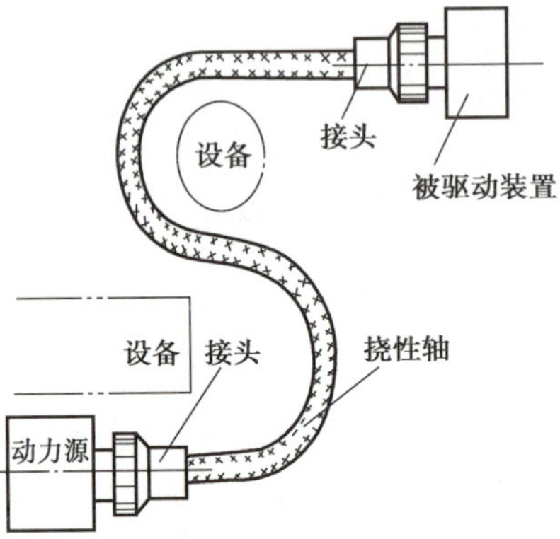

图 9.3　挠性轴

2)心轴

工作时只承受弯矩而不传递转矩的轴,称为心轴。心轴按其是否转动,可分为转动心轴和固定心轴。如图 9.4(a)所示为铁路机车的转动心轴,如图 9.4(b)所示为行车前轮的固定心轴。

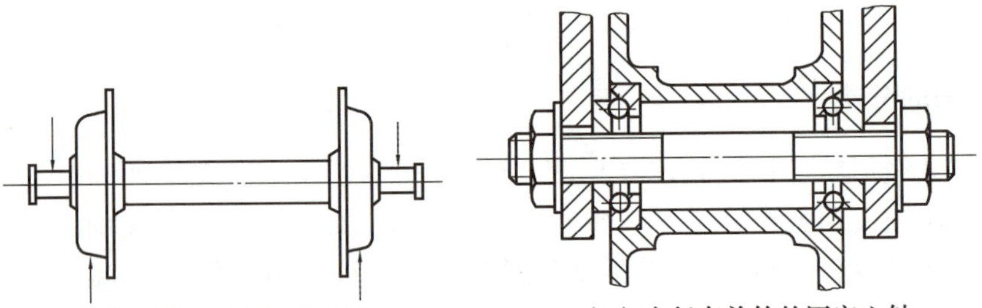

(a)铁路机车的转动心轴　(b)自行车前轮的固定心轴

图 9.4　心轴

3)传动轴

工作时主要传递转矩而不承受弯矩或弯矩很小的轴,称为传动轴,如汽车中联接前桥和后桥的传动轴(见图 9.5)。

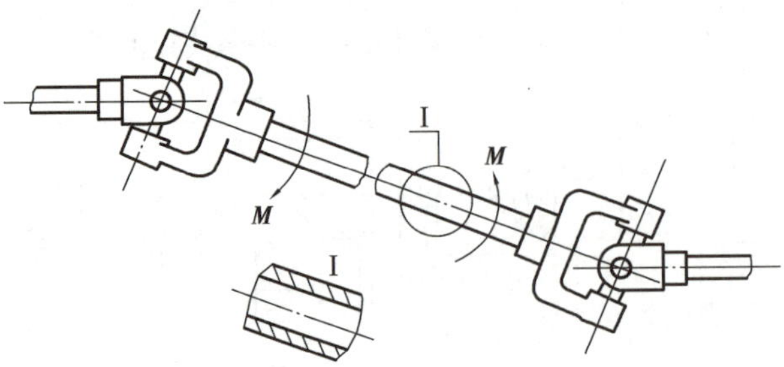

图 9.5　传动轴

按结构形状，直轴可分为光轴（见图9.5）、阶梯轴（见图9.1）、实心轴及空心轴等。

9.1.2 轴设计的基本准则

设计轴时，应考虑多方面的因素和要求。不同机械对轴有不同的要求。一般情况，轴设计的基本准则应满足以下两个要求：

①具有足够的承载能力，即要求轴具有足够的强度、刚度和振动稳定性，以保证正常的工作能力。

②具有合理的结构，使轴加工方便、成本低，轴上的零件定位和固定可靠，便于装拆。

9.2 轴的结构设计与强度计算

9.2.1 轴的结构设计

轴的结构设计就是定出轴的形状和尺寸。轴的结构由多方面因素决定，主要有：

①轴的受载状况。

②轴上零件的数目和布置情况。

③零件在轴上的定位和固定方法。

④轴承的类型及尺寸。

⑤轴的加工及装配工艺等。

此外，也不能脱离整个机器而单纯讨论某轴的结构，故不存在标准结构轴，必须根据具体情况具体分析与比较，才能确定最佳方案。现以减速器中的阶梯轴为例，来分析典型轴的结构应满足的基本要求和设计中的注意事项。

1）轴颈、轴头、轴身

如图9.6所示，轴上与轴承配合的部分，称为轴颈；与其他零件（如带轮、齿轮、联轴器等）配合的部分，称为轴头；联接轴头与轴颈的部分，称为轴身。

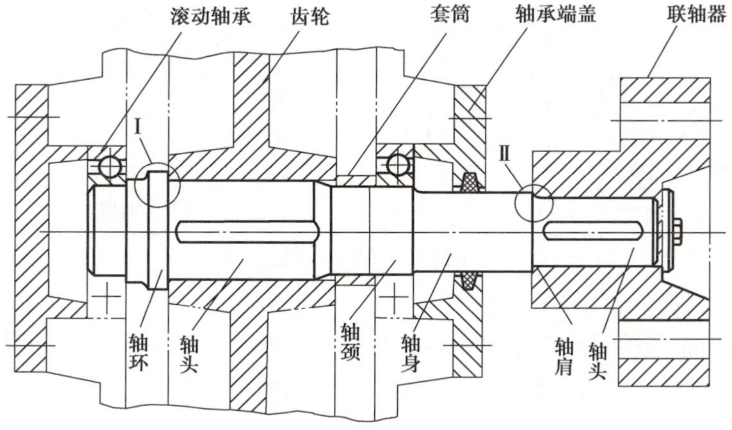

图9.6 轴的结构

轴颈与滚动轴承配合时，其直径必须符合轴承的内径系列；轴头的直径应与配合零件的轮毂内径相等，并应符合标准直径系列(见表9.1)；轴身部分的直径可采用自由尺寸。另外，轴上的螺纹或花键部分的直径均应符合螺纹或花键的标准。为了便于加工和尽量减少应力集中，轴的各段直径的变化应尽可能减少。

表9.1　标准直径系列(摘自GB/T 2822—2005)

10	11.2	12.5	13.2	14	15	16	17	18	19	20
21.2	22.4	23.6	25	26.5	28	30	31.5	33.5	35.5	37.5
40	42.5	45	47.5	50	53	56	60	63	67	71
75	80	85	90	95	100	106	112	118	125	132

2)轴上零件的定位和固定

要使轴和轴上零件具有准确的工作位置，必须对轴上零件进行定位和固定。

(1)轴上零件的定位

阶梯轴上截面变化的部位，称为轴环或轴肩(见图9.6中Ⅰ，Ⅱ等处)，它对轴上的零件起轴向定位作用。联轴器和左端的轴承依靠轴肩作轴向定位，齿轮依靠轴环作轴向定位。右端轴承依靠套筒定位。两端轴承端盖由螺钉与箱体固定，并通过轴承对轴进行轴向定位。

(2)轴上零件的固定

①轴上零件的轴向固定

轴上零件的轴向固定的目的是防止零件沿轴线方向移动，并承受轴向力。其常用的方法有：

A. 轴环和轴肩

轴环(见图9.7(a))或轴肩(见图9.7(b))对轴上的零件起轴向定位的作用，也是常用的轴向固定方法。其结构简单，能承受较大的轴向力。为了保证轴上零件紧靠定位面，应使轴上圆角半径 r 小于相配零件的圆角半径 R 或倒角 C(见图9.7)。r,R,C 值可查阅手册。轴肩的高度 a 应大于 R 或 C，通常取$(0.07\sim0.1)d$。轴环宽度 $b\approx1.4a$ 与滚动轴承相配合处的 a 与 r 值应根据轴承的类型与尺寸确定。

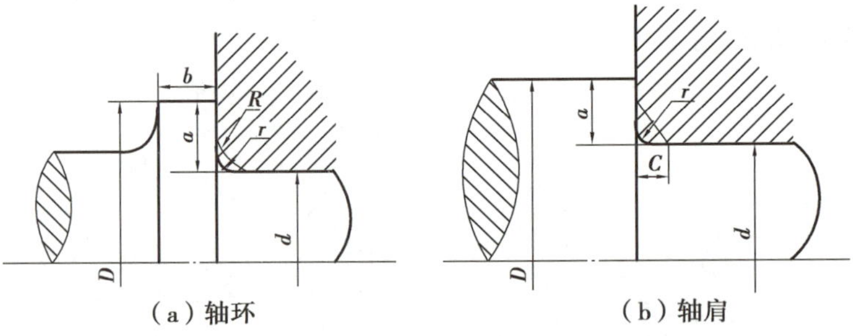

图9.7　轴环和轴肩

B. 套筒

它常用于轴相邻零件间距较小时两零件之间的固定(见图9.6中利用套筒实现齿轮与轴承的相对固定)。这种固定方法简单可靠，避免因在轴上开槽、钻孔或车螺纹等而削弱轴的强度，不宜用于高速轴。

C. 圆螺母

当轴上相邻零件间距较大，而又允许车螺纹时，常用双圆螺母作轴向固定，如图9.8(a)所示。其固定可靠，装拆方便，可承受较大的轴向载荷。圆螺母与止动垫圈也可用于轴端零件的固定，如图 9.8(b)所示。

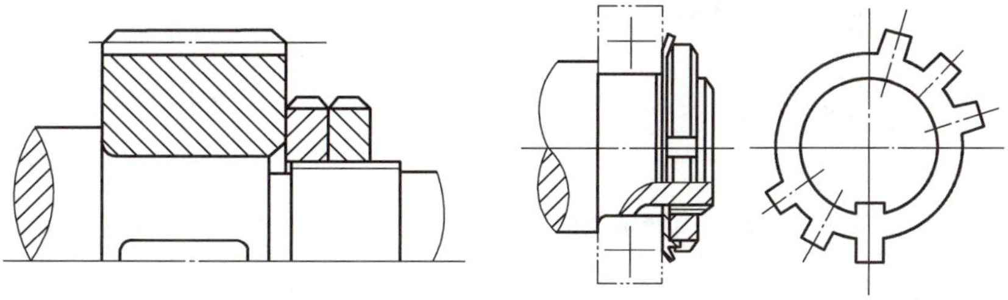

(a) 双圆螺母轴向固定　　(b) 四螺母与止动垫圈轴端轴向固定

图 9.8　圆螺母轴向固定

D. 弹性挡圈、紧定螺钉和紧锁挡圈

它们适用于轴向力很小或仅为了防止轴向移动时轴向固定。弹性挡圈常用于固定滚动轴承（见图 9.9）；紧定螺钉可作轴向和周向固定（见图 9.10）；锁紧挡圈常用于光轴上零件的固定（见图 9.11）。

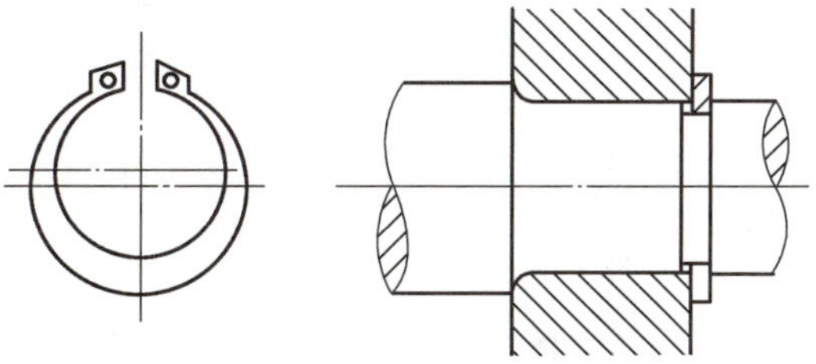

图 9.9　弹性挡圈轴向固定

E. 轴端挡圈和圆锥面。

它们适用于固定轴端零件，可承受剧烈冲击和振动。图 9.6 中，用轴端挡圈和轴肩实现双向固定。图 9.12 中，用轴端挡圈和圆锥面实现双向固定。为了使套筒、圆螺母、轴端挡圈等压紧轴上零件的端面，轴头长度应略小于零件的轮毂长度，一般短 1 ~ 3 mm。

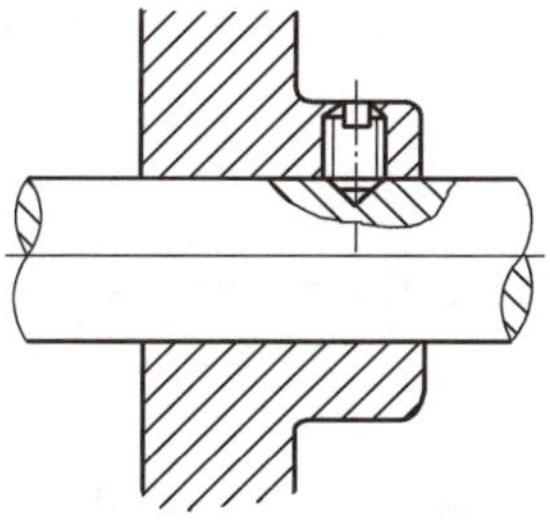

图 9.10　紧定螺钉固定

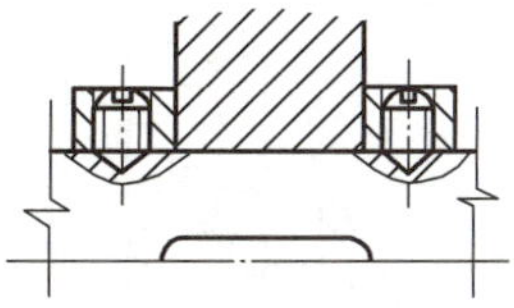

图 9.11　锁紧挡圈轴向固定

②轴上零件的周向固定

轴上零件的周向固定的目的是传递转矩，防止零件与轴产生相对转动。常用的固定方法有键联接、花键联接和过盈配合等。图 9.6 中用普通平键分别实现了对齿轮和联轴器的周向固定。

当传递转矩很小时，可采用紧定螺钉（见图 9.10）或销钉（见图 9.13），以实现轴向和周向固定。

3) 轴的结构工艺性

轴的结构应便于轴的加工和轴上零件的装拆。

(1) 加工工艺性

①轴直径变化尽可能小，并尽量限制轴的最小直径与各段直径差，这样既可节约材料，又

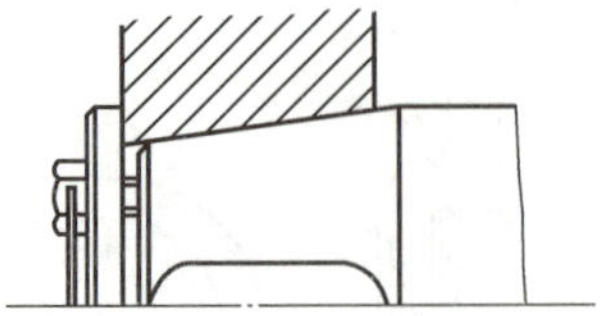

图 9.12　轴端挡圈和圆锥面轴向固定

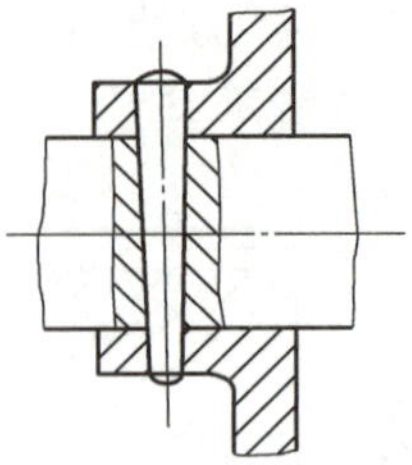

图 9.13　销钉固定

可减少切削加工量。

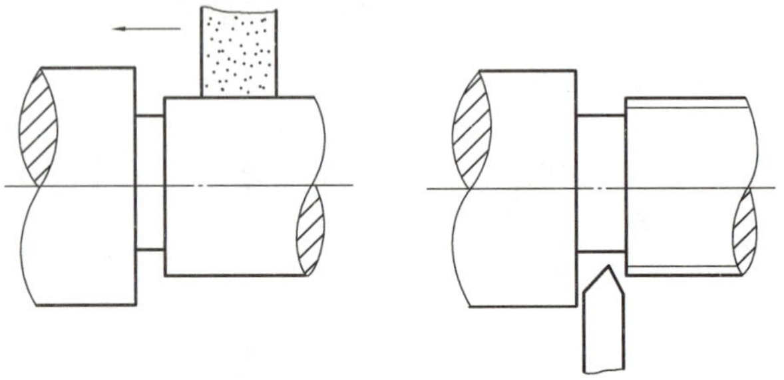

（a）砂轮越程槽　（b）螺纹退刀槽

图 9.14　砂轮越程槽与螺纹退刀槽

②轴上有磨削或需切螺纹处应留砂轮越程槽(见图 9.14(a))或螺纹退刀槽(见图 9.14(b))。它们的尺寸可查阅设计手册。

③应尽量使轴上同类结构要素(如过渡圆角、倒角、键槽、越程槽、退刀槽及中心孔等)的尺寸相同,并符合标准和规定;如不同轴段上有几个键槽时,将各键槽布置在同一母线上,以便于加工。

(2)装配工艺性

①为了便于零件的装拆和固定,常将轴设计成阶梯形。如图 9.15 所示为阶梯轴上的零件装拆图。表明,可依次把齿轮、套筒、左端轴承、轴承盖、带轮及轴端挡圈从轴的左端装入,这样零件依次往轴上装配时,既不擦伤配合表面,又使装配方便;右端轴承从轴的右端装入。

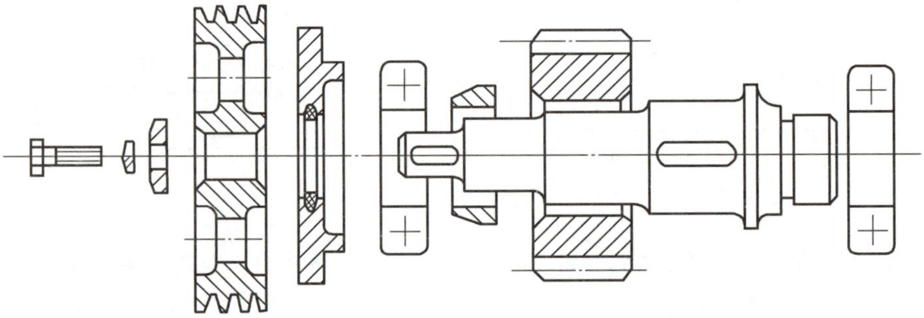

图 9.15　轴的装配

②轴端应倒角、去毛刺,以便于装配。

③固定滚动轴承的轴肩高度应小于轴承内圈厚度(具体数据可查滚动轴承有关标准),以便拆卸。

4)提高轴的疲劳强度

轴一般是在交变应力下工作。因此,轴的失效大多是由疲劳破坏引起的。减小应力集中和提高轴的表面质量是提高轴的疲劳强度的主要措施。

(1)改进轴的结构,降低应力集中

①尽量使轴颈变化过渡平稳,宜采用较大的过渡圆角以减小应力集中。如相配合零件内

孔倒角或倒圆很小时，可采用凹切圆角（见图9.16(a)）或采用间隔环（见图9.16(b)）。

②过盈配合处的应力集中会随过盈量增大而增大，如图9.17(a)所示。当过盈量较大时，为了减小应力集中，可采用增大配合处直径（见图9.17(b)）、轴上开卸荷槽（见图9.17(c)）以及在轮毂上开卸荷槽（见图9.17(d)）等方法。

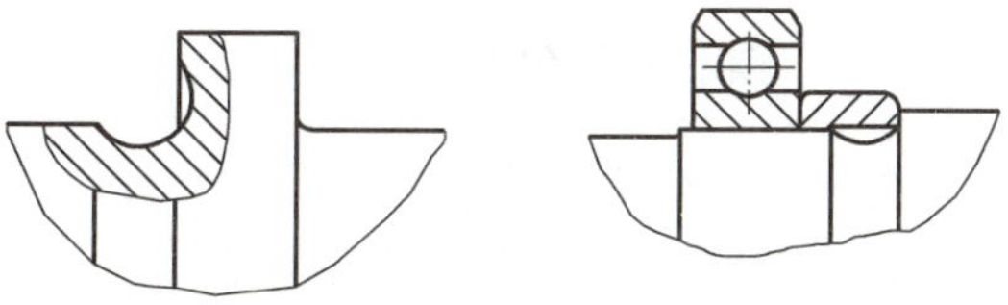

(a) 凹切圆角　　(b) 间隔环

图9.16　减小圆角应力集中的结构

③键槽端部与轴肩距离不宜过小，以避免损伤过渡圆角，减少多种应力集中源重合的机会，如图9.18所示。

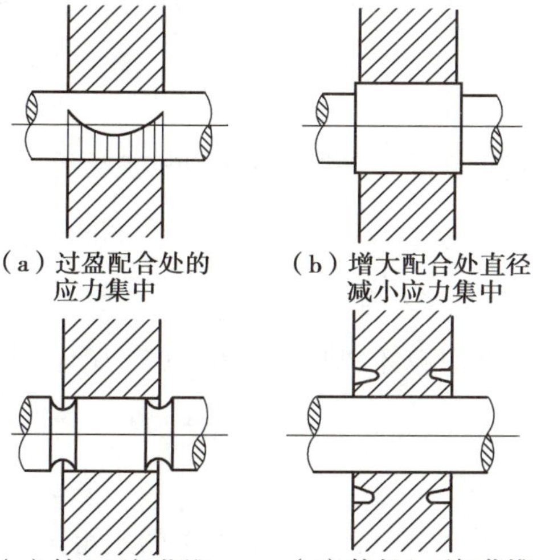

(a) 过盈配合处的应力集中　　(b) 增大配合处直径减小应力集中

(c) 轴上开卸荷槽减小应力集中　　(d) 轮毂上开卸荷槽减小应力集中

图9.17　过盈配合处的合理结构

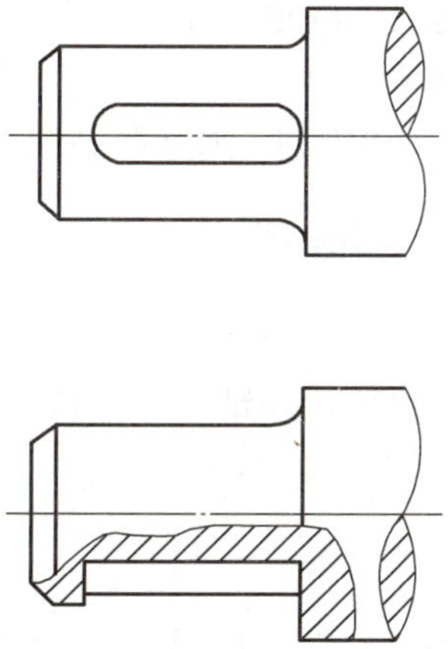

图9.18　键槽的不合理位置

(2)提高轴的表面质量

轴工作时，其表面工作应力最大，故降低轴的表面粗糙度值，并对表面进行热处理和化学处理等强化措施，如表面淬火、渗碳、渗氮或碾压、喷丸等，都可显著提高轴的疲劳寿命。

此外，合理布置轴上零件，可减小轴所受的载荷，相应提高轴的疲劳强度。例如，将图9.19(a)中的输入轮1置于输出轮2,3之间（见图9.19(b)）时，则可降低最大转矩。

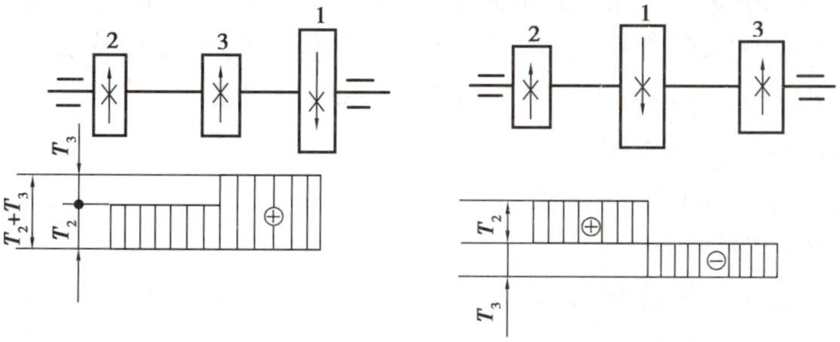

(a) 输入轮1置于右端　　(b) 输入轮1置于输出2，3之间

图9.19　轴上零件的合理布置

9.2.2 轴的失效分析

常见轴的失效形式有：

1）因疲劳强度不足产生疲劳断裂

大多数的轴工作时受交变应力作用，当应力数值及变化次数超过极限应力时，产生疲劳裂纹，裂纹发展将产生疲劳断裂而失效。

2）因静强度不足断裂

轴在运转中受到严重冲击或过载，将产生脆性断裂而失效。

3）刚度不足变形过大

精密或较重要的机械，常因轴的变形过大失去机械的精度或不能正常工作。

4）轴共振断裂

高速机械的轴可能因为发生共振而断裂。

5）其他失效

轴颈严重磨损，因摩擦高温产生"烧轴"，在腐蚀介质中工作因腐蚀加速疲劳等。

9.2.3 轴的强度计算

1）传动轴的强度计算

为了保证传动轴在传递转矩时不致因强度不够而破坏，轴内的最大切应力不得超过轴材料的许用切应力，即要求

$$\tau_{max} = \frac{T}{W_P} \leqslant [\tau] \tag{9.1}$$

式(9.1)即传动轴扭转强度校核公式。注意，T 应是全轴危险截面上的扭矩，也就是产生最大切应力的横截面上的扭矩。扭转截面系数 W_p(mm^3)可查看圆形截面的极惯性矩与扭转截面系数相关资料。许用切应力由实验确定。研究表明，许用切应力$[\tau]$和许用正应力$[\sigma]$之间存在关系：

塑性材料

$$[\tau] = (0.5 \sim 0.6)[\sigma]$$

脆性材料

$$[\tau] = (0.8 \sim 1.0)[\sigma]$$

例 9.1　如图 9.20(a)所示的传动轴为钢制的实心轴。已知轴的转速 $n = 300$ r/min，主动轮 A 输入功率 $P_A = 400$ kW，3 个从动轮输出功率分别为 $P_B = 120$ kW，$P_C = 120$ kW，$P_D = 160$ kW。材料的许用切应力$[\tau] = 30$ MPa，切变模量 $G = 80$ GPa。

(1)试计算各段扭矩并作出扭矩图。

(2)试按强度条件计算此轴的直径。

解　(1)计算各轮的转矩

因 A 为主动轮，故转矩的转向与轴的转向相同，而各从动轮的转矩与轴的转向相反，各轮转矩为

$$M_A = 9\ 550 \frac{P_A}{n} = 9\ 550 \times \frac{400}{300}\ \text{N}\cdot\text{m} = 12\ 733.3\ \text{N}\cdot\text{m}$$

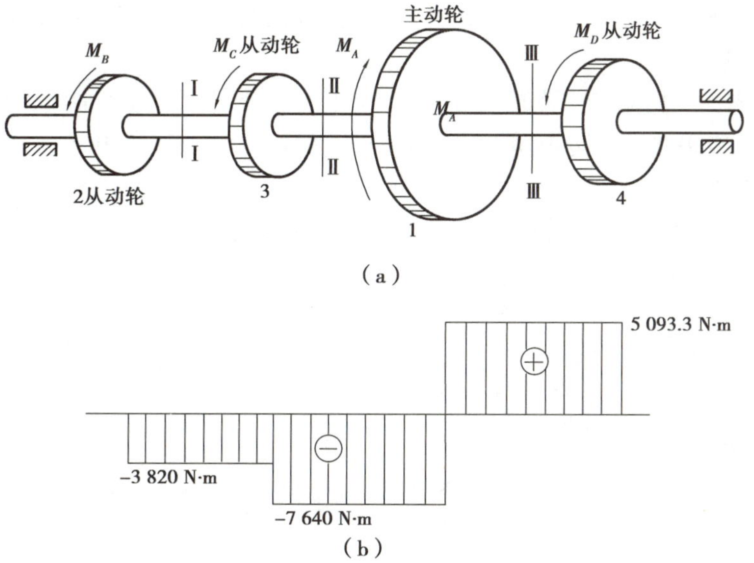

图 9.20　例 9.1 图

$$M_B = 9\ 550\frac{P_B}{n} = 9\ 550 \times \frac{120}{300}\ \text{N}\cdot\text{m} = 3\ 820\ \text{N}\cdot\text{m}$$

$$M_C = M_B = 3\ 820\ \text{N}\cdot\text{m}$$

$$M_D = 9\ 550\frac{P_D}{n} = 9\ 550 \times \frac{160}{300}\ \text{N}\cdot\text{m} = 5\ 093.3\ \text{N}\cdot\text{m}$$

(2)用截面法计算各截面扭矩

①沿截面Ⅰ—Ⅰ截开取左段,在截面Ⅰ—Ⅰ上作用着 T_1,方向为负,则

$$T_2 = -M_B = -3\ 820\ \text{N}\cdot\text{m}$$

②沿截面Ⅱ—Ⅱ截开取左段, 截面Ⅱ—Ⅱ上作用看 T_2,方向为负,则

$$T_2 = -(M_B + M_C) = -(320 + 3\ 820)\ \text{N}\cdot\text{m} = -7\ 640\ \text{N}\cdot\text{m}$$

③沿截面Ⅲ—Ⅲ截开取右段,截面Ⅲ—Ⅲ上作用者扭矩 T_3,方向为正,则

$$T_3 = M_D = 5\ 093.3\ \text{N}\cdot\text{m}$$

(3)作扭矩图

画出扭矩图,如图 9.20(b)所示。

(4)按强度条件计算此轴的直径

由计算可知,全轴上最大扭矩

$$T_{\max} = 7\ 640\ \text{N}\cdot\text{m}$$

根据强度条件

$$\tau_{\max} = \frac{T}{W_P} = \frac{T}{\frac{\pi d^3}{16}} \leqslant [\tau]$$

得

$$d \geqslant \sqrt[3]{\frac{16T}{\pi[\tau]}} = \sqrt[3]{\frac{16 \times 7\ 640}{\pi \times 30 \times 10^6}} \times 10^3\ \text{mm} = 109\ \text{mm}$$

根据上述计算结果,为了满足强度条件,实心轴直径应不小于 109 mm,可取标准直径 $d=112$ mm(见表 9.1)。

例 9.2 如图 9.5 所示的汽车的传动轴由材料为 45 钢的无缝钢管制成,外径 $d=90$ mm,内径 $d_1=85$ mm,传递的最大转矩 $M=1.5$ kN·m,材料的$[\tau]=60$ MPa。

(1)校核轴的强度。

(2)若用相同材料制成实心轴,并要求与原轴强度相同,试计算实心轴的直径 d_2。

(3)比较实心轴和空心轴的质量。

解 (1)强度校核

传动轴各截面扭矩均相等,即

$$T=M=1.5\ \text{kN}\cdot\text{m}$$

扭转截面系数为

$$W_P=\frac{\pi d^3}{16}(1-\alpha^4)=\frac{\pi\times 90^3}{16}\left[1-\left(\frac{85}{90}\right)^4\right]\text{mm}^3=29\ 240\ \text{mm}^3$$

$$\tau_{max}=\frac{T}{W_P}=\frac{1.5\times 10^3\times 10^3}{29\ 240}\text{MPa}=51.2\ \text{MPa}<[\tau]=60\ \text{MPa}$$

故此轴强度足够。

(2)计算实心轴直径 d_2

由于材料相同,当要求它们强度相同时,实际上只要使它们的抗扭截面系数相等,即

$$\frac{\pi d_2^3}{16}=\frac{\pi d^3}{16}(1-\alpha^4)$$

$$d_2=d\sqrt[3]{1-\alpha^4}=90\times\sqrt[3]{\left(\frac{85}{90}\right)^4}\ \text{mm}=53\ \text{mm}$$

(3)比较两轴质量

设空心轴的质量为 G_1,实心轴的质量为 G_2,由于两轴材料相同,长度相同,它们的质量比即截面积比,则

$$\frac{G_1}{G_2}=\frac{\dfrac{\pi(d^2-d_1^2)}{4}}{\dfrac{\pi d_2^2}{4}}=\frac{90^2-85^2}{53^2}=0.311$$

可知,在强度相同的条件下,空心轴的质量只有实心轴的 1/3。这是因实心轴中心部分的切应力远小于许用切应力,中心部分的材料未被充分利用。如把中心部分材料移到离圆心较远的位置,即将轴制成空心轴,既可节省材料,又可减轻自重。但空心轴壁厚不能太薄,太薄会产生局部皱褶,使承载能力下降。

2)强度理论简介

当构件受轴向拉、压时,其强度条件是 $\sigma=F_N/A\leqslant[\sigma]$,式中的许用应力$[\sigma]$是由材料的极限应力 σ_0 除以安全系数 n 得到的。对静应力,塑性材料的极限应力应为屈服点 σ_s,脆性材料的极限应力应为强度极限 σ_b。σ_s 和 σ_b 都是由试验直接确定的。因此,单向应力状态时的强度条件是以材料试验为基准的(关于应力状态的理论,请查阅有关书籍)。

工程中,实际构件大多处于复杂的应力状态(双向应力状态或 3 向应力状态),材料的破

坏与3个主应力都有关。如果直接从试验来确定材料的危险应力,就要按照3个主应力的不同数值进行无数次试验,这是无法实现的。因此,必须根据单向应力状态的试验结果来建立复杂应力状态时的强度条件。

根据长期的实践经验和大量的试验结果,人们对材料的破坏进行分析与研究,提出各种关于材料破坏原因的假设,这种假设称为强度理论。常用的有以下4种:

①第一强度理论认为,材料破坏的原因是最大拉应力,即不论材料处于单向应力状态还是复杂应力状态,只要构件内3个主应力中的最大拉应力达到单向应力状态时的危险应力,材料就要断裂破坏。这个假设又称最大拉应力理论。

②第二强度理论认为,材料的破坏决定于最大拉应变,这个假设又称最大拉应变理论。拉应变的计算与3个主应力都有关。

以上两个强度理论是在人们早期使用石料、铸铁等脆性材料的经验上建立起来的,它们与脆性材料的断裂破坏试验结果相符,故适用于脆性材料。但是,它们与塑性材料的屈服破坏试验结果不符,故不适用于塑性材料。

③第三强度理论认为,材料的破坏是最大切应力引起的,即不论材料处于单向应力状态或复杂应力状态,只要构件内的最大切应力达到单向应力状态时的危险应力,材料就要屈服破坏。这个假设又称最大切应力理论。

④第四强度理论认为,材料的破坏是与变形能有关的。外力迫使构件变形时所做的功被构件储存称为变形能。这个假设又称变形能理论。变形能的计算仍与构件内的切应力有关。

第三强度理论、第四强度理论是建立在塑性材料使用经验和试验结果的基础上,第三强度理论偏于安全,第四强度理论符合试验结果,它们都获得了广泛应用。

关于由各强度理论得到的强度计算公式请查阅材料力学手册。

在轴的强度计算中,常涉及弯扭组合变形的强度计算,在此给出以第三强度理论建立的圆轴弯扭组合变形的强度条件,即

$$\sigma_e = \frac{M_e}{W_z} = \frac{\sqrt{M^2 + (\alpha T)^2}}{0.1d^3} \leqslant [\sigma_b]_{-1} \tag{9.2}$$

式中 σ_e——当量应力,MPa;

M_e——当量弯矩,N · mm,$M_e = \sqrt{M^2 + (\alpha T)^2}$;

M——合成弯矩,N · mm,$M = \sqrt{M_H^2 + M_V^2}$,其中 M_H 为水平平面的弯矩,M_V 为垂直平面的弯矩;

W_z——轴危险截面的弯曲戴面系数,mm^3,对实心圆轴,$W_z \approx 0.1d^3$ 为根据扭矩性质而定的折合系数;

$[\sigma_b]_{-1}$——轴在对称循环交变应力作用下材料的许用应力。

3)转轴的强度计算

转轴在机械传动中得到了广泛的应用,转轴既传递转矩又承受弯矩,是在弯扭组合状态下工作的。转轴的强度计算分为初步计算和校核计算。在设计转轴之前,轴承之间的距离尚未确定,轴上弯矩的大小和分布是未知的。因此,设计时首先按轴所传递的转矩初步估算出受扭转轴段的最小直径,然后根据其结构条件确定出轴的形状和几何尺寸,最后进行轴的强度校核计算。

(1)初步设计计算

由式(9.1),当 $M=T$ 时,按转矩初步估算实心轴直径的强度条件为

$$\tau_{\max}=\frac{T}{W_P}=\frac{9\,550\,\frac{P}{n}\times 10^3}{0.2d^3}\leqslant[\tau]$$

$$d\geqslant\sqrt[3]{\frac{9550\times 10^3 P}{0.2[\tau]n}}=C\sqrt[3]{\frac{P}{n}} \tag{9.3}$$

式中 d——实心轴直径,mm;

T——轴传递的转矩,N·mm;

P——轴传递的功率,kW;

$[\tau]$——许用切应力,MPa;

n——轴的转速,r/min;

C——计算常数,取决于轴的材料及受载情况,见表9.2。

当轴按式(9.2)求得的轴段上开有键槽时,应适当增大直径。有一个键槽时,轴径应增大4%~5%,若同一截面有两个键槽时,轴径增大7%~10%。同时,将轴径圆整,并按表9.1取标准值。

表9.2 轴常用材料的 C 值

轴的材料	Q235,20	35	45	40Cr,35SiMn,42SiMn
C	160~135	135~118	118~107	107~98

注:当轴所受弯矩较小或只受转矩时,C 取小值;否则,取较大值。

(2)强度校核计算

这种计算一般是在按照前述方法初估轴径 d 的基础上,进行轴的结构设计,定出支点和载荷位置后,再进行强度校核计算。对一般的轴,按弯扭合成强度计算即可;对重要的轴,需用安全系数法进行精确计算,详见有关资料。

对一般的轴,由第三强度理论可知,弯扭组合变形的强度条件为式(9.2),即

$$\sigma_e=\frac{M_e}{W_z}=\frac{\sqrt{M^2+(\alpha T)^2}}{0.1d^3}\leqslant[\sigma_b]_{-1}$$

式中,α 为根据扭矩性质而定的折合系数。对不变的扭矩,$\alpha=\frac{[\sigma_b]_{-1}}{[\sigma_b]_{+1}}\approx 0.3$;对脉动循环变化的扭矩,$\alpha=\frac{[\sigma_b]_{-1}}{[\sigma_b]_0}\approx 0.6$;对对称循环的扭矩,$\alpha=1$。上述$[\sigma_b]_{-1}$,$[\sigma_b]_0$,$[\sigma_b]_{+1}$分别为材料在对称循环、脉动循环、静应力时的许用弯曲应力,其值见表9.3。

对一般转轴,弯曲应力按对称循环变化;当轴不转或随载荷一起转动时,考虑实际载荷的波动,弯曲应力按脉动循环变化。多数情况下,转轴的转矩变化规律难于确定,故一般转轴扭矩按脉动循环变化;当需要经常正反转时,按对称循环变化。

计算轴的直径时,式(9.2)可写为

$$d\geqslant\sqrt[3]{\frac{M_e}{0.1[\sigma_b]_{-1}}} \tag{9.4}$$

表 9.3　轴材料的许用弯曲应力

材料	σ_b	$[\sigma_b]_{+1}$	$[\sigma_b]_0$	$[\sigma_b]_{-1}$
碳素钢	500 600 700	170 200 230	75 95 110	45 55 65
合金钢	800 1 000	270 330	130 150	75 90
铸钢	400 500	100 120	50 70	30 40

例 9.3　长 $l=1.6$ m、直径 $d=110$ mm 的轴 AB 用联轴器和电动机联接，如图 9.21(a)所示。在 AB 轴的中点装有一重 $G=5$ kN、直径 $D=1.2$ m 的带轮，两边的拉力各为 $F=3$ kN 和 $2F=6$ kN。轴材料为 45 钢，$\sigma_b=600$ MPa，试校核此轴的强度。

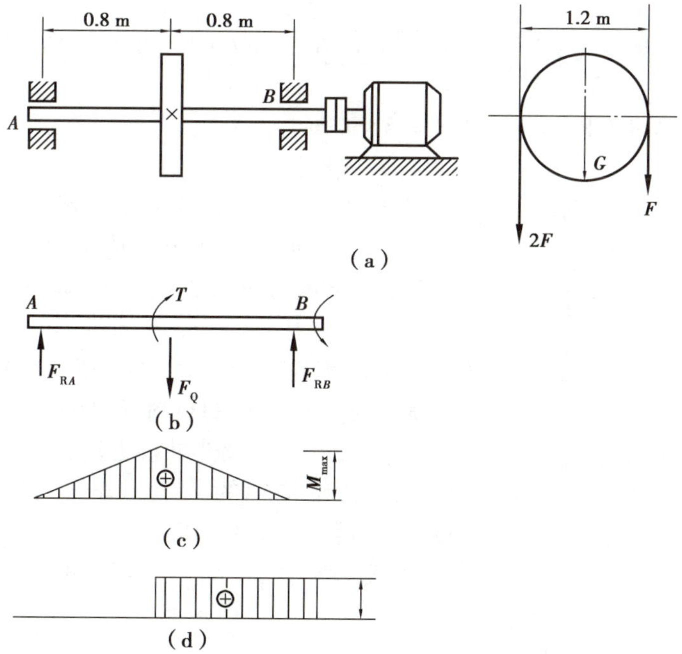

图 9.21　例 9.3 图

解　(1)轴的受力分析

①画出轴的受力简图，如图 9.21(b)所示。

②求轴上的作用力。轴上中点所受的力是带轮自重和带拉力之和，即

$$F_Q = (5+3+6)\ \text{kN} = 14\ \text{kN}$$

③求轴上转矩。电动机输出的转矩应与带输出的转矩相等，即

$$M = (6\times 0.6 - 3\times 0.6)\ \text{kN}\cdot\text{m} = 1.8\ \text{kN}\cdot\text{m}$$

通过受力分析可知，此轴受弯矩组合的作用。

(2)按当量弯矩校核轴的强度

①求支反力

$$F_{RA} = F_{RB} = \frac{Q}{2} = \frac{14}{2}\ \text{kN} = 7\ \text{kN}$$

②求弯矩、作弯矩图

$$M_A = 0,\quad M_B = 0$$

$$M_{max} = \frac{F_{RA}l}{2} = 7 \times 0.8\ \text{kN}\cdot\text{m} = 5.6\ \text{kN}\cdot\text{m}$$

画出弯矩图,如图 9.21(c)所示。

③求扭矩、作扭矩图

在轴中心点与电动机 B 点内轴截面上的扭矩为

$$T = M = 1.8\ \text{kN}\cdot\text{m}$$

画出扭矩图,如图 9.21(d)所示。

④按当量弯矩法校核强度

弯曲应力按对称循环,由表 9.3 查得$[\sigma_b]_{-1} = 55$ MPa,扭矩按脉动循环变化,取 $\alpha = 0.6$,则

$$\sigma_e = \frac{\sqrt{M^2 + (\alpha T)^2}}{W_z} = \frac{\sqrt{(5.6 \times 10^6)^2 + (0.6 \times 1.8 \times 10^6)^2}}{0.1 \times 10^3}\ \text{MPa}$$

$$= 42.8\ \text{MPa} < [\sigma_b]_{-1} = 55\ \text{MPa}$$

故此强度足够。

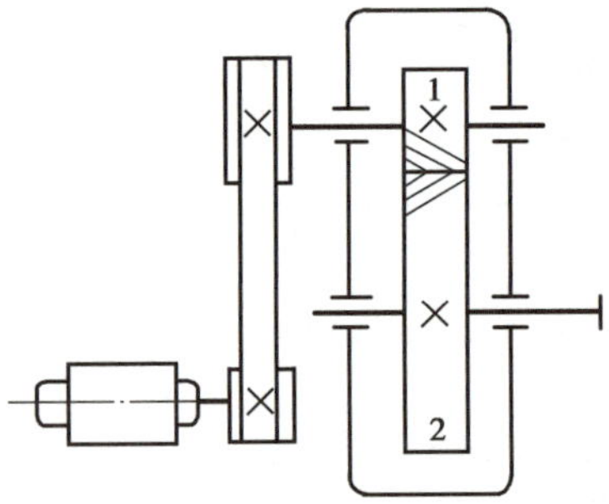

图 9.22　减速器简图

例 9.4　试设计如图 9.22 所示单级斜齿圆柱齿轮减速器中的从动轴。已知传递功率 $P = 10$ kW,从动轮转速 $n_2 = 202$ r/min,分度圆直径 $d_2 = 356$ mm,所受圆周力 $F_{t2} = 2\,656$ N,径向力 $F_{r2} = 985$ N,轴向力 $F_{a2} = 522$ N,轮毂宽度 $L = 80$ mm,齿轮单向传动,轴承采用 6200 型。

解　(1)选择轴的材料及热处理方法

选择轴的材料及热处理方法,并确定许用应力选用 45 钢。由碳素结构钢的化学成分与力学性能(GB/T 700—2006),可得 $\sigma_b = 600$ MPa。

由表 9.3,查得$[\sigma_b]_{-1} = 55$ MPa。

(2)按扭转强度估算最小直径

由式(9.3)及表 9.2,查得 $C = 112$,可得

$$d \geqslant C\sqrt[3]{\frac{P}{n}} = 112 \times \sqrt[3]{\frac{10}{202}}\ \text{mm} = 41.1\ \text{mm}$$

最小直径还应符合相配零件的孔径(这里是联轴器)标准尺寸,故取 $d = 45$ mm。

(3)轴结构尺寸的确定

确定轴的结构尺寸,如图 9.23 所示。

①确定轴上零件布置及固定方式

因为是单级齿轮减速器,可将齿轮布置在中央,轴承对称地布置在两侧,轴的外伸端安装联轴器。

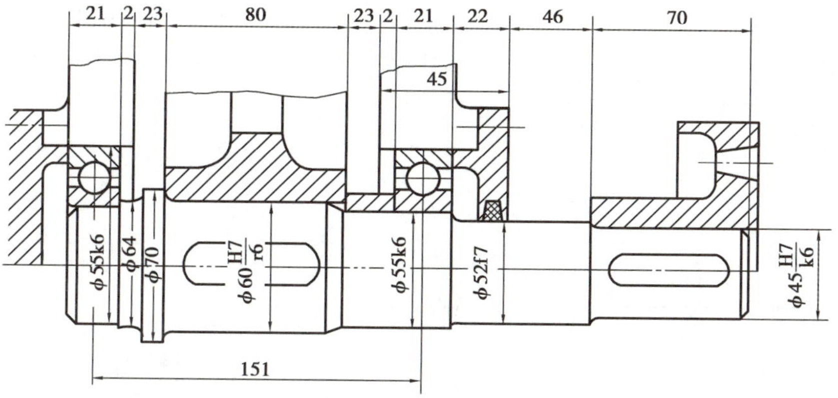

图9.23　轴结构草图

齿轮以轴环和套筒实现轴向定位和固定，以平键联接及过盈配合 H7/r6 实现周向固定，轴头设有装配锥度。两端轴承分别以轴肩和套筒，实现轴向定位，以过渡配合 k6（轴公差带）实现周向固定。整个轴系（包括轴承）以两端轴承盖实现轴向固定。联轴器以轴肩、平键联接、过渡配合 H7/k6 及周向固定。

②确定轴的各段直径

采用阶梯轴，尺寸由小至大、由两端向中央的顺序确定。外伸端直径最小为 45 mm，联轴器定位轴肩高 $h_{min}=3.5$ mm，直径为 52 mm，安装两滚动轴承处的轴颈直径同为 55 mm，按题意取 6211 型轴承。由轴承安装尺寸要求，查轴承有关标准得轴肩高 $h_{min}=4.5$ mm 轴肩和套筒外径为 64 mm，圆角 $r=1$ mm；取与齿轮相配的轴头直径为 60 mm，定位环 $h=5$ mm，直径为 70 mm，其余圆角查有关标准均为 1.5 mm。

③确定各段轴的长度

按照齿轮、轴承和联轴器的尺寸，首先在草图上作出这些零件的大致位置，然后再确定各相关长度。

齿轮置于中央，按轮毂宽度 $L=80$ mm，取轴头长度为 78 mm，轴承对称地布置在齿轮两侧，按轴承宽度取这两段轴的长度为 21 mm；齿轮两端面与箱体内壁距离各取 23 mm，以容纳轴环和套筒，从而定出轴的跨距 $l=151$ mm。按壁体结构需要，内壁至右轴承盖外端面距离为 45 mm。轴端伸出长度 46 mm 为安装联轴器要求的空间位置，70 mm 为由联轴器确定的轴头长度，这两尺寸均由联轴器标准给定。

（4）校核轴的强度

①绘出轴的受力图（见图9.24（a））。

②作水平面内的弯矩图（见图9.24（b））。

支座反力为

$$F_{RAH}=F_{RBH}=\frac{F_{t2}}{2}=\frac{2\ 656}{2}\ \text{N}=1\ 328\ \text{N}$$

截面 C 处的弯矩为

$$M_{CH}=\frac{F_{RAH}l}{2}=1\ 328\times\frac{0.151}{2}\ \text{N}\cdot\text{m}=100\ \text{N}\cdot\text{m}$$

截面 A 和 B 处的弯矩分别为

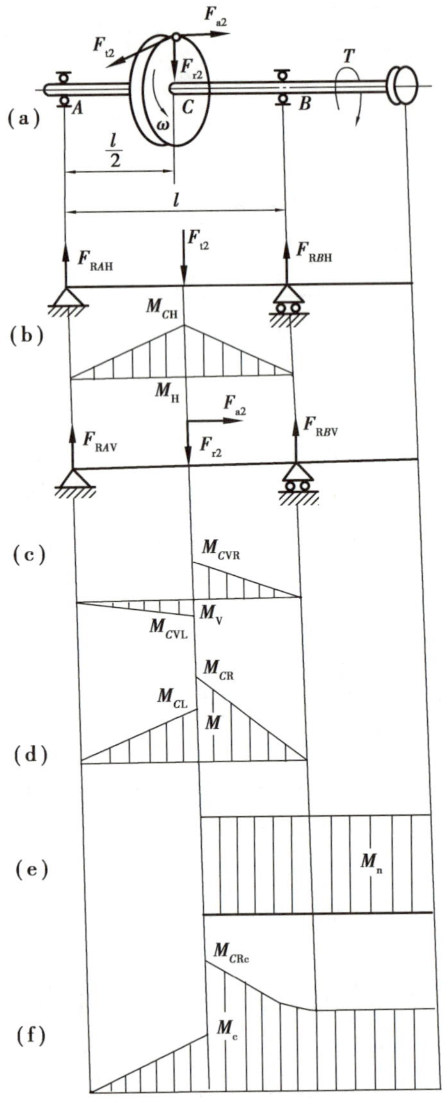

图 9.24　计算简图

$$M_A=0,\quad M_B=0$$

③作垂直平面内的弯矩图(见图 9.24(c))。

支座反力为

$$F_{RAV}=\frac{F_{r2}}{2}-\frac{F_{a2}d_2}{2l}=\left(\frac{985}{2}-\frac{522\times 356}{2\times 151}\right)\text{ N}=-123\text{ N}$$

$$F_{RBV}=\frac{F_{r2}}{2}+\frac{F_{a2}d_2}{2l}=\left(\frac{985}{2}+\frac{522\times 356}{2\times 151}\right)\text{ N}=1\ 108\text{ N}$$

截面 C 左侧的弯矩为

$$M_{CVL}=\frac{F_{RAV}}{2}=-123\times\frac{0.151}{2}\text{ N}\cdot\text{m}=-9.28\text{ N}\cdot\text{m}$$

截面 C 右侧的弯矩为

$$M_{CVR}=\frac{F_{RBV}l}{2}=1\ 108\times\frac{0.151}{2}\text{ N}\cdot\text{m}=83.65\text{ N}\cdot\text{m}$$

截面 A 和 B 处的弯矩分别为

$$M_A=0,\quad M_B=0$$

④作合成弯矩图(见图 9.24(d))。

截面 C 左侧的合成弯矩为

$$M_{CL}=\sqrt{M_{CH}^2+M_{CVL}^2}=\sqrt{100^2+(-9.28)^2}\text{ N}\cdot\text{m}=100.42\text{ N}\cdot\text{m}$$

截面 C 右侧的合成弯矩为

$$M_{CR}=\sqrt{M_{CH}^2+M_{CVR}^2}=\sqrt{100^2+83.65^2}\text{ N}\cdot\text{m}=130.37\text{ N}\cdot\text{m}$$

⑤作扭矩图(见图 9.24(e)),即

$$T=M=9\ 550\times\frac{10}{202}\text{ N}\cdot\text{m}=472.77\text{ N}\cdot\text{m}$$

⑥作当量弯矩图(见图 9.24(f))。

因单向转动,可认为扭矩按脉动循环变化,取 $\alpha=0.6$。

截面 A 处的当量弯矩为 $M_{Ae}=0$。

截面 C 左侧的当量弯矩为

$$M_{CLe}=\sqrt{M_{CL}^2+(\alpha T)^2}=\sqrt{100.42^2+(0.6\times 472.77)^2}\text{ N}\cdot\text{m}=300.9\text{ N}\cdot\text{m}$$

截面 C 右侧的当量弯矩为

$$M_{CRe} = \sqrt{M_{CR}^2 + (\alpha T)^2} = \sqrt{130.37^2 + (0.6 \times 472.77)^2}\ \text{N} \cdot \text{m} = 312.18\ \text{N} \cdot \text{m}$$

截面 B 处的当量弯矩为

$$M_{Be} = \sqrt{M_B^2 + (\alpha T)^2} = \sqrt{0^2 + (0.6 \times 472.77)^2}\ \text{N} \cdot \text{m} = 283.66\ \text{N} \cdot \text{m}$$

由上述计算可知，截面 C 为危险截面。

⑦计算危险截面 C 处的直径为

$$d \geqslant \sqrt[3]{\frac{M_{CRe}}{0.1\,[\sigma_b]_{-1}}} = \sqrt[3]{\frac{312.18 \times 10^3}{0.1 \times 55}}\ \text{mm} = 38.43\ \text{mm}$$

因截面 C 处有键槽，故将直径放大5%，即

$$38.43 \times 1.05\ \text{mm} = 40.35\ \text{mm}$$

根据结构设计时，此处直径为 60 mm 强度足够：但不必修改，因轴的尺寸主要由结构决定，按强度计算得出的尺寸，仅是必须满足的最小尺寸。

(5)绘制轴的工作图

参阅实训教材轴的设计一节。

9.3 轴的刚度计算和临界转速简介

9.3.1 轴的刚度计算

轴受载后，会产生弯曲变形和扭转变形。如果轴的刚度不够，即变形超过允许的限度，就会影响轴上零件的正常工作，甚至会破坏机器的工作性能。例如，在齿轮及蜗杆传动中，当轴变形过大，则会影响齿轮正常啮合而产生载荷集中现象；又如，轴的转角过大，会使滑动轴承产生不均匀磨损和过度发热，使滚动轴承内外圆过度歪斜以致卡死、损坏等。因此，轴必须有足够的制度，尤其对重要物的设计，必须进行刚度的校核计算。

轴的刚度包括弯曲刚度和扭转刚度两种。前者以挠度 y 和截面转角 θ 来度量；后者以扭转角 φ 来度量。轴的刚度校核计算通常是计算出轴在受载时的变形量，并控制其不大于允许值。

轴的刚度条件如下：

挠度

$$y_{max} \leqslant [y] \tag{9.5}$$

转角

$$\theta_{max} \leqslant [\theta] \tag{9.6}$$

单位长度扭转角

$$\varphi_{max} \leqslant [\varphi] \tag{9.7}$$

式中，y，θ，φ 的计算见第 2 章的力学公式；$[y]$，$[\theta]$，$[\varphi]$分别为轴的许用挠度、许用转角、许用扭转角。其值见表 9.4。

表 9.4　轴的许用挠度[y]、许用转角[θ]、许用扭转角[φ]

适用范围	[y]/mm	适用范围	[θ]/rad	适用范围	[φ]/[(°)·m^{-1}]
一般用途	(0.0003～0.0005)L	滑动轴承	0.001	一般传动	0.5～1
刚度要求较高的轴	0.0002L	深沟球轴承	0.005	较精密的传动	0.25～0.5
电机轴	0.1Δ	调心球轴承	0.05	重要传动	<0.25
安装齿轮的轴	(0.01～0.05)m_n	圆柱滚子轴承	0.002 5		
安装涡轮的轴	(0.02～0.05)m_t	圆锥滚子轴承	0.001 6		
		安装齿轮处	0.001～0.002		

注：L—轴的跨距，mm；Δ—电机定子与转子之间的气隙，mm；m_n—齿轮法向模数，mm；m_t—蜗轮端面模数，mm；

下面分别举例说明轴的扭转刚度与弯曲刚度的计算方法。

例 9.5　如图 9.25(a)所示为一传动轴。已知轴上传递的转矩 M_1 = 2.5 kN·m，M_2 = 4 kN·m，M_3 = 1.5 kN·m。轴材料的剪切弹性模量 G = 80 GPa。试求该轴的最大切应力和截面 A 相对于截面 C 的扭转角 $\varphi_{A\text{-}C}$。

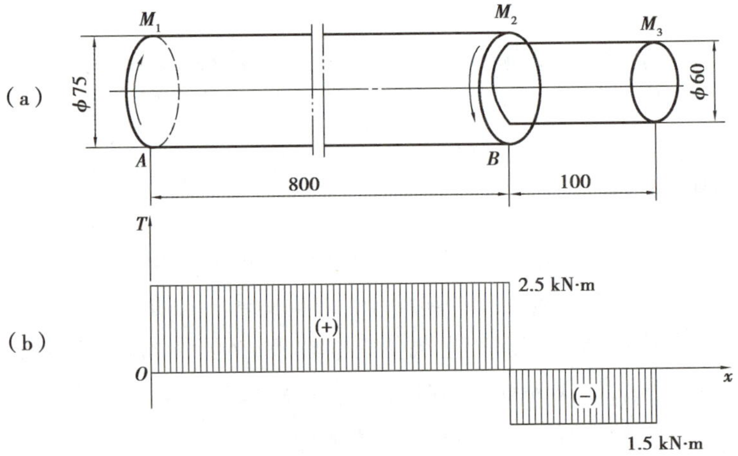

图 9.25　例 9.5 图

解　(1)分段计算各截面的扭矩，并画出扭矩图

AB 段

$$T_1 = M_1 = 2.5\ \text{kN}\cdot\text{m}$$

BC 段

$$T_2 = M_1 - M_2 = (2.5 - 4)\ \text{kN}\cdot\text{m} = -1.5\ \text{kN}\cdot\text{m}$$

根据以上数据画出扭矩图，如图 9.25(b)所示。

(2)计算轴上各段的最大切应力

AB 段

$$\tau_{\max} = \frac{T_1}{W_{P1}} = \frac{2.5\times10^3\times10^3}{\frac{\pi}{16}\times75^3}\ \text{MPa} = 30.2\ \text{MPa}$$

BC 段

$$\tau_{max}=\frac{T_2}{W_{P2}}=\frac{1.5\times10^3\times10^3}{\frac{\pi}{16}\times60^3}\text{ MPa}=35.4\text{ MPa}$$

最大切应力 $\tau_{max}=35.4$ MPa。由此可知，变截面圆轴的最大切应力不一定在扭矩最大的截面上。全轴切应力最大的截面，称为危险截面。等直径圆轴，因 W_P 为常数，故扭矩最大的截面就是危险截面。

(3)计算 *A*,*C* 两截面之间的扭矩角 $\varphi_{A\text{-}C}$

由于 *A*,*C* 两截面之间的扭矩 *T* 和 GI_P 不是常量。因此，分别计算 *AB* 与 *BC* 两段的扭转角，然后叠加。*A*,*B* 两截面之间的扭转角为

$$\varphi_{A\text{-}B}=\frac{T_1L_1}{GI_{P1}}=\frac{2.5\times10^3\times800}{80\times\frac{\pi}{32}\times75^4}\text{ rad}=0.008\text{ rad}$$

B,*C* 两截面间的扭转角为

$$\varphi_{B\text{-}C}=\frac{-T_2L_2}{GI_{P2}}=\frac{-1.5\times10^3\times100}{80\times\frac{\pi}{32}\times60^4}\text{ rad}=-0.001\,4\text{ rad}$$

$$\varphi_{A\text{-}C}=\varphi_{A\text{-}B}+\varphi_{B\text{-}C}=[0.008+(-0.001\,4)]\text{ rad}=0.006\,6\text{ rad}$$

例 9.6　设例 9.1 的传动轴为钢制的实心轴。其材料的许用切应力 $[\tau]=30$ MPa，剪切弹性模量 $G=80$ GPa，许用扭转角 $[\varphi]=0.3°/\text{m}$，试按强度条件和刚度条件计算此轴的直径。

解　由例 9.1 的计算可知，全轴上最大扭矩为

$$T_{max}=7\,640\text{ N}\cdot\text{m}$$

根据强度条件

$$\tau_{max}=\frac{T}{W_P}=\frac{T}{\frac{\pi d^3}{16}}\leqslant[\tau]$$

得

$$d\geqslant\sqrt[3]{\frac{16T}{\pi[\tau]}}=\sqrt[3]{\frac{16\times7\,640}{\pi\times30\times10^6}}\times10^3\text{ mm}=109\text{ mm}$$

再由刚度条件

$$\varphi_{max}=\frac{T}{GI_P}\times\frac{180°}{\pi}=\frac{T}{G\times\frac{\pi d^4}{32}}\times\frac{180°}{\pi}\leqslant[\varphi]$$

得

$$d\geqslant\sqrt[4]{\frac{T\times180\times32}{G\pi^2[\varphi]}}=\sqrt[4]{\frac{7\,640\times180\times32}{80\times10^9\times\pi^2\times0.3}}\times10^3\text{ mm}=117\text{ mm}$$

根据上述计算结果，为了同时满足强度和刚度条件，应在两个直径中取较大值，即实心轴直径应不小于 17 mm。在表 9.1，可取标准直径 $d=118$ mm。由此例可知，当扭转刚度要求较高时，轴径往往由其扭转刚度来确定。

例 9.7　车床主轴(见图9.26)简化为外径 $D=80$ m、内径 $d=40$ m 的等截面空心轴，其弹

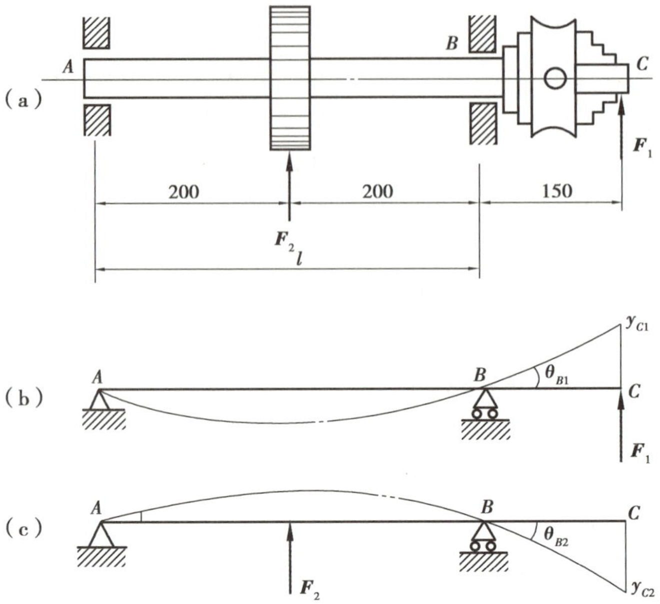

图 9.26　例 9.7 图

性模量 $E=2$ GPa，C 端许用挠度$[y_C]=0.000\ 2l$，轴承 B 处的许用转角$[\theta_B]=0.001$ rad，$F_1=3$ kN，$F_2=2$ kN，试校核轴的刚度。

解　(1)求 F_1 单独作用时主轴的变形(见图 9.26(b))

主轴横截面的惯性矩为

$$I=\frac{\pi D^4}{64}(1-\alpha^4)=\frac{\pi\times 80^4}{64}\times\left[1-\left(\frac{40}{80}\right)^4\right]\ \text{mm}^4=1\ 885\times 10^3\ \text{mm}^4$$

查梁在简单载荷作用下的挠曲线方程与特殊截面的挠度和转角，可得

$$y_{C1}=\frac{F_1a^2(l+a)}{3EI}=\frac{3\times 10^3\times 150^2\times 550}{3\times 200\times 10^3\times 1\ 885\times 10^3}\ \text{mm}=0.032\ 8\ \text{mm}$$

$$\theta_{B1}=\frac{F_1a^l}{3EI}=\frac{3\times 10^3\times 150\times 400}{3\times 200\times 10^3\times 1\ 885\times 10^3}\ \text{rad}=0.159\times 10^{-3}\ \text{rad}$$

(2)求 F_2 单独作用时主轴的变形(见图 9.26(c))

由梁在简单载荷作用下挠曲线方程与特殊截面的挠度和转角，可得

$$\theta_{B2}=\frac{-F_2l^2}{16EI}=\frac{-2\times 10^3\times 400^2}{16\times 200\times 10^3\times 1\ 885\times 10^3}\ \text{rad}=-0.053\times 10^{-3}\ \text{rad}$$

$$y_{C2}=\theta_{B2a}=-0.053\times 10^{-3}\times 150\ \text{mm}=-0.007\ 9\ \text{mm}$$

(因变形很小，且 BC 段无载荷，变形后仍为直线)

(3)求 F_1 和 F_2 同时作用下的变形

运用叠加原理，得

$$y_C=y_{C1}+y_{C2}=[0.032\ 8+(-0.007\ 95)]\text{mm}=0.024\ 9\ \text{mm}$$

$$\theta_B=\theta_{B1}+\theta_{B2}=[0.159\times 10^{-3}+(-0.053\times 10^{-3})]\ \text{rad}=0.106\times 10^{-3}\ \text{rad}$$

(4)计算轴变形的许用值

计算轴变形的许用值为

$$[y_C] = 0.000\,2l = 0.000\,2 \times 400 \text{ mm} = 0.08 \text{ mm}$$

$$[\theta_B] = 0.001 \text{ rad} = 1 \times 10^{-3} \text{rad}$$

$$y_C = 0.024\,9 \text{ mm} < [y_C] = 0.08 \text{ mm}$$

$$\theta_B = 0.106 \times 10^{-3} \text{ rad} < [\theta_B] = 1 \times 10^{-3} \text{ rad}$$

因此,主轴满足刚度条件。

9.3.2 轴的临界转速的概念

因轴和轴上旋转件的结构不对称、材质不均匀、加工有误差及安装对中不好等,要使旋转件的重心精确地位于轴的几何轴线上,几乎是不可能的。实际上,重心与几何轴线之间总有一微小的偏心距,因而转动时产生离心力,使轴受到周期性载荷的干扰。

当轴的转速达到某一数值,使轴所受的干扰力的振动频率和轴的自振频率相同时,就会出现反复弯曲变形的共振现象。此时,振幅很大,产生很大的动载荷和噪声,以致可能使轴和机器破坏。轴发生共振时的转速,称为临界转速。如果转速继续提高,振动就会减弱而趋于平稳。因此,对重要的,尤其是高转速的轴必须计算其临界转速 n_c,并使轴的工作转速 n 避开临界转速 n_c,以免发生共振。

思考题与习题

9.1 轴有哪几种类型?自行车的前轴、中轴、后轴各属什么类型?

9.2 轴上零件的轴向定位和固定方法有哪些?轴上零件的周向固定有哪些方法?

9.3 轴的结构设计应满足哪些基本要求?

9.4 轴的强度计算、刚度计算、临界转速计算的目的分别是什么?

9.5 提高转轴疲方强度有哪些措施?

9.6 进行轴的弯扭合成强度计算时为什么要考虑校正系数 α?

9.7 试判断图 9.27 中 1, 2,3,4 处轴的结构是否合理?为什么?应如何改进?

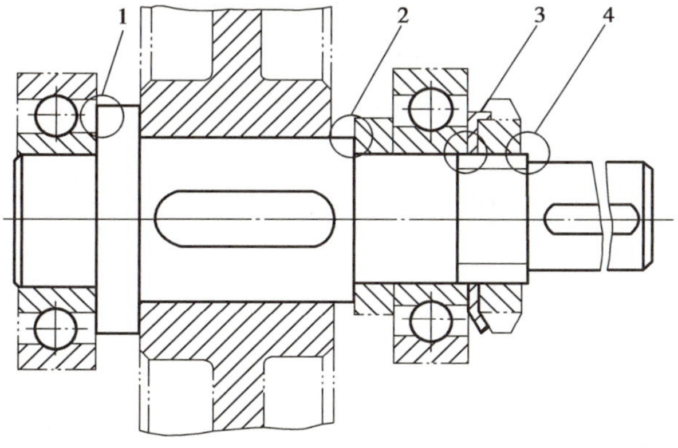

图 9.27 题 9.7 图

9.8 如图 9.28 所示,已知轴的外伸端直径 $d = 20$ mm,试根据标准决定轴的下列结构尺寸：轴颈直径 d_0，d_3；与齿轮配合处直径 d_2；装轴承部分轴肩高度 h；轴环直径 d_1；齿轮内孔倒角 C_1；与齿轮配合处轴上圆角半径 r，并将尺寸标注在图上。

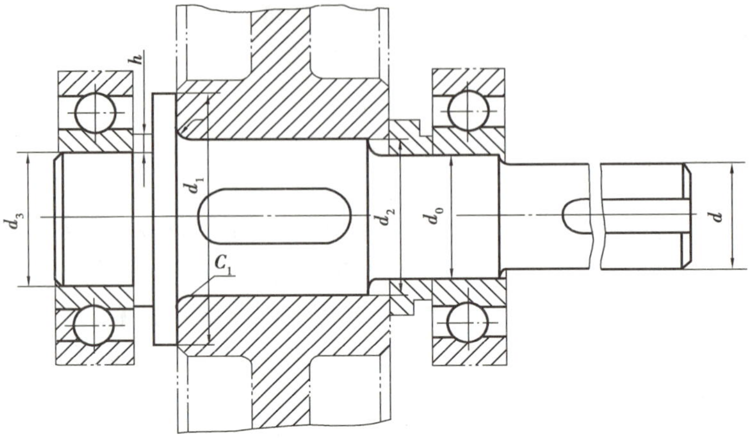

图 9.28　题 9.8 图

9.9　轴的尺寸如图 9.29 所示。转矩 $M=300$ N · m，轴材料的许用切应力[$\tau_1=60$ MPa，试校核该轴强度。

9.10　传动轴受力情况如图 9.30 所示。已知材料的许用切应力[τ] $=40$MPa，许用扭转角[θ] $=0.5°/\text{m}$，材料剪切弹性模量 $G=80$ GPa，试计算轴的直径。

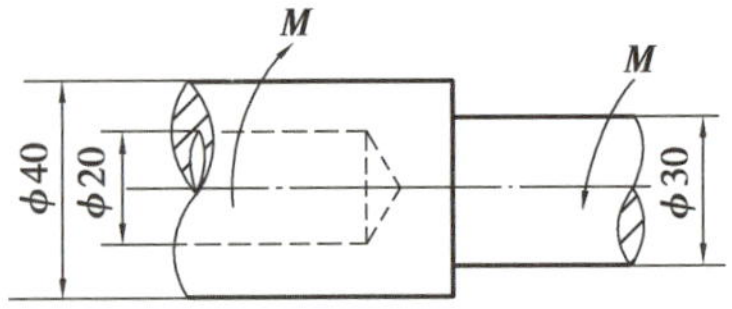

图 9.29　题 9.9 图

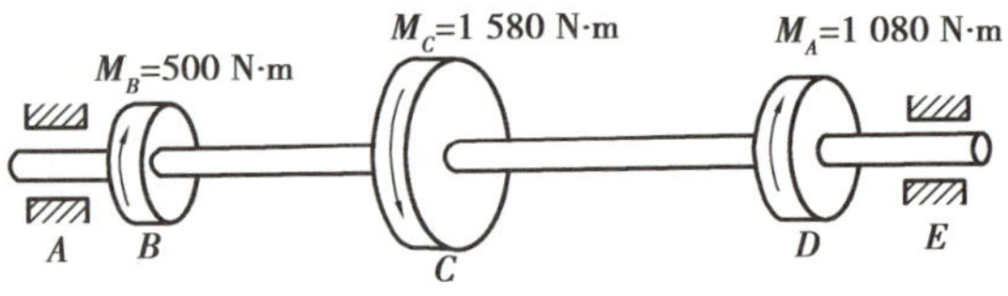

图 9.30　题 9.10 图

9.11　如图 9.31 所示的阶梯轴直径分别为 $d_1=40$ mm，$d_2=50$ mm，材料许用切应力[τ] $=60$ MPa，$G=80$ GPa，许用扭转角[θ] $=1.5°/\text{m}$。功率由 C 轮输入，$P_c=30$ kW，轴均匀转动，转速 $n=200$ r/min，试校核该轴的扭转强度和刚度。

9.12　如图 9.32 所示的磨床主轴可简化为等截面的外伸梁。其直径 $d=90$ mm，磨削阻力 $F_1=500$ N，带拉力 $F_2=3\ 700$ N，$E=210$ GPa，[y_C] $=0.000\ 21\approx0.08$ mm，[θ_A] $=0.001$ rad。试校核截面 C 的挠度和截面 A 的转角。

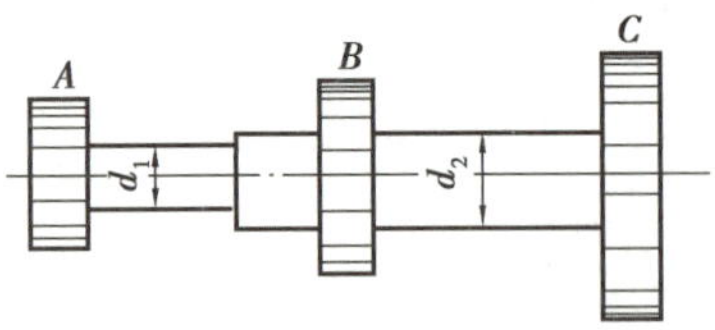

图 9.31　题 9.11 图

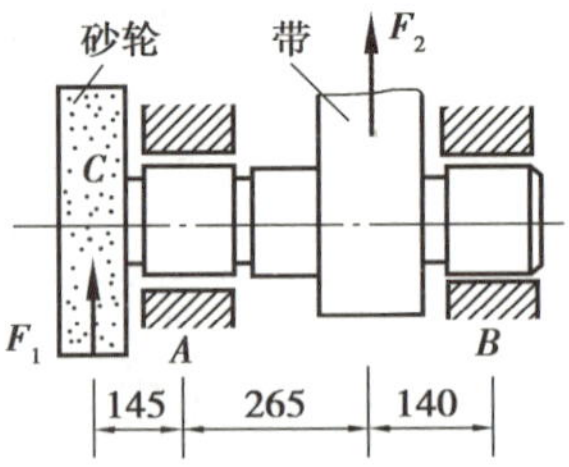

图 9.32　题 9.12 图

9.13　一级直齿圆柱齿轮减速器如图 9.33 所示。已知输入功率 $P=13$ kW，转速 $n=980$ r/min，齿数 $z_1=18$，$z_2=72$，模数 $m=5$ mm，主动轴为齿轮轴，采用 40Cr 从动轮采用 45 钢，装齿

轮处的轴头直径 $d=65$ mm，开有键槽，跨距 $l=200$ mm，齿轮双向转动。

(1)估算主动轴的最小直径；

(2)验算从动轴强度。

9.14　如图9.34所示，试设计单级斜齿圆柱齿轮减速器中的从动轴。已知传递功率 $P=13$ kW，从动齿轮的转速 $n_2=216$ r/min，分度圆直径 $d_2=269.1$ mm，螺旋角 $\beta=9°59'12''$，齿轮宽度 $b=90$ mm，设采用轻系列深沟球轴承，单向传动。

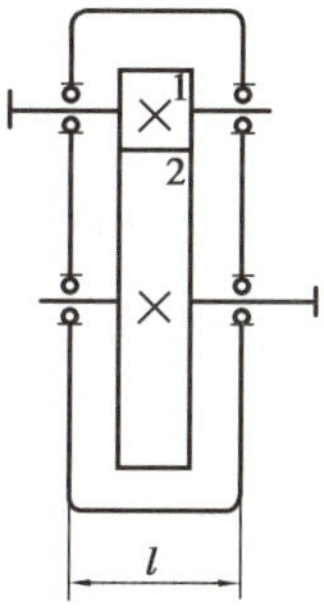

图9.33　题9.13图

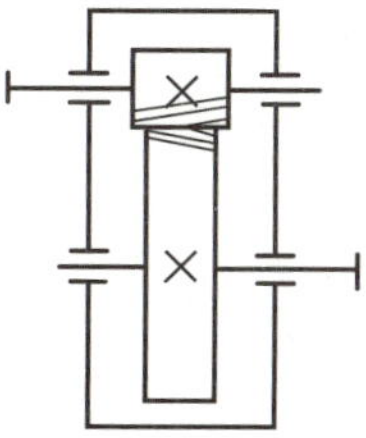

图9.34　题9.14图

第 10 章 轴承与弹簧

本章主要介绍滚动轴承与滑动轴承的结构、特性、应用及其强度与寿命计算。同时，对弹簧的功用、类型及其应用也作简单的介绍。

10.1 滚动轴承

滚动轴承的摩擦阻力较小，机械效率较高，对轴承的维护要求较低，但径向尺寸较大，振动、噪声较大，在中低转速以及精度要求较高的场合得到广泛应用。

10.1.1 滚动轴承的构造

如图 10.1 所示，滚动轴承通常由内圈 1、外圈 2、滚动体 3 及保持架 4 组成。滚动体的形式较多，有球和各类滚子等，如图 10.2 所示。

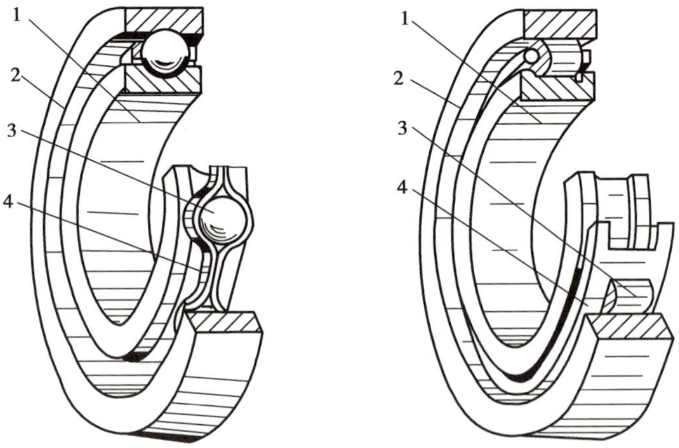

图 10.1 滚动轴承的基本结构

1—内圈；2—外圈；3—滚动体；4—保持架

滚动体和外圈接触处的法线 nn 与轴承径向平面（垂直轴承轴心线的平面）的夹角 α（见

图 10.3)，称为公称接触角。其值的大小反映轴承承受轴向载荷的能力。α 越大，轴承承受轴向载荷的能力越大。

10.1.2　滚动轴承的主要类型、代号及其选择

1) 滚动轴承的分类

滚动轴承的类型很多，其常用分类方法及所分类型见表 10.1。常用的基本类型有十大类，表 10.2 列出了 5 类常用轴承的类型及主要性能。

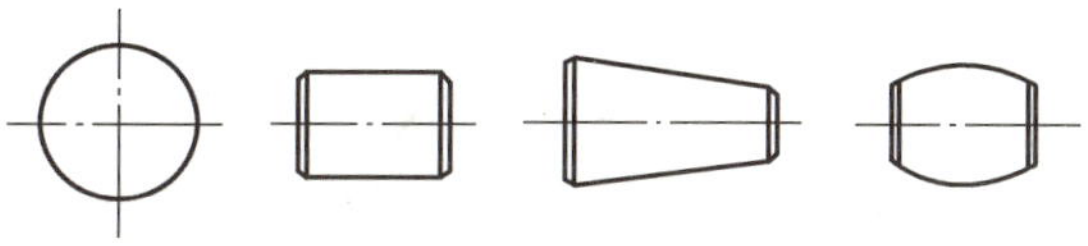

图 10.2　常用的滚动体

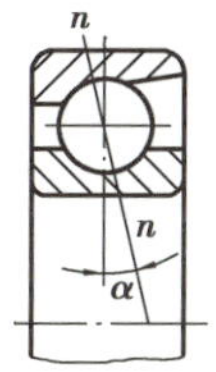

图 10.3　公称接触角

表 10.1　滚动轴承的分类

<table>
<tr><th>序号</th><th>分类方法</th><th colspan="2">名　称</th></tr>
<tr><td rowspan="4">1</td><td rowspan="4">按轴承所能承受的载荷方向或公称接触角</td><td rowspan="2">向心轴承
（主要用于承受径向载荷，0°≤α≤45°）</td><td>径向接触轴承
（α = 0°的向心轴承）</td></tr>
<tr><td>向心角接触轴承
0°≤α≤45°</td></tr>
<tr><td rowspan="2">推力轴承
（主要用于承受轴向载荷，45°≤α≤90°）</td><td>轴向接触轴承
（α = 90°的推力轴承）</td></tr>
<tr><td>推力角接触轴承
（45°≤α≤90°的向心轴承）</td></tr>
<tr><td rowspan="2">2</td><td rowspan="2">按轴承中的滚动体种类</td><td colspan="2">球轴承</td></tr>
<tr><td colspan="2">滚子轴承</td></tr>
</table>

表 10.2　常用滚动轴承的类型及主要性能

类型代号及结构简图	标准代号	载荷方向	主要性能及应用
 深沟球轴承 6	GB/T 276—2013		可承受径向载荷及一定的双向轴向载荷。内外圈轴线之间允许角偏位为8′ ~ 16′

续表

类型代号及结构简图	标准代号	载荷方向	主要性能及应用
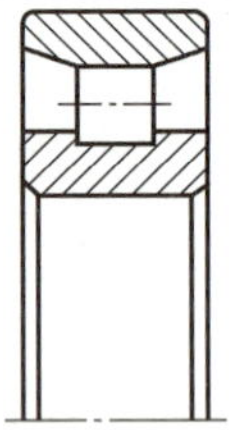 圆柱滚子轴承 N	GB/T 283—2007		能承受较大的径向载荷，不能承受轴向载荷，极限转速也较高，但允许的角偏位很小，为 2′～4′。设计时，要求轴的刚度大，对中性好
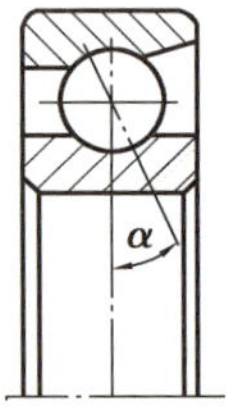 角接触球轴承 7	70000 型($\alpha=15°$) 70000 型($\alpha=25°$) 70000 型($\alpha=40°$) GB/T 292—2007		可同时承受径向及轴向载荷。也可用来承受纯轴向载荷。承受轴向载荷的能力由接触角 α 的大小决定。α 大，承受轴向载荷的能力高。由于存在接触角 α，承受纯轴向载荷时，会产生内部轴向力，使内外圈有分离的趋势。因此，这类轴承都成对使用，可分装于两个支点或同装于一个支点上。极限转速较高
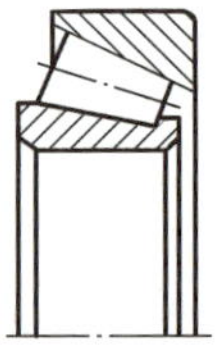 圆锥滚子轴承 3	GB/T 297—2015		可同时承受较大的径向及轴向载荷承载能力大于“7”类轴承。外圈可分离，装拆方便，成对使用
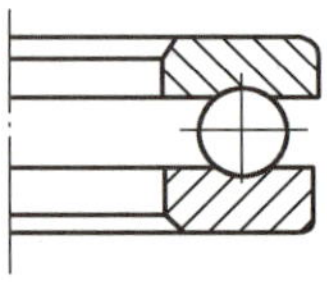 推力球轴承 5	GB/T 301—2015		只能承受轴向载荷，而且载荷作用线必须与轴线相重合，不允许有角偏差。极限转速低，是分离型轴承

2）滚动轴承的代号

滚动轴承是标准件，为方便使用，国家标准规定了其代号。一般用途的滚动轴承由基本代号、前置代号和后置代号构成。其具体排列为

前置代号　基本代号　后置代号

（1）基本代号

基本代号表示轴承的基本类型、结构和尺寸，是轴承代号的基础。基本代号由轴承类型代号、尺寸系列代号和内径代号组成。

①类型代号

滚动轴承的类型代号用数字或大写拉丁字母表示，见表 10.3。

表 10.3　一般滚动轴承类型代号

轴承类型	代号	轴承类型	代号
双列角接触球轴承	0	深沟球轴承	6
调心球轴承	1	角接触球轴承	7
调心滚子轴承和推力调心滚子轴承	2	推力圆柱滚子轴承	8
圆锥滚子轴承	3	圆柱滚子轴承	N
双列深沟球轴承	4	双列或多用字母 NN 表示外球面轴承	U
推力球轴承	5	四点接触球轴承	QJ

②尺寸系列代号

轴承尺寸系列代号由轴承的宽(高)度系列代号(数字表示)和直径系列代号(数字表示)组合而成。直径系列代号在左,宽(高)度系列代号在右,见表 10.4。

表 10.4　尺寸系列代号

直径系列代号	向心轴承								推力轴承			
	宽度系列代号								高度系列代号			
	8	0	1	2	3	4	5	6	7	9	1	2
	尺寸系列代号											
7	—	—	17	—	37	—	—	—	—	—	—	—
8	—	08	18	28	38	48	58	68	—	—	—	—
9	—	09	19	29	39	49	59	69	—	—	—	—
0	—	00	10	20	30	40	50	60	70	90	10	—
1	—	01	11	21	31	41	51	61	71	91	11	—
2	82	02	12	22	32	42	52	62	72	92	12	22
3	83	03	13	23	33	—	—	—	73	93	13	23
4	—	04	—	24	—	—	—	—	74	94	14	24
5	—	—	—	—	—	—	—	—	—	95	—	—

③内径代号

内径代号位于尺寸系列代号右边。内径代号为 04 到 96 时,代号乘以 5 即内径尺寸,代表内径 $d=20\sim480$ (22,28,32 除外)mm。内径 10 ~ 17 mm 的代号见表 10.5。内径大于和等于 500,以及 22,28,32 用公称内径毫米数直接表示,但须在与尺寸系列代号之间用“/”分开。$d<10$mm 的代号查标准。

表 10.5 内径代号

内径代号	00	01	02	03	04～96
轴承直径/mm	10	12	15	17	20～480

基本代号中，当轴承类型代号用字母表示时，编排时应与表示轴承尺寸的系列代号、内径代号或安装配合特征尺寸的数字之间空半个字距。

(2)前置、后置代号

前置、后置代号是轴承在结构形状、尺寸、公差、技术要求等有改变时，在其基本代号左右添加的补充代号。其排列见表 10.6。

表 10.6 前置、后置代号排列

<table>
<tr><td colspan="10">轴承代号</td></tr>
<tr><td rowspan="2">前置代号</td><td rowspan="3">基本代号</td><td colspan="8">后置代号(组)</td></tr>
<tr><td>1</td><td>2</td><td>3</td><td>4</td><td>5</td><td>6</td><td>7</td><td>8</td></tr>
<tr><td>成套轴承分部件</td><td>内部结构</td><td>密封与防尘套圈变形</td><td>保持架及其材料</td><td>轴承材料</td><td>公差等级</td><td>游隙</td><td>配置</td><td>其他</td></tr>
</table>

①公差等级代号

滚动轴承的公差等级规定为 0,6,6x,5,4,2 这 6 级分别用/P0,/P6,/P6x,/P5,/P4,/P2 表示。它们分别相当于原标准代号 G,E,Ex,D,C,B。其中,/P0 在轴承代号中省略不标。

②游隙代号

游隙是滚动轴承内外圈之间可径向或轴向移动的间隙。游隙代号分为 6 组，常用基本组代号为 0，一般不予标注，其他组的代号分别为/C1,/C2,/C3,/C4,/C5，它们分别相当于原标准中的 1,2,3,4,5。当公差等级代号与游隙代号需同时表示时，可进行简化，取公差等级代号加上游隙组号(去掉游隙代号中的“C”)组合表示。例如，P63 表示轴承公差等级 P6 级，径向游隙 3 组。

其他后置代号组的内容、前置代号及其含义详见相关手册。

例如，6306—6 为类型代号，表示深沟球轴承；3 为尺寸系列(03)代号；06 为内径代号，内径 $d=30$ mm；无后置代号，表示公差等级为 0 级，游隙组为 0 组，且无其他结构等的改变。

7208AC/DB—7 为类型代号，表示角接触球轴承；2 为尺寸系列(02)代号；08 为内径代号，内径 $d\approx40$ mm；AC 为后置代号，表示接触角。$\alpha=25°$，DB 为后置代号，表示这对轴承的配对方式为背对背配置。这是由两套相同规格的角接触球轴承以背对背方式配置的成对安装的轴承。

3)滚动轴承类型的选择

选择轴承类型时，在对各类轴承的特性充分了解的基础上，根据载荷的大小、方向和性质，转速高低，结构尺寸的限制，刚度要求，以及调心要求等因素，按以下原则进行选择：

①转速较高，载荷不大，回转精度要求较高；或转速较高，径向载荷比轴向载荷大得多，宜用球轴承。

②径向、轴向载荷都较大，若转速较高，则采用角接触球轴承；若转速不高，则采用圆锥滚子轴承。

③当支承刚度要求较高时，可选用圆柱滚子轴承或圆锥滚子轴承；因滚动体与滚道接触面积大，弹性变形小，其刚性比球轴承好。

④当支承跨距大，轴的弯曲变形大，或轴的中心与孔中心有误差，两个轴承座孔中心位置有误差，或多支点时，应考虑选用调心轴承。

⑤对需经常拆卸或装卸困难的地方，可选用内外圈分离的轴承，如圆柱滚子轴承、圆锥滚子轴承等。需要调整径向间隙时，可选用带内锥孔的轴承。

⑥从经济性考虑，球轴承价格低于滚子轴承。其中，调心轴承价格最高。低精度高于高精度。在相同精度的轴承中，深沟球轴承的价格最低，一般尽量选用此类轴承。

10.1.3　滚动轴承的失效形式及计算准则

1）失效形式

滚动轴承失效形式主要有 3 种：疲劳点蚀、塑性变形和磨损。

滚动轴承受载时，在滚动体与内外圈的接触表面上将产生接触应力，由于内外圈和滚动体在工作时有相对转动，使各元件上所受的载荷及产生的应力随时间变化，故此接触应力为脉动循环交变应力。当接触应力超过极限值时，元件工作表面的表层下将产生疲劳裂纹，并逐渐扩展到表面，从而使内外圈或滚动体表面形成疲劳点蚀，导致轴承产生振动和噪声，回转精度降低和工作温度升高，从而使轴承丧失正常工作能力。这是滚动轴承的主要失效形式。

对工作转速很低或只作低速摆动的轴承，在重载或冲击载荷作用下，可能使滚动体和滚道接触的局部应力超过材料的屈服点。此时，元件的工作表将产生塑性变形出现凹坑，使轴承产生振动和噪声，降低了轴承的旋转精度，使其不能正常运转。

当轴承在多尘的恶劣条件下工作或润滑不洁、密封不良时，可能使滚动体与套圈产生磨损，导致轴承各元件间的间隙增大，旋转精度降低。

另外，对高速轴承，如润滑不充分，可能发生胶合。

2）计算准则

决定轴承的类型和型号时，要针对主要失效形式进行必要的计算。其计算准则如下：

①对一般运转的轴承，疲劳点蚀是主要失效形式，以疲劳强度计算为依据，称为轴承的寿命计算。

②对转速低或摆动的轴承，要求控制塑性变形，应以静强度计算为依据，称为静强度计算，并作寿命校核。

③对高速轴承，胶合是主要矛盾，除进行寿命计算外，还应检验极限转速（在一定载荷和润滑条件下所允许的最高转速，其值详见轴承手册）。

3）滚动轴承的基本额定寿命和基本额定动载荷

（1）滚动轴承的基本额定寿命

滚动轴承的寿命是指轴承中任一个元件出现疲劳点蚀前所经历的总转数（或在一定转速下的总工作小时数）。标准中规定，在一批相同的轴承中，在相同运转条件下，把其中 90% 的轴承不发生疲劳点蚀前的总转数（或在一定转数下所能运转的总工作小时数）作为轴承的寿命，称为基本额定寿命。因此，按基本额定寿命计算而选用的轴承，可能有 10% 以内的轴承提前失效，即可能有90%以上的轴承超过预期寿命。而对于单个轴承而言，能达到或超过此预期寿命的可靠度则为90%。

（2）滚动轴承的基本额定动载荷

标准中规定，将基本额定寿命为10^6r时轴承能承受的最大载荷，称为基本额定动载荷，用符号C表示。即轴承在基本额定动载荷C作用下，可工作10^6r时而不发生点蚀失效的轴承寿命可靠度为90%。轴承的基本额定动载荷C值大时，表明该轴承抗疲劳点蚀的能力强，它是衡量轴承承载能力的主要指标。在轴承标准中可查到各类型轴承的基本额定动载荷C值。对向心轴承及角接触轴承，这一载荷为径向载荷C_r；对推力轴承，这一载荷为轴向载荷C_{a0}。表10.7、表10.8和表10.9给出了部分深沟球轴承、角接触球轴承和圆锥滚子轴承的基本额定动载荷与基本额定静载荷。

表10.7　深沟球轴承的基本额定动载荷和基本额定静载荷（摘自GB/T 1276—2013）

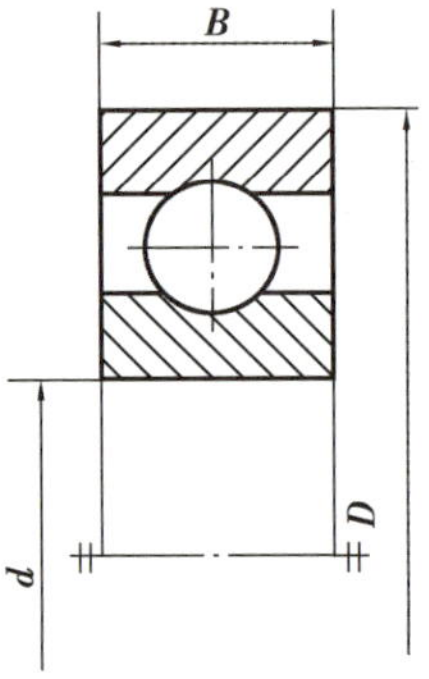

轴承代号	基本尺寸/mm			基本额定动载荷 C/kN	基本额定静载荷 C_0/kN
	d	D	B		
6205	25	52	15	14.00	7.88
6305		62	17	22.40	11.50
6206	30	62	16	19.50	11.30
6306		72	19	27.00	15.20
6207	35	72	17	25.70	15.30
6307		80	21	33.40	19.20
6208	40	80	18	29.50	18.10
6308		90	23	40.80	24.00
6209	45	85	19	31.7	20.07
6309		100	25	52.90	31.80
6210	50	90	20	35.10	23.20
6310		110	27	61.90	37.90
6011	55	90	18	30.30	21.90
6211		100	21	43.30	29.20
6311		120	29	71.60	44.80
6411		140	33	101.00	62.50
6212	60	95	18	31.70	24.20
6312		110	22	47.80	32.90
6213	65	120	23	57.20	40.00
6313		140	33	93.90	60.40
6214	70	125	24	60.80	45.00
6314		150	35	104.00	68.00
6215	75	160	37	113.00	77.00
6315		190	45	154.00	114.00

表 10.8　角接触球轴承（摘自 GB/T 292—1994）

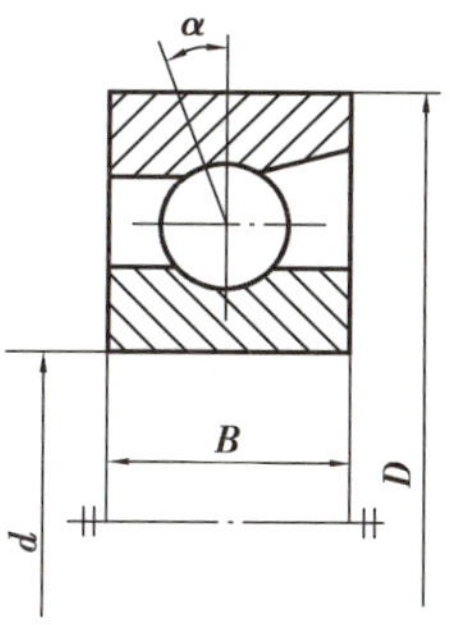

轴承代号	基本尺寸/mm d	基本尺寸/mm D	基本尺寸/mm B	基本额定动载荷 C/kN	基本额定静载荷 C_0/kN
7206C	30	62	16	17.8	12.80
7206AC				16.8	12.20
7206B				15.8	11.20
7306C		72	19	24.8	17.50
7207C	35	72	17	23.5	17.50
7207AC				22.5	16.50
7207B				20.8	15.20
7307C		80	21	29.5	21.20

轴承代号	基本尺寸/mm d	基本尺寸/mm D	基本尺寸/mm B	基本额定动载荷 C/kN	基本额定静载荷 C_0/kN
7408AC	40	110	27	62.0	49.50
7408B				51.5	41.80
7209AC	45	85	19	28.2	22.50
7209B				27.8	21.20
7210AC	50	90	20	31.5	25.20
7310C		110	27	52.5	40.80
7211C	55	100	21	40.8	33.80
7211B				35.5	28.80
7212C	60	110	22	44.8	37.80
7212AC				42.8	35.50
7213C	65	120	23	53.8	46.00
7313B		140	33	79.5	64.80
7214C	70	125	24	56.0	49.20
7314B		150	35	88.0	72.80

注：轴承代号中的 C，AC，B 分别代表轴承接触角 α 为 15°，25°，40°。

4）滚动轴承的当量动载荷

轴承在工作时，往往既承受径向载荷又承受轴向载荷。为了在计算轴承寿命时能与基本额定动载荷在相同条件下相比较，需将实际载荷换算为一假定的载荷。此假定的载荷称为当量动载荷，用符号 P 表示。对向心轴承和角接触轴承，P 为一假定的径向载荷；而对推力轴承，P 则为一假定的轴向载荷。显然，轴承在当量动载荷作用下，轴承寿命应与实际载荷作用下的寿命相同。

当量动载荷的计算公式为

$$P = f_p(XF_r + YF_a) \tag{10.1}$$

式中　F_r——径向载荷；

F_a——轴向载荷；

X,Y——径向载荷因数和轴向载荷因素，可由表 10.10 查取；

f_p——载荷因素，是考虑振动、冲击等工作情况对轴承寿命的影响，可由表 10.11 查取。

表 10.9　圆锥滚子轴承(摘自 GB/T 297—2015)

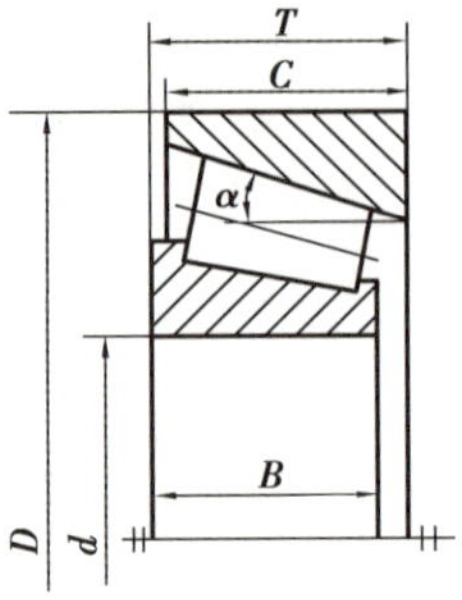

轴承代号	基本尺寸/mm					基本额定动载荷 C /kN	基本额定静载荷 C_0 /kN	计算系数		
	d	D	T	B	C			e	Y	Y_0
30206	30	62	17. 25	16	14	43. 3	50. 5	0. 37	1. 6	0. 9
30306		72	20. 75	19	16	59. 0	63. 1	0. 31	1. 9	1. 0
30207	35	72	18. 25	17	15	54. 2	63. 5	0. 37	1. 6	0. 9
30307		80	22. 75	21	18	75. 3	82. 6	0. 31	1. 9	1. 0
30208	40	80	19. 75	18	16	63. 0	74. 0	0. 37	1. 6	0. 9
30308		90	25. 25	23	20	90. 9	108. 0	0. 35	1. 7	1. 0
30209	45	85	20. 75	19	16	67. 9	83. 6	0. 40	1. 5	0. 8
30309		100	27. 75	25	22	109. 0	130. 0	0. 35	1. 7	1. 0
30210	50	90	21. 75	20	17	73. 3	92. 1	0. 42	1. 4	0. 8
30310		110	29. 25	27	23	130. 0	157. 0	0. 35	1. 7	1. 0
30211	55	100	22. 75	21	18	90. 8	114. 0	0. 40	1. 5	0. 8
30311		120	31. 50	29	25	153. 0	188. 0	0. 35	1. 7	1. 0
30212	60	110	23. 75	22	19	103. 0	130. 0	0. 40	1. 5	0. 8
30312		130	33. 50	31	26	171. 0	210. 0	0. 35	1. 7	1. 0
30213	65	120	24. 75	23	20	121. 0	153. 0	0. 40	1. 5	0. 8
30313		140	36. 0	33	28	196. 0	242. 0	0. 35	1. 7	1. 0
30214	70	125	26. 25	24	21	132. 0	174. 0	0. 42	1. 4	0. 8
30314		150	38. 0	35	30	219. 0	272. 0	0. 35	1. 7	1. 0

表 10. 10 中,e 为判别值。可知,对单列轴承,当 $F_a/F_r \leq e$ 时,$X=1$,$Y=0$,则有 $P=f_pF_r$ 即轴向载荷与径向载荷的比值较小时,轴向载荷可不计。

表 10.10　向心轴承当量动载荷的 X,Y 值

轴承类型		F_a/C_{0r}^*	e	$F_a/F_r>e$		$F_a/F_r\leqslant e$	
				X	Y	X	Y
深沟球轴承（60000 型）		0.014	0.10	0.56	2.30	1	0
		0.028	0.22		1.99		
		0.056	0.26		1.71		
		0.084	0.28		1.55		
		0.11	0.30		1.45		
		0.17	0.34		1.31		
		0.28	0.38		1.15		
		0.42	0.42		1.04		
		0.56	0.44		1.00		
角接触球轴承	70000C 型（$\alpha=15°$）	0.015	0.38	0.44	1.47	1	0
		0.029	0.40		1.40		
		0.058	0.43		1.30		
		0.087	0.46		1.23		
		0.12	0.47		1.19		
		0.17	0.50		1.12		
		0.29	0.55		1.02		
		0.44	0.56		1.00		
		0.58	0.56		1.00		
	70000A 型（$\alpha=25°$）	—	0.68	0.41	0.87	1	0
	70000B 型（$\alpha=40°$）	—	1.14	0.35	0.57	1	0
圆锥滚子轴承(单列)（30000 型）		—	e^{**}	0.4	Y^{**}	1	0

注：* C_{0r}是轴承的径向基本额定静载荷，详见机械设计手册或产品目录。

** 根据轴承型号查机械设计手册或产品目录。

对只承受纯径向载荷的向心轴承，当量动载荷为

$$P=f_pF_r \tag{10.2}$$

对只承受纯轴向载荷的推力轴承，当量动载荷为

$$P = f_p F_a \tag{10.3}$$

5）滚动轴承的寿命计算公式

滚动轴承所承受的载荷与寿命的关系如图 10.4 所示。曲线方程为

$$P^{\varepsilon} L = 常数$$

式中　P——当量动载荷，N；

L——基本额定寿命，10^6r；

ε——寿命指数，球轴承 $\varepsilon=3$，滚子轴承 $\varepsilon=10/3$。

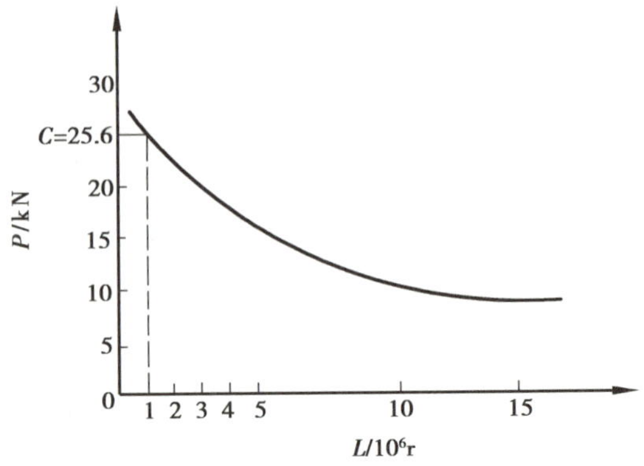

图 10.4　滚动轴承疲劳曲线

当轴承的基本额定寿命 $L=1\times(10^6\text{r})$、可靠度为 90% 时，该轴承能承受的载荷就是基本额定动载荷 C，则有 $P^{\varepsilon}L=C^{\varepsilon}\cdot 1$，故

$$L = \left(\frac{C}{P}\right)^{\varepsilon} \tag{10.4}$$

为使用方便，用给定转速 n（r/min）下的工作小时数 L_{10h}（h）来表示轴承的基本额定寿命，则

$$L_{10h} = \frac{L}{60n} = \frac{10^6}{60n}\left(\frac{C}{P}\right)^{\varepsilon} = \frac{16\ 670}{n}\left(\frac{C}{P}\right)^{\varepsilon} \tag{10.5a}$$

当预期寿命 L'_h（单位：h）已给定，则所需轴承应具有的基本额定动载荷 C'（单位：N），可根据式（10.5a）计算得出

$$C' = P\left(\frac{L'_h n}{16\ 670}\right)^{\frac{1}{\varepsilon}} \tag{10.5b}$$

考虑工作情况对载荷的影响，引入载荷因素 f_p。其值见表 10.11。

表 10.11　载荷因素 f_p

载荷性质	机器举例	f_p
无冲击或轻微冲击	电机、汽轮机、水泵、通风机	1.0～1.2
中等冲击振动	车辆、机床、传动装置、起重机、冶金设备、内燃机、减速器	1.2～1.8
强大冲击振动	破碎机，轧钢机，石油钻机，振动筛	1.8～3.0

当轴承温度高于 120 ℃时，基本额定动载荷 C 值将降低，需引入温度因素 f_t（见表10.12）加以修正。考虑载荷因素 f_p、温度因素 f_t 后，轴承的基本额定寿命公式为

$$L_{10h} = \frac{16\ 670}{n}\left(\frac{f_t C}{f_p P}\right)^{\varepsilon} \tag{10.5c}$$

由式（10.5c）计算的轴承寿命 L_{10h} 应大于轴承设计的预期寿命 L'_h。当计算的轴承寿命达不到预期寿命时，则应重选轴承型号，重新计算。一般可将机器中修或大修的年限作为轴承的预期寿命。预期寿命通常可取 5 000～20 000 h。表 10.13 的荐用值可供设计时参考。

表 10.12 温度因素 f_t

轴承工作温度/℃	≤120	125	150	175	200	225	250	300
f_t	1	0.95	0.9	0.85	0.8	0.75	0.70	0.60

表 10.13 轴承预期寿命的荐用值

机器种类		预期寿命/h
不经常使用的仪器设备		300 ~ 3 000
航空发动机		500 ~ 2 000
间断使用的机器	中断使用不致引起严重的手动机械、农业机械等	3 000 ~ 8 000
	中断使用会引起严重后果，如升降机、运输机、吊车等	8 000 ~ 12 000
每天工作 8 h 的机器	利用率不高的齿轮传动、电动机等	12 000 ~ 20 000
	利用率较高的通风设备、机床等	20 000 ~ 30 000
连续工作 24 h 的机器	一般可靠性的空气压缩机、电动机、水泵等	4 000 ~ 60 000
	高可靠性的电站设备，给排水装置等	≈100 000

6）角接触轴承轴向载荷的计算

在计算角接触轴承（角接触球轴承、圆锥滚子轴承）的当量动载荷时，式中的轴向载荷 F_a 并不等于作用在轴上轴向外力，而应根据轴上所有轴向载荷之间的平衡条件分析确定。

（1）内部附加轴向力

角接触轴承由于结构上的特点，在滚动体与滚道接触处存在着接触角 α，当它承受径向载荷 F_r，在承载区内每个滚动体上的反力 F_i 可分解为一个径向分力和一个轴向分力（见图 10.5）。各滚动体上所受径向分力之和与径向载荷 F_r 平衡，轴向分力之和即轴承的内部附加轴向力角接触轴承内部附加轴向力 S。

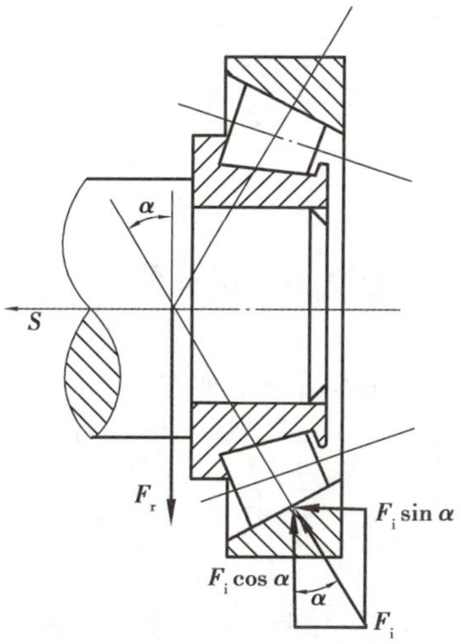

图 10.5 角接触型轴承受径向载荷所产生的轴向力

角接触轴承内部附加轴向力 S 的计算公式见表 10.14。轴向力 S 的作用线在轴向上，指向为由外圈的宽边指向窄边。

（2）轴向载荷 F_a 的计算

分析角接触轴承的轴向载荷 F_a，既要考虑轴承内部附加轴向力 S，还要考虑轴上传动零件作用于轴承上的轴向力（如斜齿轮、涡轮等产生的轴向力 A）。

表 10.14　角接触轴承的内部轴向力 S

轴承类型	角接触球轴承			圆锥滚子轴承 30000 型
	70000C 型($\alpha=15°$)	70000AC 型($\alpha=25°$)	70000B 型($\alpha=40°$)	
内部轴向力	$S=eF_r$	$S=0.68F_r$	$S=1.14F_r$	$S=F_r/2Y$

注:70000C 型的 e 值查表 10.10,30000 型的 Y 值查机械设计手册或产品目录。

在图 10.6(a)中,以两个向心角接触面对面安装(又称正装)为例进行分析。为了使图中的分析所得计算公式能适用于普遍情况,将轴承分别标记为"1"和"2",规定内部轴向力 S 方向与轴向外力 A 相同的轴承为"2",另一个为"1"。设轴承径向载荷 F_{r1} 和 F_{r2} 及轴向外力 A 均为已知,如图 10.6(a)所示。

①当 $S_2+A>S_1$ 时,轴有向左移动的趋势,轴承 1 被压紧,轴承 2 被放松。由于轴承座使左端轴承 1 的外圈受有轴向约束,故轴承 1 有来自左端的向右的轴向约束反力 S_1'(见图 10.6(a)),以阻止轴向左移动。

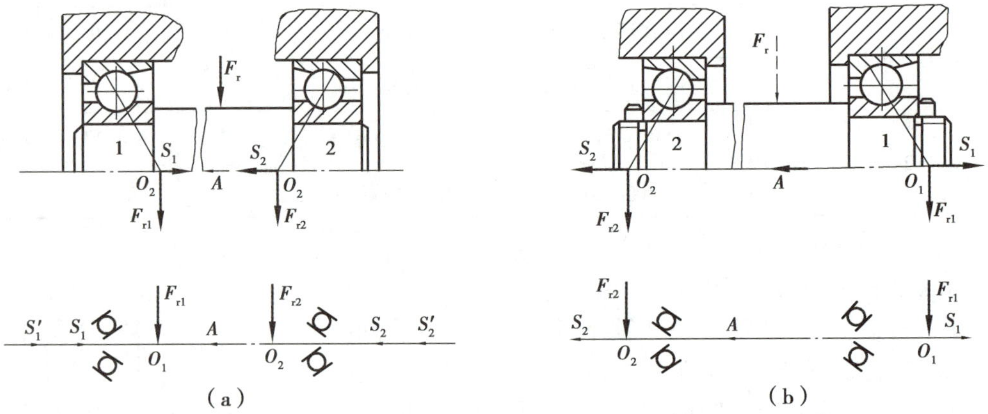

图 10.6　角接触向心轴承轴向载荷计算(补图)

根据受力平衡关系,得

$$S_1'=(S_2+A)-S_1$$

因此,轴承 1 所承受的总轴向力 F_{a1} 为 S_1 和 S_1' 的和,轴承 2 则只受到自身的内部轴向力 S_2,即

$$\left.\begin{aligned}F_{a1}&=S_1+S_1'=S_1+[(S_2+A)-S_1]=S_2+A\\F_{a2}&=S_2\end{aligned}\right\}\tag{10.6}$$

②当 $S_2+A<S_1$ 时,轴有向右移动的趋势,轴承 2 被压紧,轴承 1 被放松。因此,轴受来自右端向左的轴向约束反力 S_2',则

$$S_2'=S_1-(S_2+A)$$

因此,轴承 2 所承受的总轴向力 F_{a2} 为 S_2 与 S_2' 的和,而轴承 1 则只受到自身的内部轴向力 S_1,即

$$\left.\begin{aligned}F_{a2}&=S_2+S_2'=S_2+[S_1-(S_2+A)]=S_1-A\\F_{a1}&=S_1\end{aligned}\right\}\tag{10.7}$$

上述分析的结论与轴承的安装方式无关。例如,若轴承为背对背(反装)安装(见图 10.6

(b)),当受有图示方向轴向力 A 时,只要将图中左轴承标为“2”(因 S_2 与 A 同向),右轴承标为“1”,则其受力分析计算公式与上述相同。

根据上述分析,可将角接触轴承轴向载荷的计算方法归纳如下:

①根据轴承的结构形式和所受的载荷,判断全部轴向载荷合力的指向,找出被“压紧”轴承和“放松”轴承。

②被“压紧”轴承的轴向载荷等于除本身内部轴向载荷以外的其他所有轴向载荷的代数和。

③“放松”轴承的轴向载荷等于本身内部轴向载荷。

7)滚动轴承的静强度计算

对工作在静止状态且缓慢摆动或以低速($n\leqslant 10$ r/min)回转的滚动轴承,主要是防止滚动体与滚道接触处产生过大的塑性变形,需进行静强度计算。

(1)基本额定静载荷 C_0

受载荷最大的滚动体与较弱套圈道上产生的永久变形量之和,等于滚动体直径的万分之一时的静载荷,称为基本额定静载荷 C_0(对向心轴承为径向额定静载荷 C_{0r};对推力轴承为轴向额定静载荷 C_{0a})。各类轴承 C_0 的具体数值可由机械设计手册中查到。

(2)当量静载荷 P_0

对同时承受径向载荷 F_r 和轴向载荷 A 的轴承,应按当量静载荷 P_0 进行计算。当量静载荷为一假定载荷,在此载荷作用下,应力最大的滚动体和滚道接触处总的永久变形量与实际载荷作用下的永久变形量相同。

对 $\alpha\neq 0°$的向心轴承和角接触轴承,其径向当量静载荷 P_{0r}为

$$\left.\begin{aligned} P_{0r} &= X_0F_r + Y_0F_a \\ P_{0r} &= F_r \end{aligned}\right\} \tag{10.8}$$

取式(10.8)中较大值。

对 $\alpha=0°$且仅受径向载荷的向心轴承,其径向当量静载荷 P_{0r}为

$$P_{0r} = F_r \tag{10.9}$$

对 $\alpha=90°$只受轴向载荷的推力轴承,其轴向当量静载荷 P_{0a}为

$$P_{0a} = F_a \tag{10.10}$$

式中　X_0,Y_0——静径向载荷因素和静轴向载荷因素,可由表 10.15 查取。

表 10.15　当量静载荷的 X_0,Y_0 因素

轴承类型	代号	单列轴承		双列轴承(或成对使用)	
		X_0	Y_0	X_0	Y_0
深沟球轴承	60000	0.6	0.5	0.6	0.5
角接触球轴承	70000C	0.5	0.46	1	0.92
	70000AC	0.5	0.38	1	0.76
	70000B	0.5	0.26	1	0.52
圆锥滚子轴承	30000	0.5	Y_0^*	1	Y_0^*

注:* 根据轴承型号由机械设计手册查取。

(3)静强度计算

轴承静强度校核公式为

$$C_0 \geqslant S_0 P_0 \tag{10.11}$$

式中　S_0——安全因素,查表 10.16。

表 10.16　滚动轴承静强度安全因素 S_0

轴承使用情况	使用要求、载荷性质和使用场合	S_0
旋转轴承	对旋转精度和平稳运转要求较高或承受强大冲击载荷	1.2~2.5
	正常使用	1.08~1.2
	对旋转精度和平稳运转要求较低,没有冲击振动	0.5~0.85
不旋转或摆动轴承	水坝闸门装置	≥1
	吊桥	≥1.5
	附加动载荷较小的大型起重机吊钩	≥1
	附加动载荷很小的小型装卸起重机吊钩	≥1.6
各种使用场合下的推力调心滚子轴承		≥2

设计时,对转速很低的轴承,按静强度选择轴承。对转速不太低、外力变化大或受较大冲击载荷的轴承,先按动载荷选择轴承,再校核静强度。

例 10.1　如图 10.7 所示为圆锥齿轮减速器输入轴的结构简图。已知齿轮的圆周力和径向力的合力 $R=1\ 318$ N,轴向载荷 $A=297$ N,方向如图示。齿轮平均分度圆直径 $d_m=70.6$ mm,转速 $n=970$ r/min,从齿轮宽度中点到右轴承中点距离为 40 mm,两轴承中点跨距为 80 mm。要求轴承的预期寿命为 $L_h'=10\ 000$ h,假设载荷有中等冲击,轴颈直径为 30 mm。若采用 30206 轴承,试校核该轴承的寿命。

解　(1)查有关参数

由于轴承寿命计算过程中要用到 X,Y,C_{0r},e 等参数,在轴承支反力计算中要用到受力支点位置参数 a。因此,先由手册中查出有关参数为

$$X=0.4,\quad X_0=0.5,\quad Y=1.6,\quad Y_0=0.9,\quad e=0.37$$

$$C_r=43\ 200\ \text{N},\quad C_{0r}=50\ 500\ \text{N},\quad T=17.25\ \text{mm},\quad a=13.8\ \text{mm}$$

(2)轴承径向载荷的计算

$$L=80+2\left(\frac{T}{2}\right)-2a=\left(80+2\times\frac{17.25}{2}-2\times13.8\right)\ \text{mm}=69.65\ \text{mm}$$

$$l=40+\left(a-\frac{T}{2}\right)=\left[40+\left(13.8-\frac{17.25}{2}\right)\right]\ \text{mm}=45.18\ \text{mm}$$

轴承 2

$$F_{r2}=\frac{R(L+l)-A\dfrac{d_m}{2}}{L}=\frac{1\ 318\times(69.65+45.18)-297\times\dfrac{70.6}{2}}{69.65}\ \text{N}=2\ 022.4\ \text{N}$$

轴承 1

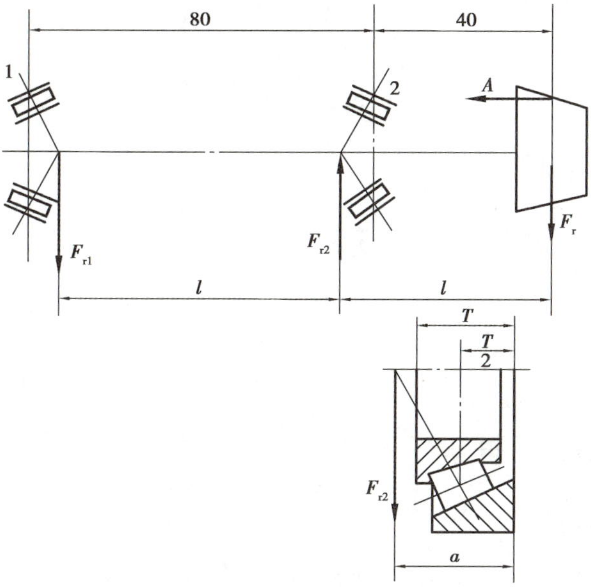

图 10.7　例题 10.1 图

$$F_{r1} = F_{r2} - R = (2\ 022.4 - 1\ 318)\ \text{N} = 704.4\ \text{N}$$

(3)按寿命计算选择轴承型号

①内部轴向力计算。按表 10.14 计算内部轴向力

$$S_2 = \frac{F_{r2}}{2Y} = \frac{2\ 022.4}{2 \times 1.6}\ \text{N} = 632\ \text{N}$$

$$S_1 = \frac{F_{r1}}{2Y} = \frac{704.4}{2 \times 1.6}\ \text{N} = 220\ \text{N}$$

②确定轴承的轴向载荷 F_a。由于

$$A + S_2 = (297 + 632)\ \text{N} = 929\ \text{N} > S_1 = 220\ \text{N}$$

故轴承 1“压紧”,轴承 2“放松”(见图 10.8),因此

$$F_{a1} = S_2 + A(632 + 297)\text{N} = 929\ \text{N}$$

$$F_{a2} = S_2 = 632\ \text{N}$$

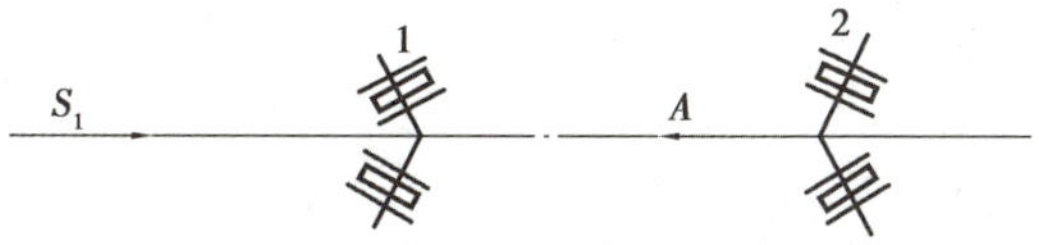

图 10.8　例 10.1 轴承轴向力计算

③根据当量动载荷公式,计算 P 值为

$$\frac{F_{a2}}{F_{r2}} = \frac{632}{2\ 022.4} = 0.31 < e = 0.37$$

$$X_2 = 1, \quad Y_2 = 0$$

$$P_2 = F_{r2} = 2\ 022.4\ \text{N}$$

$$\frac{F_{a1}}{F_{r1}} = \frac{929}{704.4} = 1.32 > e = 0.37$$

$$X_1 = 0.4, \quad Y_1 = 1.6$$

$$P_1 = XF_{r1} + YF_{a1} = (0.4 \times 704.4 + 1.6 \times 929)\text{N} = 1\ 768\ \text{N}$$

④计算轴承的寿命。由式(10.5c)得

$$L_{10h}=\frac{16\ 670}{n}\left(\frac{f_tC}{f_pP}\right)^{\varepsilon}$$

由于是常温,$f_t=1$;中等冲击,由表10.8取$f_p=1.3$;滚子轴承$\varepsilon=\frac{10}{3}$;两支承用同一型号轴承。因此,故按轴承2计算为

$$L_{10h}=\frac{16\ 670}{970}\left(\frac{1\times 43\ 200}{1.3\times 2\ 022.4}\right)^{\frac{10}{3}}\ \text{h}=17\ 655\ \text{h}>L'_h=100\ 000\ \text{h}$$

故30206轴承能保证所预期寿命。

(4)静强度校核

静强度校核为

$$C_{0r}\geqslant S_0P_{0r}$$

①计算当量静载荷P_{0r}。因为

$$X_0=0.5,\quad Y_0=0.9$$

轴承2由式(10.8)得

$$P_{0r2}=X_0F_{r2}+Y_0F_{a2}=(0.5\times 2\ 022.4+0.9\times 632)\ \text{N}=1\ 580\ \text{N}$$

$$P_{0r2}=F_{r2}=2\ 022.4\ \text{N}$$

取大值$P_{0r2}=2\ 022.4$ N。

轴承1由式(10.8)得

$$P_{0r1}=X_0F_{r1}+Y_0F_{a1}=(0.5\times 704.4+0.9\times 929)\ \text{N}=1\ 188\ \text{N}$$

$$P_{0r1}=F_{r1}=704.4\ \text{N}$$

取大值$P_{0r1}=1\ 188$ N。

轴承2

$$P_{0r2}>P_{0r1}$$

轴承2危险,故取$P_{0r2}=2\ 022.4$ N。

②按表10.16取安全因素$S_0=1.2$。

③计算工作额定静载荷为

$$S_0P_0=1.2\times 2\ 022.4\ \text{N}=2\ 426.8\ \text{N}$$

④结论为

$$S_0P_0<C_{0r}=50\ 500\ \text{N}$$

因此,静强度校核合格。

10.1.4 滚动轴承的组合设计

为了保证轴承的正常工作,除合理选择轴承类型、型号外,还要解决轴承的布置、定位,以及轴承与其他零件的装拆、调整、预紧、配合、润滑与密封等一系列问题。也就是还要合理地进行轴承的组合设计。

1)滚动轴承的组合定位

轴系在机器中必须有确定的位置,以保证工作时不发生轴向窜动,但同时为了补偿轴的热伸长,又应允许在适当范围内可以有微小的自由伸缩。

轴系的轴向定位,一般是通过同一轴上两个支点处轴承内外圈轴向固定的综合结果来实现的。

根据两端轴承的支承结构可分为以下3种组合形式:

(1)两端单向固定支承(双支点单向固定)

当轴的跨距较小($L\leqslant350$ mm)或工作温度不高($t\leqslant70$ ℃)时,可采用两端单向固定的支承结构。

两端单向固定支承结构是由两个支承各限制轴的一个方向的轴向移动,如图 10.9 所示。

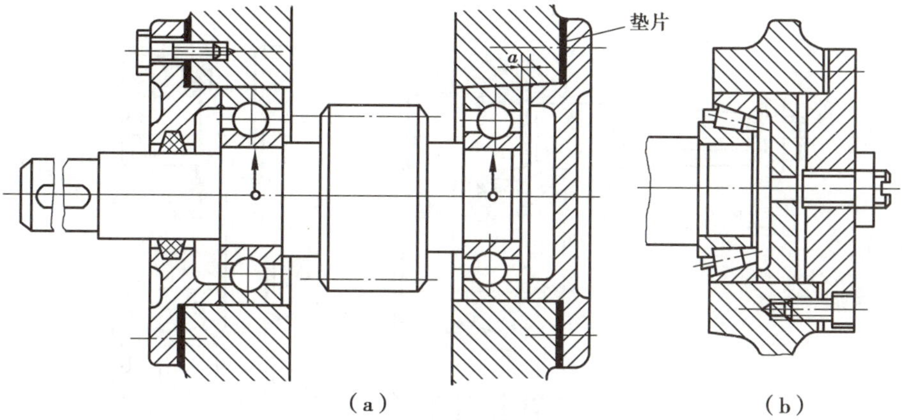

图 10.9　两端固定支承

为了补偿轴的受热伸长,在一端的外圈和端盖间留有轴向补偿间隙 a(一般取 $a=0.2\sim0.3$ mm)。当采用角接触球轴承或圆锥滚子轴承时,轴的热伸长量由轴承的游隙来补偿。间隙 a 和轴承游隙的大小,通常用一组垫片(见图 10.9(a))或调整螺钉(见图 10.9(b))等来调节。

(2)一端固定一端游动支承(固游式)

当轴的跨距较大($L>350$ mm)或工作温度较高($t>70$ ℃)时,应采用一端固定一端游动支承。如图 10.10(a)所示,左端用一个深沟球轴承,其内外圈双向固定,从而使整个轴得到双向定位,右端轴承外圈和座孔采用间隙配合,其两端面都没有约束,从而保证轴系的轴向游动。如图 10.10(b)所示为采用圆柱滚子轴承(内外圈可分离)时的游动支点结构,轴承的内外圈皆要双向固定。

(3)两端游动支承(全游式)

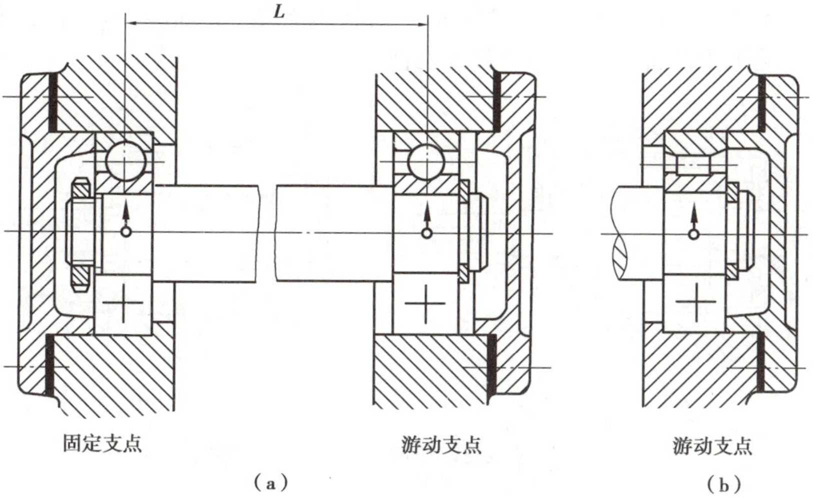

图 10.10　一端固定,一端游动支承

如图 10.11 所示为人字齿轮传动。由于轮齿两侧螺旋角不易做到完全对称。因此，为了防止齿轮卡死或两侧受力不均匀，应采用轴系能有左右微量轴向游动的结构，小齿轮两端都选用圆柱滚子轴承，滚动体与外圈之间可轴向移动。但需注意，这种轴承的内外圈皆要双向固定，同时与小齿轮相啮合的大齿轮轴系必须两端固定，以使该轴系在箱体中有固定位置。

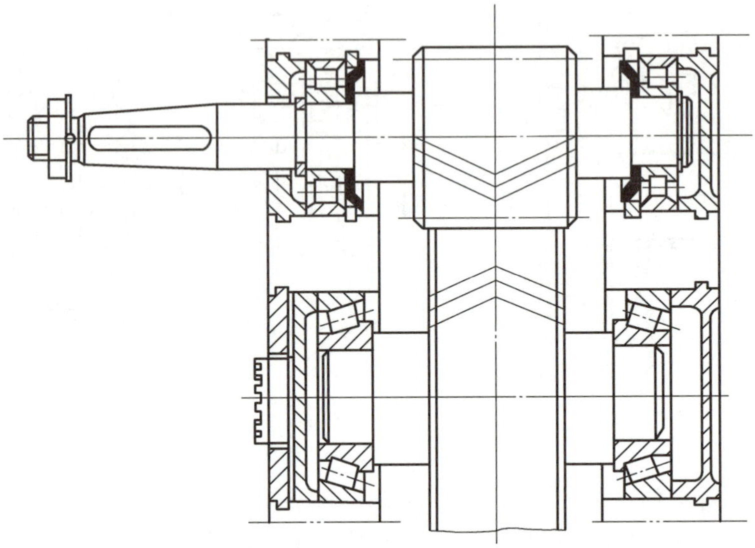

图 10.11　两端游动支承

2)滚动轴承组合的调整及预紧

(1)轴承组合位置的调整

有时轴上零件在安装时要有准确的工作位置，如锥齿轮传动要求两齿轮的锥顶重合于一点；蜗杆传动要求涡轮中间平面通过蜗杆的轴线。这些都要求轴的轴向位置应能调整。图 10.12(a)中的圆锥齿轮是利用增、减套杯与箱体之间的一组垫片来实现套杯轴向位置调整的，因轴承组合可随套杯作轴向移动，故可实现齿轮啮合的调整。

轴承游隙的调整，可用端盖和套杯之间的另一组垫片来调整，如图 10.12(a)所示。也可用轴上的圆螺母来调整，如图 10.12(b)所示。因轴上有槽，会削弱轴的强度，但轴承"背对背"安装时，轴系刚度比"面对面"安装好，故也被采用。

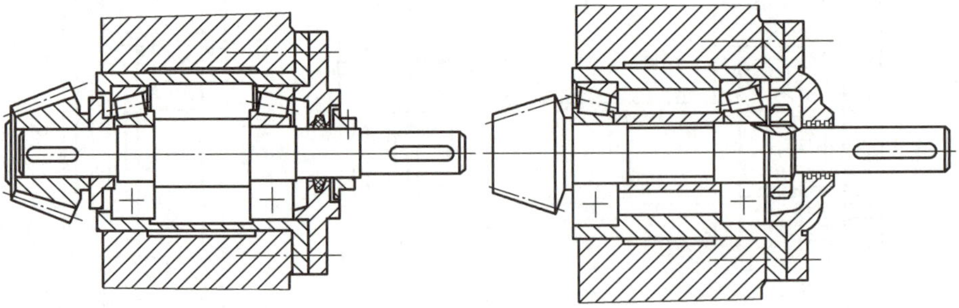

(a)　　(b)

图 10.12　轴系位置的轴向调整及轴承游隙的调整

(2)轴承的预紧

对某些可调游隙式轴承，在安装时给予轴承一定的轴向作用力(预紧力)，使其内外圈产生相对位移,以消除游隙,并在套圈和滚动体接触处产生弹性预变形,以提高轴的转动精度和刚度,这种方法称为轴承的预紧。常用的预紧方法有:弹簧预紧(见图 10.13(a)),可保持稳定的预紧力;用锁紧圆形螺母压紧一对轴承中间长度不等的套筒而预紧(见图 10.13(b));用锁紧圆形螺母压紧一对磨窄的外圈而预紧(见图 10.13(c))。

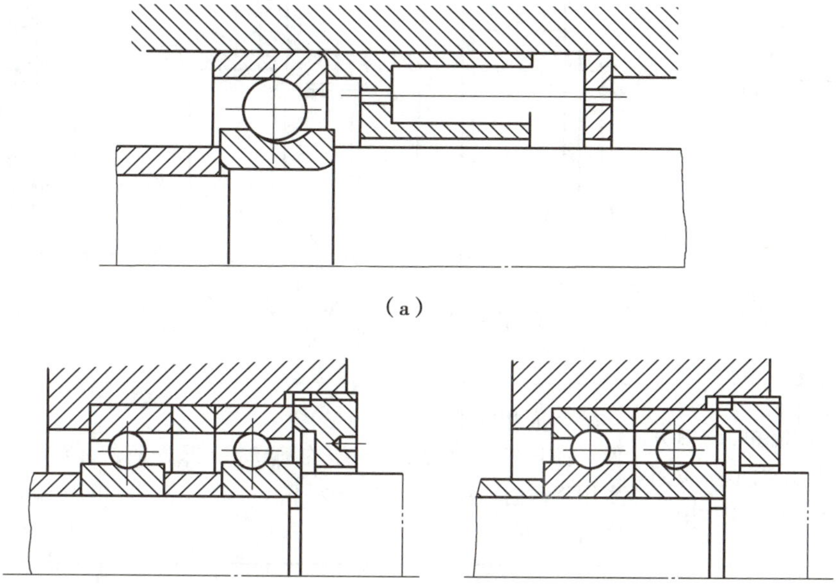

(a)　(b)　(c)

图 10.13　滚动轴承的预紧装置

3)滚动轴承的配合

(1)轴承套圈的周向固定

轴承套圈的周向固定,是靠外圈与轴承座孔、内圈与轴颈之间的配合来保证的。

滚动轴承是标准件其内圈与轴颈的配合采用基孔制,外圈与轴承座孔的配合采用基轴制。

轴承配合的选择,应考虑载荷的大小、方向和性质,转速的高低,工作温度,以及套圈是否回转等因素。一般情况下,转动圈应比固定圈紧;转速越高、载荷越大、冲击振动越严重时,采用的配合应越紧,当轴承安装于薄壁外壳或空心轴上时,应采用较紧的配合,开式外壳与轴承外圈的配合,应采用较松的配合。如果机器工作时有较大的温度变化,工作温度较高时,内圈与轴的配合应较紧,外圈与孔的配合应较松。

总之,轴承的配合不能过紧或过松。配合太紧,使轴承内部游隙减少以至完全消失或导致轴承不规则的变形,这些都将破坏轴承的正常工作。配合过松,将降低轴承的旋转精度,加剧振动。

因为轴承与轴孔的配合不同于普通圆柱的配合,所以在装配图中标注也不同:轴承内圈与轴颈的配合,只标注轴的公差代号而不标注孔的,常采用的公差代号 n6,m6,k6,js6 等;轴承外圈与座孔的配合,则只标孔而不标轴常采用的公差代号为 K7, J7,H7,G7 等。

(2)轴承的轴向固定

轴承的轴向固定方式很多,选用时应考虑轴向载荷大小、转速高低、轴承类型及装拆等。表 10.17 列出了常用的内圈轴向固定方式及其特点,表 10.18 列出了常用的外圈轴向固定方式及其特点,可供设计时参考。

表 10.17　轴承内圈轴向固定方式

序号	1	2	3	4
简图	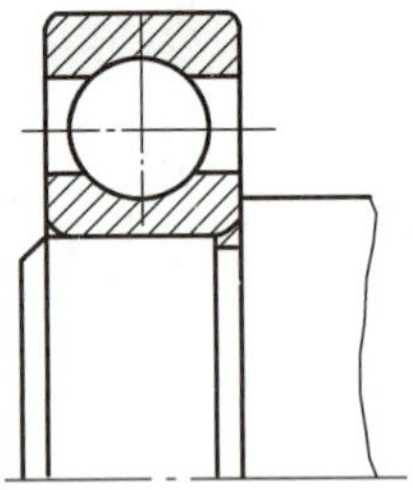	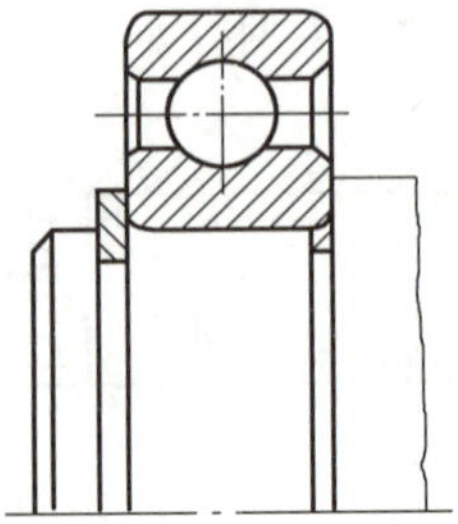	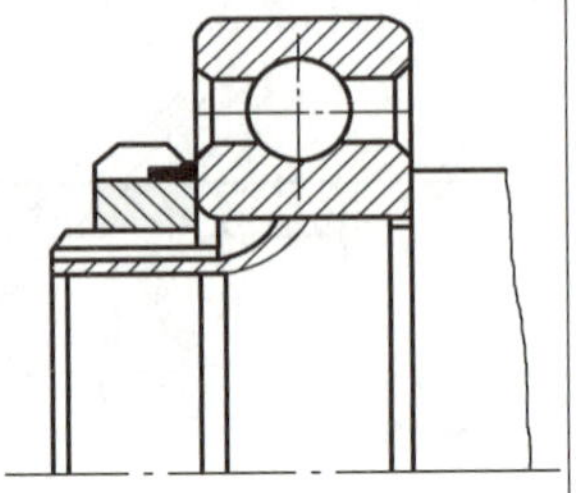	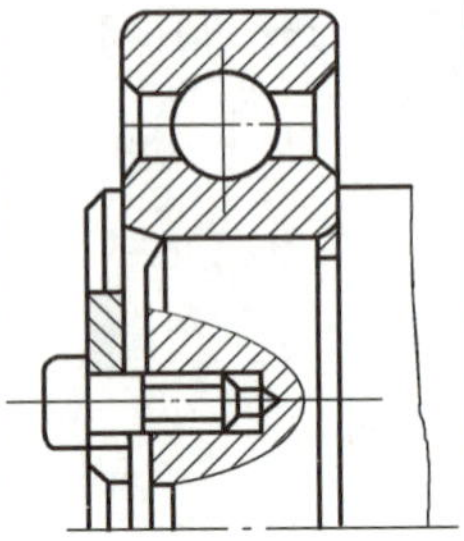
固定方式	内圈靠轴肩定位	用弹簧挡圈紧固	内圈用螺母与止动垫圈紧固	在轴端用压板和螺钉紧固,用弹簧垫片和铁丝防松
特点	结构简单,装拆方便,占用空间小,可用于两端固定支承中	结构简单,装拆方便,占用空间位置小,多用于深沟球轴承的固定	结构简单,装拆方便,紧固可靠	不能调整轴承游隙,多用于轴颈 $d>70$ mm 场合,允许转速较高

表 10.18　轴承外圈轴向固定方式

序号	1	2	3	4	5
简图	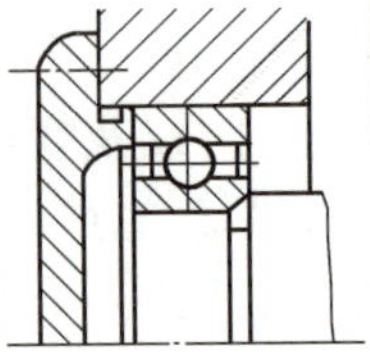	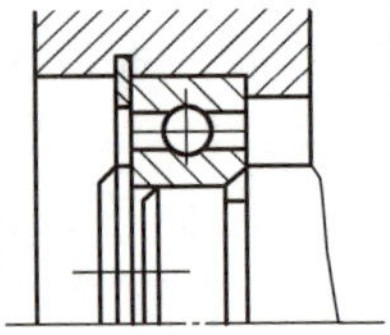	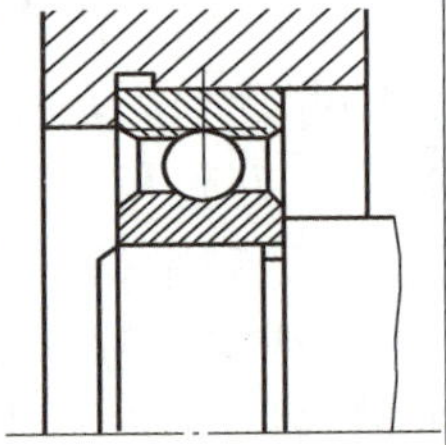	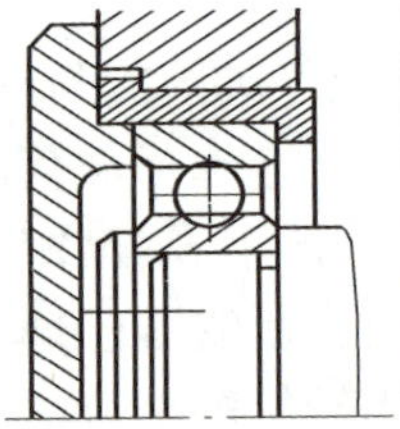	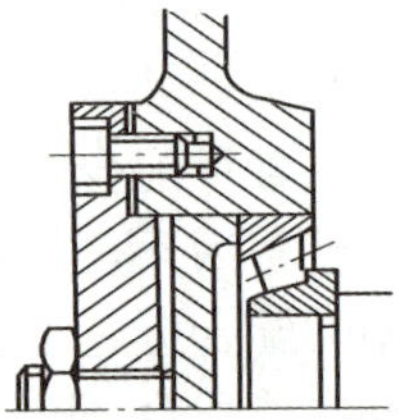
固定方式	外圈用端盖紧固	外圈用弹性挡圈紧固	外圈由挡肩定位再用端盖紧固	外圈由套筒上的挡肩定位再用端盖紧固	外圈用螺钉调节紧固
特点	结构简单,紧固可靠,调整方便	结构简单,装拆方便,占用空间位置小,多用于向心类轴承	结构简单,外壳孔可为通孔,利用垫片可调整轴系的轴向位置,装配工艺性好	结构简单,外壳孔可为通孔,利用垫片可调整轴系的轴向位置,装配工艺性好	便于调整轴承游隙,用于角接触轴承的紧固

4)滚动轴承的安装和拆卸

当轴承内圈和轴颈之间的配合有过盈量时,可用锤打、压力机压入装配,也可用温差法装配。为了使装配时轴承在轴上得到正确的定位,轴上应设计有相应的轴肩,但轴肩的高度不宜过高,否则拆卸时拆卸工具的钩头就无法钩住内圈端面(见图 10. 14(a))。如轴肩高度无法降低,则应在轴肩处开槽,以便放入拆卸工具(见图 10. 14(c))或在机体上做出能拧进拆卸用螺钉的螺孔(见图 10. 14(d))。

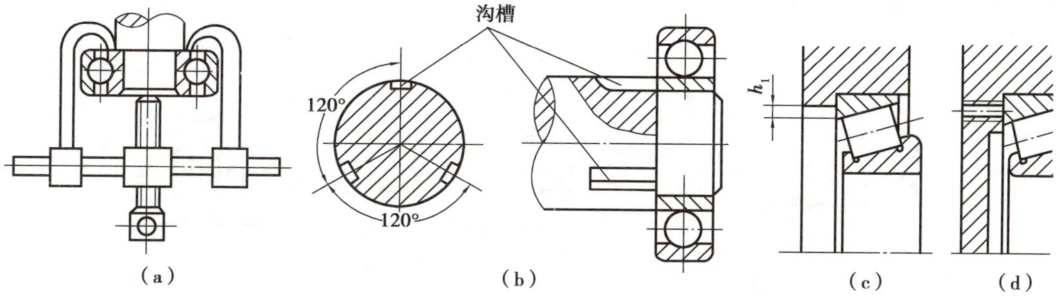

图 10. 14　轴承的拆卸

5)滚动轴承的润滑密封

①滚动轴承润滑的目的主要是减小摩擦、磨损,同时也有冷却、吸振、防锈及减小噪声的作用。

当轴颈圆周速度 $v<4$ m/s 时,可采用润滑脂润滑。其优点是:润滑脂不易流失,便于密封和维护,一次填充可运转较长时间。装填润滑脂时,一般不超过轴承内空隙的 1/3 ~ 1/2,以免因润滑脂过多而引起轴承发热,影响轴承正常工作。

当轴颈速度过高时,应采用润滑油润滑,不仅摩擦阻力小,且可起到散热、冷却作用。润滑方式常用浸油或飞溅润滑。浸油润滑时油面应不高于最下方滚动体中心,以免因搅油能量损失较大,使轴承过热。高速轴承可采用喷油或油雾润滑。

②轴承的密封是为了阻止灰尘、水分等杂物进入轴承,同时也为了防止润滑剂的流失。密封方法的选择与润滑剂种类、工作环境、温度、密封处的圆周速度等有关。密封方法可分为接触式和非接触式两大类。

接触式密封常用的有毛毡圈和密封圈密封。如图 10. 15(a)所示为毛毡圈密封,在轴承端盖上梯形断面槽内装入毛毡圈,使其与轴在接触处径向压紧达到密封,密封处轴颈的速度 $v\leqslant$ 4 m/s。如图 10. 15(b)、(c)所示为密封圈密封。密封圈由耐油橡胶或皮革制成。安装时,密

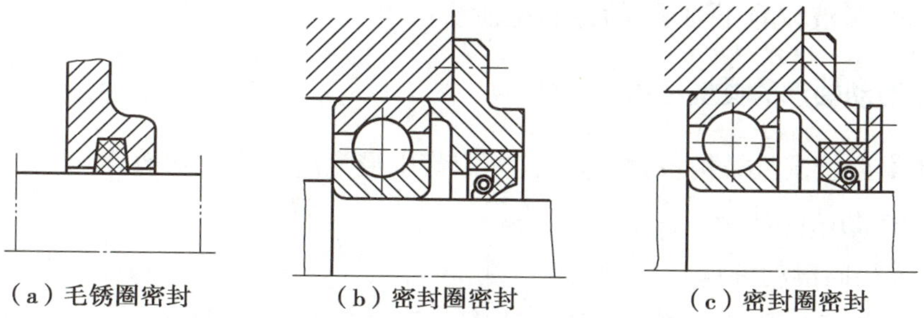

图 10. 15　接触式密封

封唇应朝向密封的部位，密封效果比毛毡圈好，密封处轴颈的速度 $v \leq 7$ m/s。接触式密封要求轴颈接触部分表面粗糙度值 $Ra < 0.8$ μm。

非接触式密封有油沟密封（见图 10.16(a)），在油沟内填充润滑脂，端盖与轴颈的间隙为 0.1 ~0.3 mm。油沟密封结构简单，适用于轴颈转速 $v < 5$ m/s。

除此之外，还有迷宫式密封（见图 10.16(b)、(c)）。这种密封为静止件与转动件之间有几道弯曲的缝隙密封，隙缝宽度为 0.2 ~0.5 mm，缝中填满润滑脂。迷宫式密封可用于高速场合。

(a) 油沟密封　　(b) 迷宫式密封　　(c) 迷宫式密封

图 10.16　非接触式密封

10.2　滑动轴承

虽然滚动轴承相对滑动轴承存在许多优点，但滑动轴承因包含零件少、元件之间一般有润滑油膜存在且为面接触，故它具有承载能力大、抗冲击、低噪声、工作平稳可靠、回转精度高等优点，因而在机械中也得到广泛应用。其缺点是在一般情况下摩擦损耗大，维护较复杂。

滑动轴承按其所受载荷方向，可分为径向滑动轴承（受径向力）、止推滑动轴承（受轴向力）和径向止推滑动轴承（同时受径向和轴向力）。按其工作表面的摩擦状态，可分为液体摩擦滑动轴承和非液体摩擦滑动轴承。前者摩擦表面完全被润滑油所隔开，形成液体摩擦，故多用于高速、精度要求较高或低速重载的场合；后者摩擦表面不能完全被润滑油隔开，故摩擦因数较大，但结构简单，制造精度要求较低，常用于一般转速、载荷不大和精度要求不高的场合。液体摩擦滑动轴承根据相对运动表面间承载流体膜形成的原理不同，又可分为液体动压轴承（简称动压轴承）和液体静压轴承（简称静压轴承）。

10.2.1　滑动轴承的典型结构

滑动轴承类型较多且结构各异，这里仅介绍其中最常用的典型结构。

1）径向滑动轴承的结构

（1）整体式径向滑动轴承

如图 10.17 所示为常见的整体式径向滑动轴承。轴承 2 压在轴承座 1 中，并用紧定螺钉 3 固定以防止其相对转动，轴承座上装有润滑油杯的螺纹孔 4。轴承座和轴承都是整体的，故结

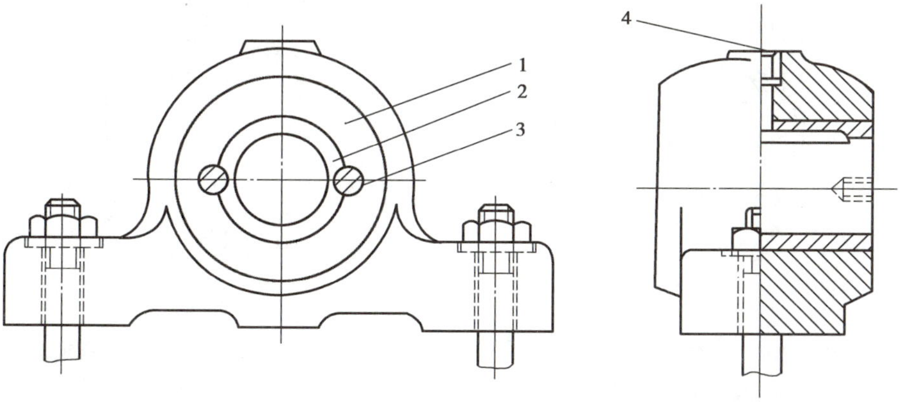

图 10.17　整体式径向滑动轴承

1—轴承座;2—轴承;3—紧定螺钉;4—螺纹孔

构简单、制造方便、成本低廉。由于轴颈和轴承均须沿轴向装入和取出,因此装拆不便。另外,轴承磨损后间隙无法调整。这种轴承多用于低速、轻载及间歇工作的简单机械中。

(2)对开式径向滑动轴承

如图 10.18 所示为这类轴承的典型结构。它由轴承座 1、轴承盖 5、对开式轴瓦 2 与 3 及联接螺栓 4 组成。在轴承盖的上方有注油孔。轴承盖与轴承的剖分面制作成阶梯形,以便安装时对中和防止工作错动。在轴瓦剖分面间放入垫片,以便当轴瓦磨损后,通过减少垫片来调整轴承的径向间隙。这类轴承装拆方便,轴瓦磨损后容易调整,因此应用很广泛。

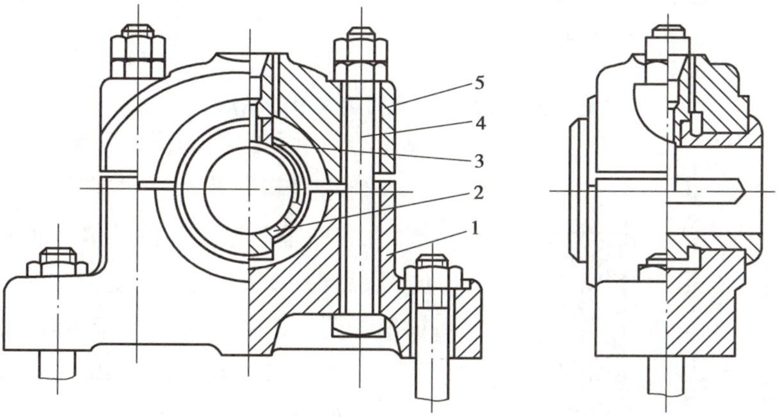

图 10.18　对开式径向滑动轴承

1—轴承座;2,3—轴瓦;4—联接螺栓;5—轴承盖

(3)自位式(调心式)滑动轴承

当轴承的宽径比(宽度与直径之比)大于 1.5 时,为避免因轴的挠曲变形而引起轴颈与轴承的“边缘接触”(见图 10.19),使轴瓦两端迅速磨损,应采用自位式滑动轴承。如图 10.20 所示,轴瓦外支承面呈球面,球面中心位于轴颈轴线上,轴瓦能随轴的弯曲变形沿任意方向转动,以适应轴的偏斜。

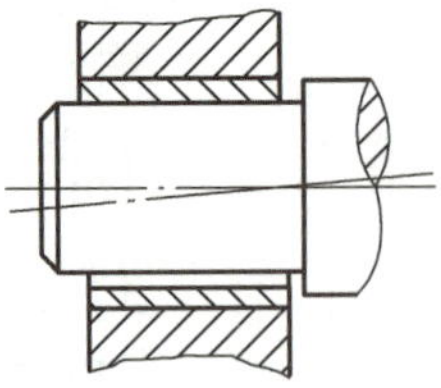

图 10.19 轴颈引起“边缘接触”

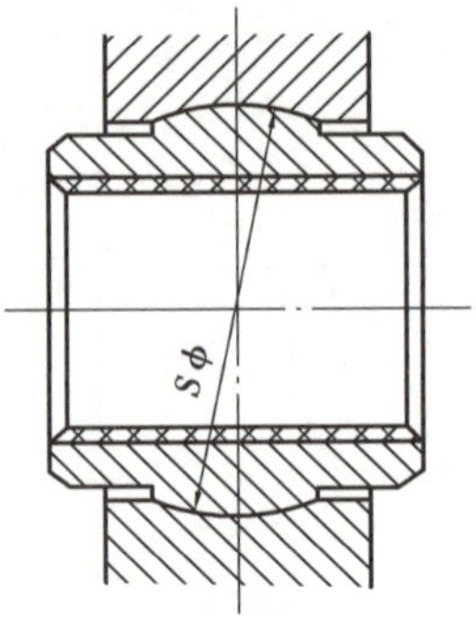

图 10.20 自位式滑动轴承

(4)间隙可调式滑动轴承

调节轴承间隙是维持机器运转精度的重要手段。整体式轴承常用圆锥面调节轴承间隙。如图 10.21(a)所示为具有内锥孔的轴承与具有同样锥度的轴颈相配合。调节轴承外柱面上两端的螺母,可使轴承沿轴向移动,从而调节配合间隙。如图 10.21(b)所示为具有外锥面内圆孔的轴承和圆柱轴颈相配合,外锥面则与另一带有内锥孔的套筒相配合。轴承外锥面上开有纵向槽,且有一条开通。当调节螺母使轴承沿轴向移动时,依靠轴承的弹性变形调节与轴颈的间隙。此类轴承多用于一般用途的机床主轴轴承。

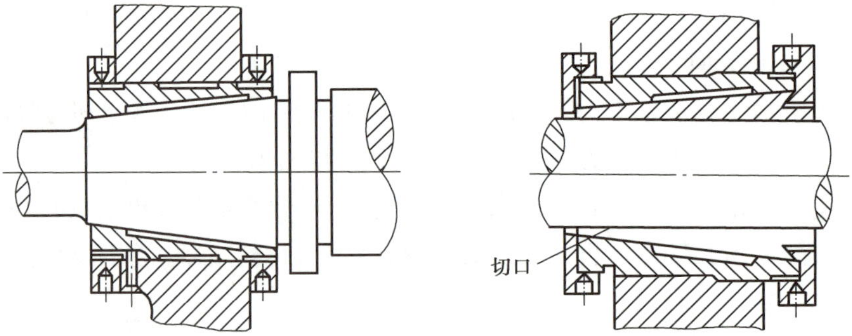

图 10.21 间隙可调式滑动轴承

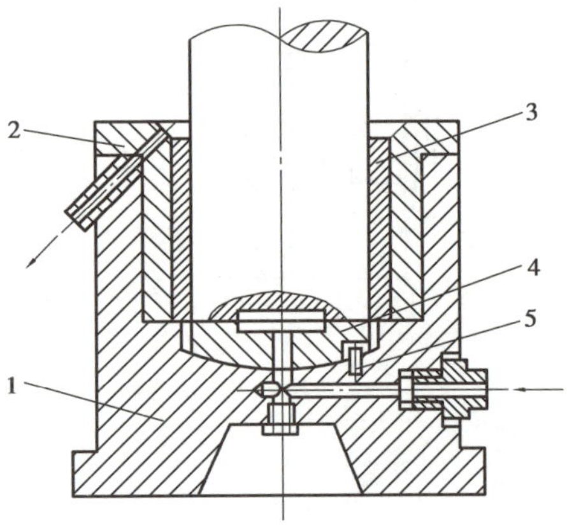

图 10.22 止推滑动轴承

1—轴承座;2—衬套;3—径向轴瓦;4—止推轴瓦;5—销钉

2)止推滑动轴承的结构

工作时承受轴向载荷的滑动轴承,称为止推滑动轴承。如图 10.22 所示,止推滑动轴承由轴承座、衬套、径向轴瓦及止推轴瓦等组成。轴的端面与止推轴瓦是轴承的主要工作部分,轴瓦的底部为球面与轴承座接触,可自动调整位置,以保证轴承摩擦表面的良好接触。销钉是用来防止止推轴瓦随轴转动的。工作时,润滑油由下部注入,从上部油管导出。如图 10.23 所示为止推滑动轴承轴颈的常见形式。载荷较小时,可采用空心端面止推轴颈(见图

10.23(a))和环形轴颈(见图 10.23(b)),载荷较大时采用多环止推轴颈(见图 10.23(c))。

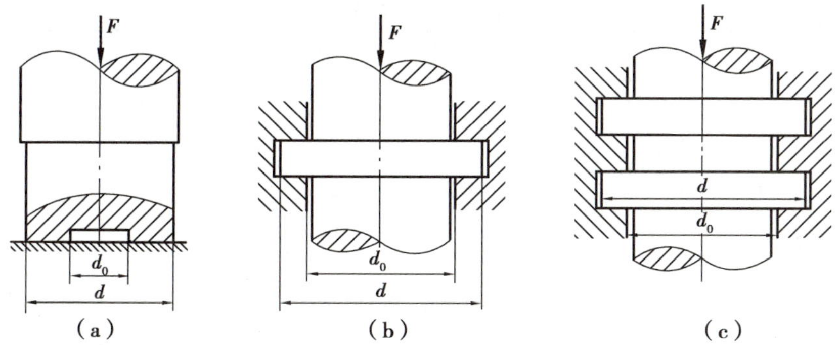

图 10.23　止推滑动轴承轴颈

3)轴瓦

轴瓦是轴承中直接与轴颈接触的部分。非液体摩擦滑动轴承的工作能力与使用寿命,在很大程度上取决于轴瓦的结构和材料选择的合理性。

(1)轴瓦的结构

轴瓦可制成整体式和剖分式两种。如图 10.24 所示为整体式轴瓦。为防止轴瓦的轴向窜动,并能承受一定的轴向力。可在轴瓦两端制出凸肩(见图 10.25)。

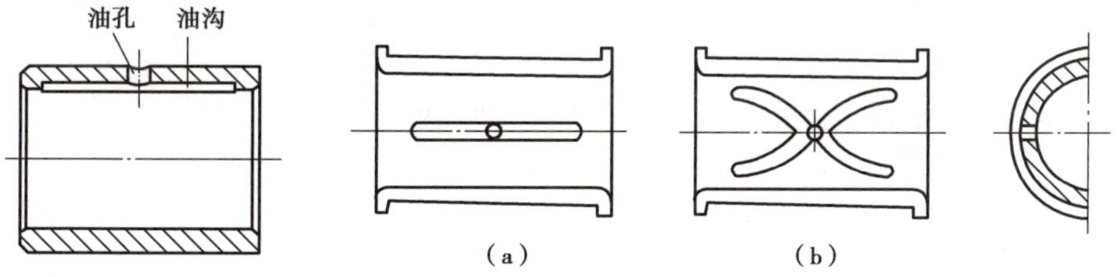

图 10.24　整体式轴瓦　　　图 10.25　常见的油沟形式

(2)轴瓦的材料

轴瓦可用单一的减摩材料制造,但为了节省贵重的金属材料(如轴承合金)及提高轴的工作能力,通常制成双金属轴瓦,即在强度较高、价格低廉的轴瓦(用钢、铸铁或青铜制造)内表面浇注一层减摩性更好,但价格较贵的合金材料。这层合金材料称为轴承衬,其厚度在 0.5 ~ 6 mm。

为使润滑油能很好地分布到轴瓦的整个工作表面,在轴瓦的非承载区上要开出油沟和油孔。常见的油沟形式如图 10.25 所示。

10.2.2　滑动轴承的材料

轴承材料是指与轴颈直接接触的轴瓦或轴承衬的材料。轴承材料主要应具有以下性能:

①足够的强度(包括抗压强度、抗冲击强度、疲劳强度及抗胶合能力)。

②良好的减摩性、耐磨性和磨合性。

此外,轴承材料还应具有好的导热性、耐腐蚀性和价格低廉等特点。但是,任何一种材料不可能同时具备上述性能。因此,设计时应根据具体工作条件,按主要性能来选择轴承材料。

常用轴承材料的性能和应用见表 10.19。

表 10.19　常用金属轴承材料及其性能

轴承材料		最大许用值* [p] /MPa	最大许用值* [v] /(m·s^{-1})	最大许用值* [pv] /(MPa·m·s^{-1})	最高工作温度 /℃	硬度** HBS	备　注
锡基轴承合金	ZSnSb11Cu6	平稳载荷			150	$\frac{150}{20 \sim 30}$	用于高速、重载下工作的重要轴承。变载荷下易于疲劳。价贵
		25(40)	80	20(100)			
	ZSnSb8Cu4	冲击载荷					
		20	60	15			
铅基轴承合金	ZPbSb16SnCu	12	12	10(50)	150	$\frac{150}{15 \sim 30}$	用于中速、中等载荷的轴承。不宜受显著冲击。可作为锡锑轴承合金的代用品
	ZPbSb15Sn5Cu3	5	8	5			
锡青铜	ZCuSn10P1	15	10	15(25)	280	$\frac{200}{50 \sim 100}$	用于中速、重载及受变载荷的轴承。用于中速、中载轴承
	ZCuSn5Pb5Zn5	8	3	15			
铅青铜	ZCuPb30	25	12	30(90)	280	$\frac{300}{40 \sim 280}$	用于高速重载轴承，能受变载和冲击
铝青铜	ZCuAl9Fe4Ni4Mn2	15(30)	4(10)	12(60)	280	$\frac{200}{100 \sim 120}$	最宜用于润滑充分的低速重载轴承
	ZCuAl10Fe3Mn2	20	5	15			
黄铜	ZCuZn38Mn2Pb2	10	1	10	200	$\frac{200}{80 \sim 150}$	用于低速、重载轴承
铸铁	HT150-250	2～4	0.5～1	1～4		$\frac{200 \sim 250}{160 \sim 180}$	宜用于低速、轻载的不重要轴承，价廉

注：* 括号内为极限值，其余为一般值（润滑良好）。对液体动压轴承，限制[pv]值无甚意义，因与散热等条件关系很大。
** 分子为最小轴颈硬度，分母为合金硬度。

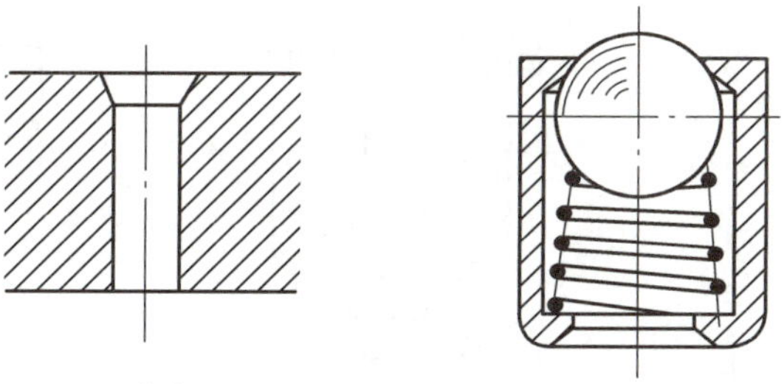

（a）　　　　（b）

图 10.26　油孔及油杯

10.2.3　滑动轴承的润滑

轴承润滑是为了减少摩擦功率损耗、减轻磨损，同时还可起冷却、吸振和防锈等作用。为了保证轴承的正常工作和延长轴承寿命，必须正确地选择润滑剂和润滑装置。

1）润滑剂

滑动轴承常用的润滑剂有全损耗系统用油和润滑脂。对油润滑的轴承，高速轻载时，应选用黏度低的润滑油；低速重载时，应选用黏度高的润滑油。此外，也可选用石墨、二硫化钼等固体润滑剂。固体润滑剂适用于低速或高温（温度低于 400 ℃）工作的轴承，也常与润滑油、润滑脂混合使用。

2）润滑装置

（1）油润滑的润滑装置

非液体润滑轴承可采用下述润滑装置：对低速和间歇工作的不重要轴承，可定期用油壶向轴承油孔（见图 10.26（a））或用针阀式油杯定期加油（见图10.27）。为防止杂物进入轴承，在油孔上应加装压配式压注油杯（见图 10.26（b））。

比较重要的轴承应连续供油，常用的润滑装置有：

①油环（见图 10.28）

在上轴瓦开槽处，有一个套在轴颈上的油环，油环下部浸在油池中。轴颈旋转时，依靠摩擦力带动油环旋转，把油带到轴颈上，使轴承得到润滑。这种装置只能用于轴水平布置且连续工作、轴颈转速在 100 ~ 2 000 r/min 的轴承。

②弹簧盖油杯（见图 10.29）

把毛线或棉线拧成的芯捻浸在油槽内，利用毛细管作用把油吸到轴承里。这种油杯不能调节供油量，且轴承工作或不工作，它都供油。

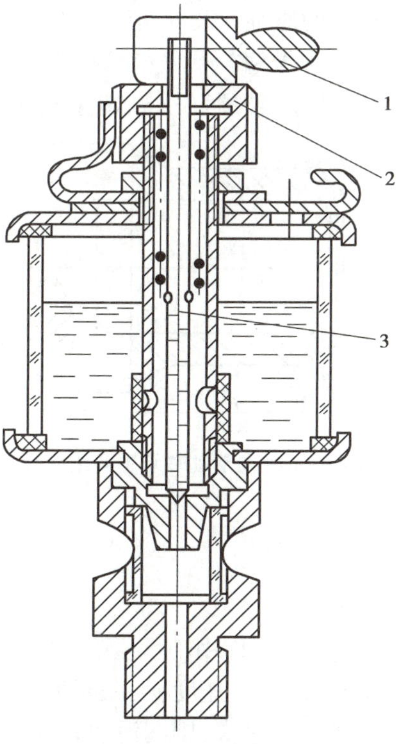

图 10.27　针阀式油杯

1—手柄；2—调节螺母；3—针阀

（2）脂润滑轴承的润滑装置

脂润滑轴承只能是间歇供油。润滑装置有：压注油杯（见图 10.26（b）），用加压脂油枪注入润滑脂；旋盖式油杯（见图 10.30），转动杯盖，把杯体中的润滑脂挤入轴承。

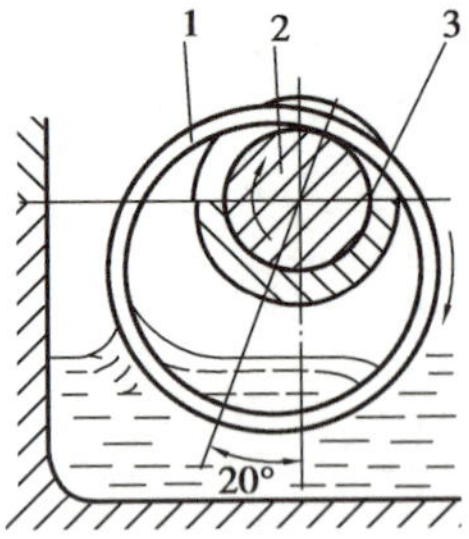

图 10.28　油环

1—油环;2—轴颈;3—上轴瓦

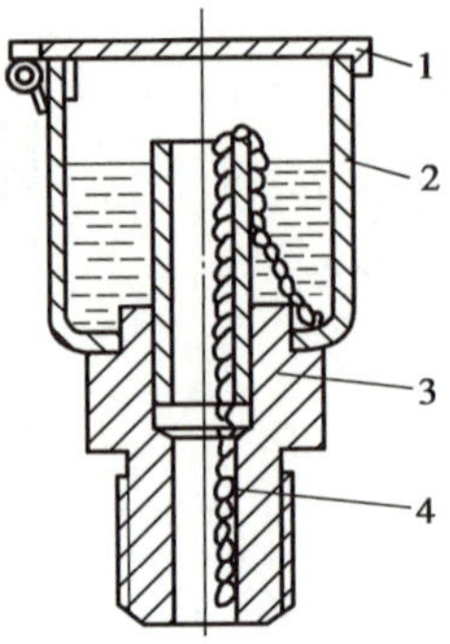

图 10.29　弹簧盖油杯

1—杯盖;2—杯体;3—接头;4—芯捻

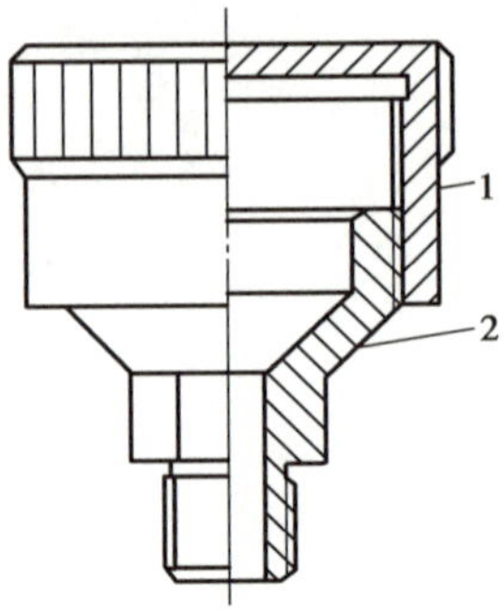

图 10.30　旋盖式油杯

1—杯盖;2—杯体

10.2.4　非液体摩擦滑动轴承的设计计算

非液体摩擦滑动轴承工作时,其主要失效形式是磨粒磨损和黏附磨损。因此,主要应防止过度磨粒磨损及轴承温升过高而发生黏附磨损。一般是在确定结构尺寸后,进行校核计算以限制轴瓦的压强 p 及 pv 值。

1)径向滑动轴承的校核计算

一般已知轴颈直径 d、转速 n 和轴承径向教荷 F_r。其校核计算步骤一般如下:

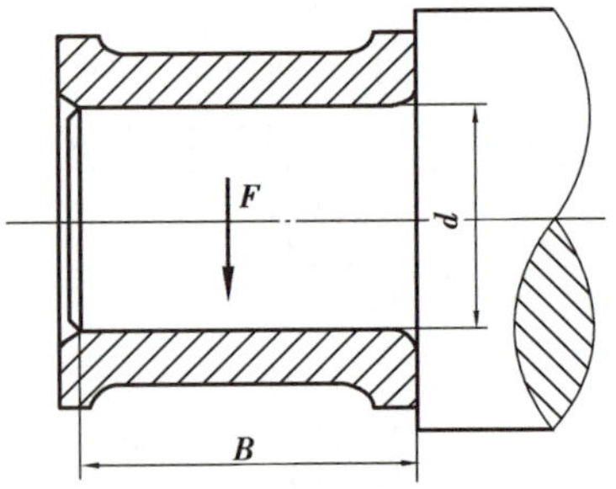

图 10.31　径向滑动轴承主要结构尺寸

①根据轴承使用要求和工作条件,选定轴承结构形式及轴承材料。

②选定宽径比 B/d 以确定轴承宽度 B,一般取 $B/d=0.7\sim1.30$。径向滑动轴承主要结构尺寸如图 10.31 所示。

③验算轴承工作能力。

A. 轴承压强 p 的验算

限制轴承压强 p,以防止润滑油被挤出,保证轴承中有足够的润滑油,防止过度磨粒磨损。其计算公式为

$$p=\frac{F_r}{Bd}\leqslant[p] \tag{10.12}$$

式中　$[p]$——许用轴承压强,MPa,其值见表 10.19。

B. 轴承压强-速度 pv 的验算

轴承温升过高,则润滑油黏度下降,轴承易发生黏附磨损。为了控制轴承的工作温度,则需要限制轴承工作时的发热量。轴承的发热量与单位摩擦功率成正比。在稳定工作条件下,摩擦因数 f 可看成常数,故验算 pv 值可控制摩擦发热量,即

$$pv=\frac{F_r}{Bd}\times\frac{\pi dn}{60\times1\ 000}=\frac{F_r n}{19\ 100B}\leqslant[pv] \tag{10.13}$$

式中　n——轴的转速,r/min;

$[pv]$——材料的许用压强-速度值,MPa · m/s, 其值见表 10.19。

C. 滑动速度 v 的验算

在压强 p 较小，而滑动速度 v 很大的情况下，虽然 p 与 pv 值都在许用范围内，但因滑动速度 v 过大，也会使轴瓦加速磨损，故还应限制滑动速度 v，即

$$v = \frac{\pi dn}{60 \times 1\ 000} \leqslant [v] \tag{10.14}$$

式中 $[v]$——轴颈滑动速度的许用值，m/s，其值见表 10.19。

若上述 p，pv 和 v 的验算结果超出许用范围时，通常采用加大轴承宽度和轴颈或改用较好的轴承材料，使之满足工作要求。

2）止推滑动轴承的校核计算

止推滑动轴承的校核计算与径向滑动轴承相似，但止推滑动轴承工作能力验算，只校核轴承压强 p 及轴承压强-速度值 pv。多环推力滑动轴承验算公式为

$$p = \frac{F_a}{z\frac{\pi}{4}(d_2^2 - d_0^2)k} \leqslant [p] \tag{10.15}$$

$$pv_m \leqslant [pv] \tag{10.16}$$

式中 F_a——轴向载荷，N；

z——推力轴承环数；

k——考虑油槽使支承面积减小的因数，一般取 $k = 0.9 \sim 0.95$；

v_m——推力轴颈平均直径处的圆周速度，m/s，$v_m = \pi d_m n/(60 \times 1\ 000)$，$d_m = (d_2 + d_0)/2$；

$[p]$，$[pv]$ 意义同前，其值见表 10.20。

表 10.20 止推滑动轴承材料及许用$[p]$，$[pv]$值

轴材料	未淬火钢			淬火钢		
轴承材料	铸铁	青铜	轴承合金	青铜	轴承合金	淬火钢
$[p]$/MPa	2～2.5	4～5	5～6	7.5～8	8～9	12～15
$[pv]/(\mathrm{MPa\cdot m\cdot s^{-1}})$	1～2.5					

例 10.2 已知一起重机卷筒的滑动轴承承受径向载荷 $F_r = 10^5$ N，轴颈直径 $d = 90$ mm，轴颈转速 $n = 9$ r/min。为装拆方便，选择对开式轴承，轴瓦材料为铝青铜 ZCuAl9Fe4Ni4Mn2。试确定此轴承的尺寸。

解 （1）选择轴承宽径比

根据径向滑动轴承宽径比的选择范围，选取 $B/d = 1.1$，故

$$B = 1.1 \times 90\ \text{mm} = 99\ \text{mm}$$

取 $B = 10$ mm，则 $B/d = 1.11$。

（2）验算轴承工作能力

由表 10.19 查得铝青铜 ZCuAl9Fe4Ni4Mn2 的许用值为

$$[p] = 15\ \text{MPa},\quad [pv] = 12\ \text{MPa}\cdot\text{m/s}$$

①压强 p 的验算

$$p = \frac{F_r}{Bd} = \frac{10^5}{100 \times 90}\ \text{MPa} = 11.1\ \text{MPa} < [p] = 15\ \text{MPa}$$

③轴承压强-速度验算

$$pv = \frac{F_r n}{19\ 100B} = \frac{10^5 \times 9}{19\ 100 \times 100} \text{ MPa} \cdot \text{m/s}$$
$$= 0.47 \text{ MPa} \cdot \text{m/s} < [pv] = 12 \text{ MPa} \cdot \text{m/s}$$

因轴承工作转速极低,不必验算速度 v。

验算合格,所选轴承合适。

10.2.5 液体摩擦滑动轴承简介

液体摩擦是滑动轴承的理想摩擦状态。根据轴承获得液体润滑原理的不同,液体摩擦滑动轴承可分为液体动压滑动轴承和液体静压滑动轴承。

1)液体动压滑动轴承

如图 10.32 所示为径向动压滑动轴承。当轴颈静止时,在外载荷 F 作用下,轴颈处于轴承孔最低位置,即在 A 点接触(见图 10.32(a)),并形成楔形间隙。间隙中间充满润滑油,当轴颈开始转动时,由摩擦阻力的作用,使轴颈沿轴承孔壁滚爬,在 B 点接触(见图 10.32(b))。随着转速的升高,由润滑油的黏性和吸附作用而被带入楔形间隙,使油受挤而产生压力。轴颈的转速越高,带进的油量越多,油的压力越大。如图 10.32(c)所示,轴颈达到工作转速时,油压在垂直方向的合力与外载荷 F 平衡,润滑油把轴颈抬起,隔开摩擦表面而形成液体润滑。必须指出,液体动压滑动轴承的轴颈与轴承孔是不同轴的。

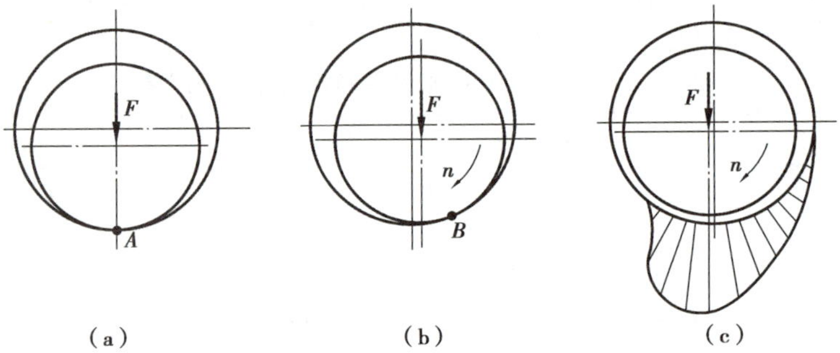

图 10.32 液体动压径向滑动轴承

从上述分析可知,形成液体动压润滑应具备以下条件:

①相对运动的两表面要形成楔形间隙。

②两表面有一定的相对速度,相对速度方向应使润滑油从楔形间隙中的大口流向小口。

③必须连续地向楔形间隙供应适当黏度的润滑油。

④工作表面的表面粗糙度值要小。

2)液体静压滑动轴承

液体静压滑动轴承是利用液压泵向轴承供给具有一定压力的润滑油,使轴颈与轴承孔表面强制隔开而获得液体润滑。

如图 10.33 所示为液体静压滑动轴承的示意图。压力油经节流器同时进入几个对称油腔,然后经轴承间隙流到轴承两端和油槽并流回油箱。当轴承载荷为零时,各油腔压力相等,轴颈与轴承孔同轴。当轴承受到外载荷作用时,油腔压力发生变化,这时依靠节流器的自动调节使各油腔压力与外载荷保持平衡,轴承仍处于液体摩擦状态,但轴颈与轴承孔有少许偏心。

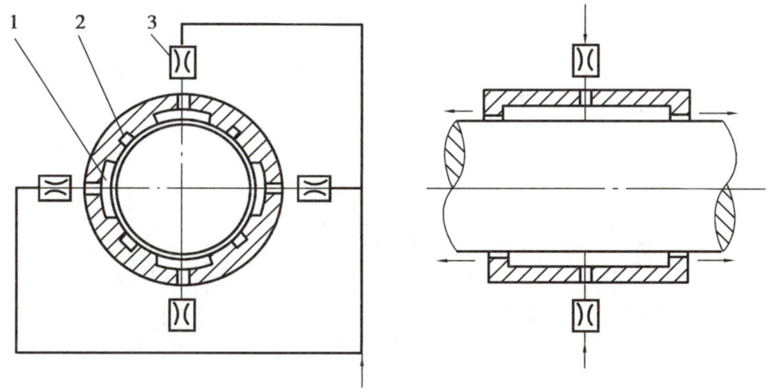

图 10.33　液体静压径向滑动轴承

1—油腔;2—油槽;3—节流器

10.3　弹　簧

10.3.1　弹簧的功用

在很多机器或仪表中,应用弹簧作为弹性元件。其功用主要有以下 4 点:

①缓和冲击和减振,如汽车、火车厢减振弹簧,电梯井底的缓冲弹簧等。

②控制运动,如凸轮机构弹簧、离合器弹簧等。

③储蓄能量,如钟表弹簧、枪机弹簧。

④测量载荷,如测力计及弹簧秤中的弹簧。

10.3.2　弹簧的类型

按照所承受载荷不同,弹簧可分为拉伸弹簧、压缩弹簧、扭转弹簧及弯曲弹簧;按照弹簧的形状不同,可分为螺旋弹簧、环形弹簧、涡卷弹簧、板弹簧及片弹簧等。表 10.21 为金属弹簧的基本类型。

表 10.21　金属弹簧的基本类型

	拉伸	压缩		扭转	弯曲
螺旋形	圆柱螺旋 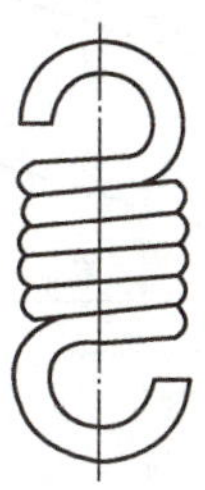 拉伸弹簧	圆柱螺旋 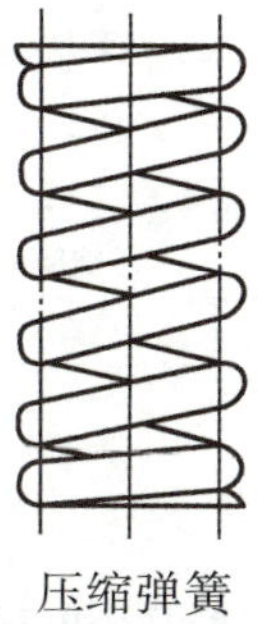 压缩弹簧	圆锥螺旋 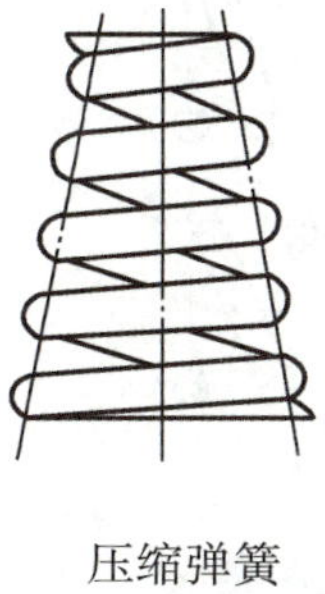 压缩弹簧	圆柱螺旋 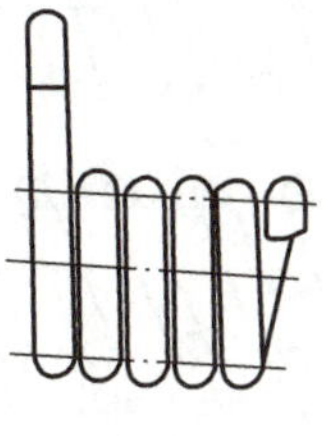 扭转弹簧	

续表

	拉伸	压缩	扭转	弯曲
其他		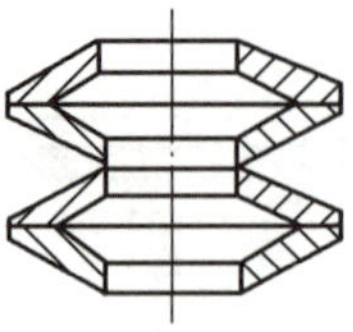 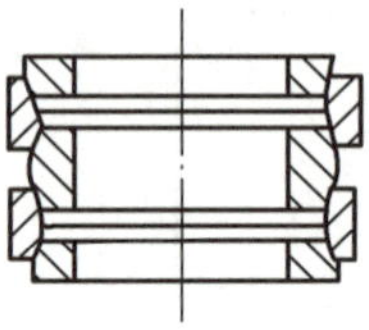 蝶形弹簧　环形弹簧	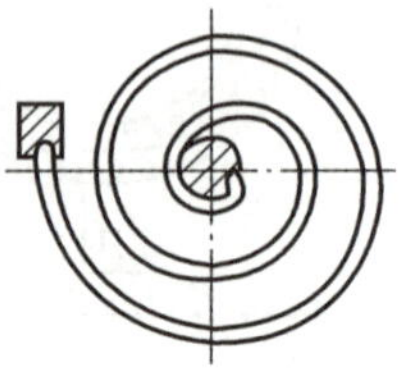 平面涡卷弹簧	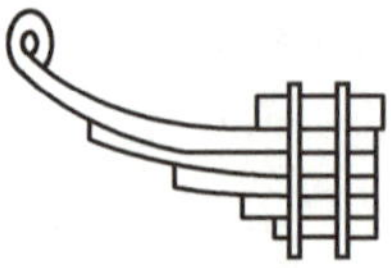 (a)板弹簧 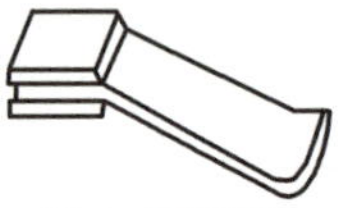 (b)片弹簧

本章主要简介应用最广泛的圆柱螺旋压缩弹簧和圆柱螺旋拉伸弹簧。

10.3.3　弹簧的特性曲线及主要几何尺寸

用来表示弹簧的受载与变形之间关系的曲线，称为弹簧的特性曲线。如图 10.34 所示为圆柱螺旋压缩弹簧的受载与变形图及其特性曲线。如图 10.35 所示为圆柱螺旋拉伸弹簧的受载与变形图及其特性曲线。

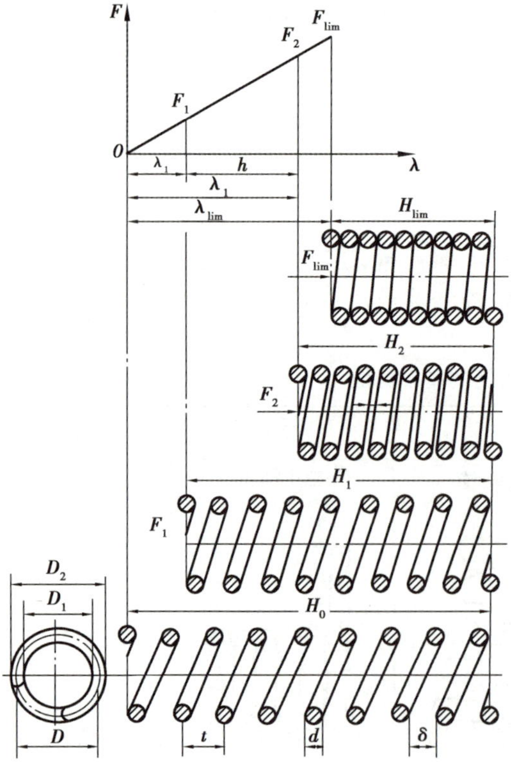

图 10.34　圆柱螺旋压缩弹簧的特性曲线

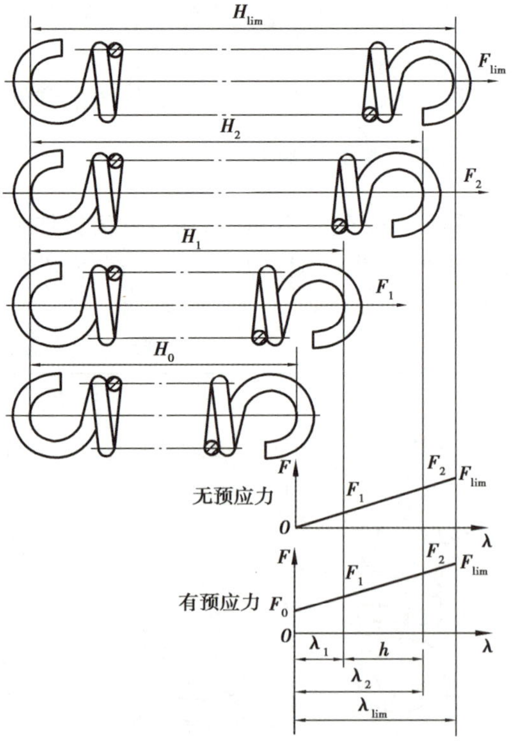

图 10.35　圆柱螺旋拉伸弹簧的特性曲线

在自由状态下，弹簧高度（拉伸弹簧为长度）为 H_0。为了使弹簧可靠地安装在工作位置上，通常预加一最小工作载荷 F_1，这时弹簧的变形量为 λ_1，高度为 H_1。当弹簧受到最大工作载荷 F_2 作用时，变形量为 λ_2，高度为 H_2。最大工作载荷下的变形量与最小工作载荷下的变形量之差，称为弹簧的工作行程，用 h 表示，即

$$h = \lambda_2 - \lambda_1$$

使弹簧丝的应力达到材料的弹性极限时的载荷 $F_{\lim}$，称为极限载荷。在极限载荷 $F_{\lim}$ 作用下，弹簧的变形量为 $\lambda_{\lim}$，高度为 $H_{\lim}$。

通常取弹簧的最小工作载荷 $F_1 = (0.1 \sim 0.5) F_2$。最大工作载荷 F_2 由弹簧在机构中的工作条件决定，但不应达到极限载荷 $F_{\lim}$，一般取 $F_2 \leqslant 0.8 F_{\lim}$。在弹性极限范围内，对节距相等的圆柱弹簧，其载荷与变形呈线性关系，即

$$\frac{F_1}{\lambda_1} = \frac{F_2}{\lambda_2} = k$$

式中　k——弹簧的刚度，是表示弹簧特性的主要参数之一。

刚度越大，使弹簧产生单位变形所需的力就越大。因此，弹簧的弹力也越大。

有预应力的圆柱拉伸弹簧，受载时首先要抵消卷制时在各圈之间产生的预压力 F_0，然后才开始变形。因此，在确定弹簧的最小工作载荷时，应使 $F_1 > F_0$，并以 $F_1 - F_0$ 和 $F_2 - F_0$ 分别代替上式中的 F_1 和 F_2 计算弹簧的刚度。

螺旋弹簧的几何尺寸如图 10.36 所示。

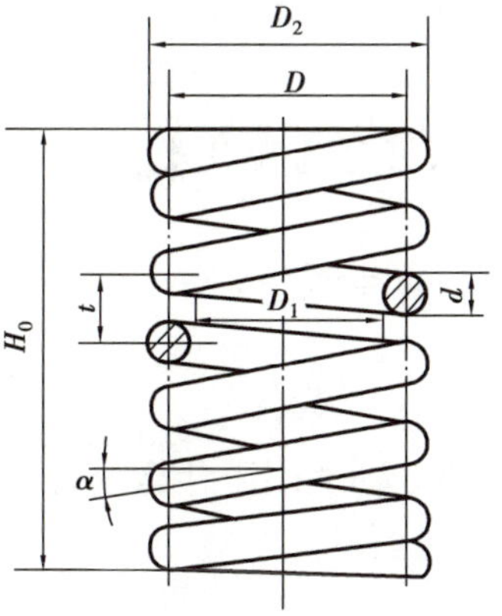

（a）圆柱螺旋压缩弹簧

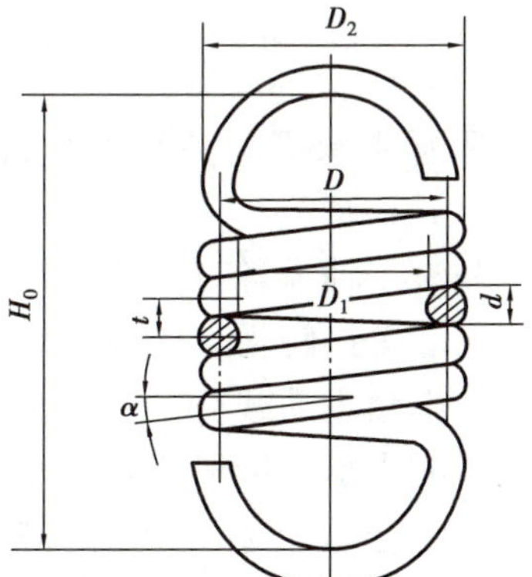

（b）圆柱螺旋拉伸弹簧

图 10.36　螺旋弹簧的几何尺寸

1）弹簧丝直径和弹簧中径

弹簧丝直径 d、弹簧中径 D 均已标准化。

2）圈数

弹簧的总圈 n_1 等于有效圈数 n 与支承圈数 n_2 之和，即

$$n_1 = n + n_2$$

对 L_{I}，L_{II} 型拉伸弹簧，总圈数等于有效圈数，即

$$n_1 = n$$

为使弹簧具有稳定的工作性能，一般应使弹簧的有效圈数 $n \geqslant 2$。

支承圈的圈数 n_2 一般取 1.5，2，2.5。为使弹簧工作较平稳，一般弹簧的总圈数 n_1 为 0.5

的倍数。

3)旋绕比和弹簧刚度

弹簧中径 D 和簧丝直径 d 之比 $C=D/d$,称为旋绕比。旋绕比 C 对弹簧刚度 k 影响很大。在弹簧丝直径 d 和其他条件相同情况下,C 值越小,k 越大,则弹簧越硬,弹簧的卷制越困难。一般 $C=4\sim16$,常用范围 $C=5\sim10$。

另外,还有间距、节距、自由高度以及螺旋升角和弹簧的展开长度,设计可查机械手册。

10.3.4 弹簧的材料和应用

由于弹簧工作时通常承受交变载荷和冲击载荷,为使弹簧能可靠地工作,因此对弹簧的材料提出了较高的要求,除应具有较高的抗拉强度、弹性极限外,还应具有较高的疲劳强度、足够的韧性和塑性,以及良好的热处理性。弹簧的常用材料有碳素弹簧钢、合金弹簧钢、弹簧用不锈钢及有色金属合金等。

碳素弹簧钢丝价格便宜,供应方便。其缺点是弹性极限低,多次重复变形后易失去弹性,不适合在高于 120 ℃的温度下工作。直径大于 12 mm 时,不易淬透,故多用于制造小尺寸的弹簧。碳素弹簧钢按用途分为 3 级:B 级用于低应力弹簧;C 级用于中等应力弹簧;D 级用于高应力弹簧。

思考题与习题

10.1 按照轴承所能承受的载荷类型,滚动轴承可分为哪几类?它们在承载上各有何特点?

10.2 球轴承和滚子轴承各有何特点?各适用于何种场合?

10.3 为什么向心角接触轴承要成对使用?

10.4 什么叫基本额定动载荷?什么叫当量动载荷?

10.5 滚动轴承的支承结构形式有哪几种?它们分别适用于什么场合?

10.6 滚动轴承组合设计时,应考虑哪些方面的问题?

10.7 滑动轴承有哪些特性?

10.8 对非液体摩擦滑动轴承进行校核计算的目的是什么?当 $p>[p]$ 和 $pv>[pv]$ 时如何解决?

10.9 一农用水泵,决定选用深沟球轴承,轴颈直径 $d=35$ mm,转速 $n=2\ 900$ r/min,径向载荷 $F_r=1\ 770$ N,轴向载荷 $F_a=720$ N,要求寿命 $L=6\ 000$ h,试选择轴承的型号。

10.10 一 6309 型滚动轴承的工作条件为:径向载荷 $F_r=1\ 500$ N,转速 $n=100$ r/min,工作中有中等冲击,温度低于 100 ℃,轴承的使用寿命 $L_h=2\ 000$ h。试验算轴承的寿命。

10.11 某减速器主动轴用两个圆锥滚子轴承 30212 支承,如图 10.37 所示。已知轴的转速 $n=960$ r/min,$A=650$ N,$F_{r1}=4\ 800$ N,$F_{r2}=2\ 200$ N。工作时有中等冲击,轴承工作温度正常。要求轴承的预期寿命为 15 000 h。试判断该对轴承是否合适。

10.12 如图 10.38 所示,轴支承在两个 7207AC 轴承上,两轴承宽度中点间的距离 240 mm,轴上载荷 $R=2\ 800$ N,$A=750$ N,方向和作用点如图示。试计算轴承的轴向载荷 F_{aC},F_{aD}。

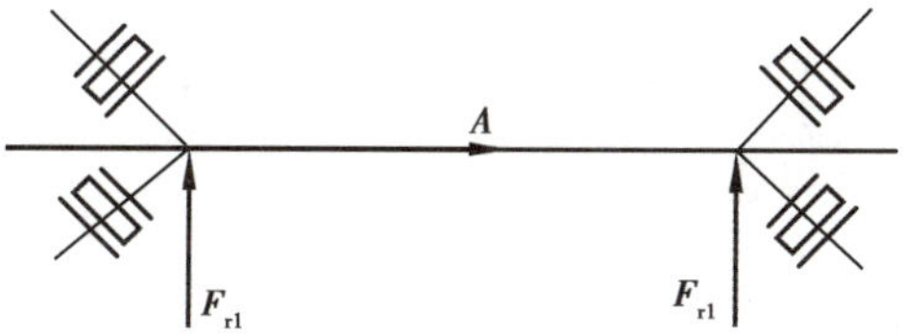

图 10.37　题 10.11 图

10.13　如图 10.39 所示为从动圆锥齿轮轴。从齿宽中点到两个 30000 型轴承宽度中点的距离分别为 60 mm 和 195 mm，齿轮平均分度圆直径 $d_{m2}=212.5$ mm。已知齿轮轴轴向力 $A=960$ N，圆周力和径向力的合力 $R=2\ 710$ N，转速 $n=500$ r/min，轴承的预期设计寿命 30 000 h，轴颈直径 $d=35$ mm。试选择轴承型号。载荷轻度冲击，轴承受力支点可近似取轴承宽度中点。

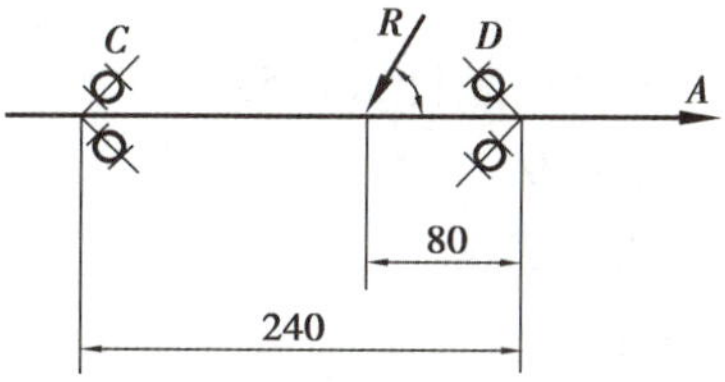

图 10.38　题 10.12 图

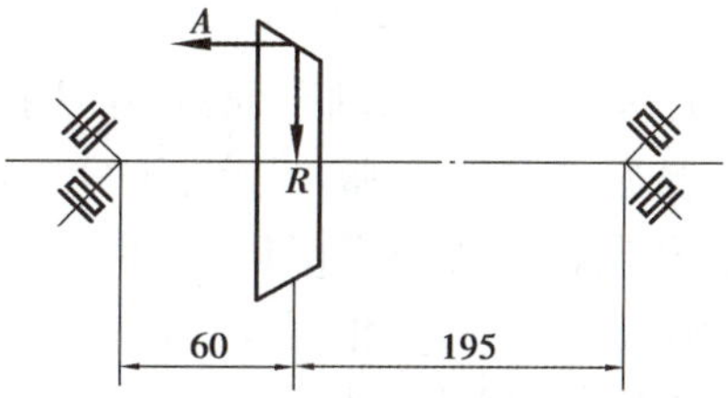

图 10.39　题 10.13 图

10.14　试设计一非液体摩擦径向滑动轴承。已知径向载荷 $F_r=20\ 000$ N，轴颈直径 $d=100$ mm，转速 $n=1\ 200$ r/min。

10.15　空气压缩机主轴径向轴承，轴转速为 300 r/min，轴颈直径 $d=160$ mm，轴承径向载荷 $F_r=5\ 000$ N，轴瓦宽度 $B=200$ mm。试选择轴承材料，并按非液体摩擦滑动轴承校核。

10.16　有一非液体摩擦径向滑动轴承，轴颈直径 $d=100$ nm，轴瓦宽度 $B=100$ mm，转速 $n=1\ 200$ r/min，轴承材料为 ZCuSn10Pb1。试问该轴承能承受多大的径向载荷？

参考文献

[1] 范钦珊. 工程力学[M]. 2 版. 北京:中央广播电视大学出版社,1995.

[2] 刘静. 机械原理[M]. 3 版. 北京:机械工业出版社,2019.

[3] 张秉荣,章剑青. 工程力学[M]. 北京:机械工业出版社,2001.

[4] 徐锦康. 机械设计[M]. 北京:高等教育出版社,2001.

[5] 李秀珍,曲玉峰. 机械设计基础[M]. 3 版. 北京:机械工业出版社,2000.

[6] 陈立德. 机械设计基础[M]. 北京:高等教育出版社,2008.

[7] 毛谦德,李振清. 袖珍机械设计师手册[M]. 2 版. 北京:机械工业出版社,2001.

[8] 马履中. 机械原理与设计[M]. 北京:机械工业出版社,2018.

[9] 吴宗泽. 机械设计[M]. 北京:高等教育出版社,2007.

[10] 胡家秀. 机械设计基础[M]. 北京:机械工业出版社,2001.

[11] 胡家秀. 简明机械零件设计手册[M]. 北京:机械工业出版社,2001.

[12] 王三民. 机械原理[M]. 北京:机械工业出版社,2020.

[13] 徐灏. 机械设计手册[M]. 北京:机械工业出版社,2000.

[14] 何元庚. 机械原理与机械零件[M]. 北京:高等教育出版社,1998.

[15] 柴鹏飞. 机械设计基础[M]. 北京:机械工业出版社,2018.

[16] 杨慧智. 工程材料及成型工艺基础[M]. 北京:机械工业出版社,2000.

[17] 徐龙祥. 机械设计[M]. 北京:高等教育出版社,2008.

[18] 王纪安. 工程材料与材料成型工艺[M]. 北京:高等教育出版社,2000.